KB009438

현대의 천문학 시리즈 ∣ 04
Modern Astronomy Series

은하 I
- 은하와 우주의 계층구조 -

다니구치 요시아키谷口義明 · 오카무라 사다노리岡村定矩 ·
소후에 요시아키祖父江義明 엮음
조황희 옮김

지성사

「SERIES GENDAI NO TENMONGAKU 04: GINGA Ⅰ_GINGATO UCHUNO KAISOKOZO」

by Taniguchi Yoshiaki · Okamura Sadanori · Sofue Yoshiaki.

Copyright ⓒ 2014 by JISUNGSA.

All rights reserved.

First published in Japan by Nippon–Hyoron–sha Co., Ltd., Tokyo.

This Korean edition is published by arrangement with Nippon–Hyoron–sha Co., Ltd., Tokyo in care of
Tuttle–Mori Agency. Inc., Tokyo through Eric Yang Agency. Inc., Seoul.

이 책의 한국어판 판권은 Tuttle–Mori Agency. Inc.과 Eric Yang Agency. Inc.를 통한
Nippon–Hyoron–sha Co.와의 독점 계약으로 지성사에 있습니다.
저작권법에 의해 한국 내에서 보호를 받는 저작물이므로 무단 전재와 무단복제를 금합니다.

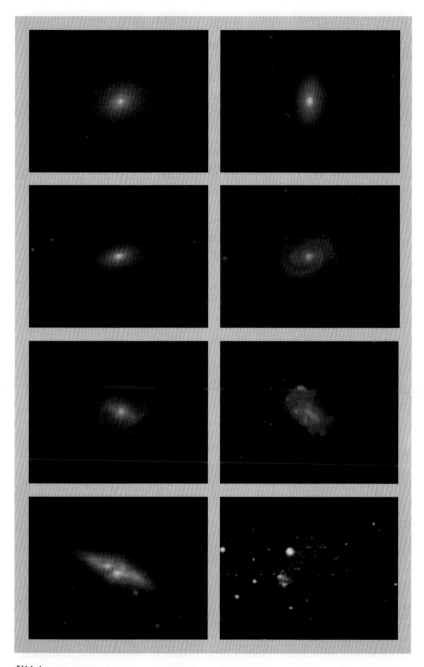

화보 1
다양한 허블 형태의 은하. 첫 번째 단 왼쪽에서 오른쪽으로 E3, S0형, 두 번째 단은 Sa, Sc형, 세 번째 단은 SBb, 불규칙 은하 IrrI형, 마지막 단은 IrrII, 왜소불규칙 은하 dIrr형(20쪽, Hogg, Blanton과 슬론 디지털 스카이 서베이 및 일본 국립천문대 제공)

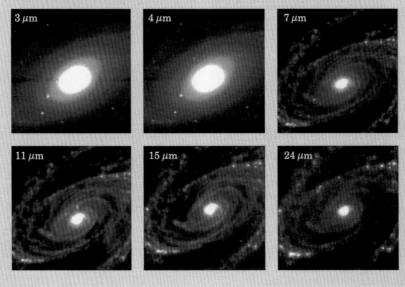

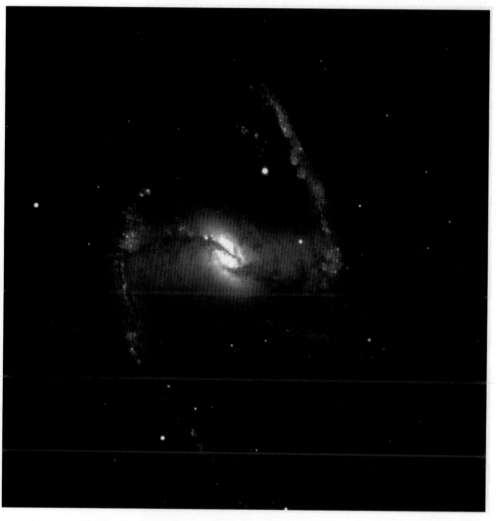

화보 2(왼쪽 위)
X선에서 전파까지 다양한 파장에서 본 소용돌이은하 M51. 첫 번째 단 왼쪽에서 오른쪽으로 X선, 자외선, 가시광선, 두 번째 단은 근적외선, 중간적외선, CO(일산화탄소)휘선, 세 번째 단은 CO속도장, 전파＋자기장의 방향, HI(중성수소)휘선, 파장에 따라 다른 천체와 다양한 물리 상태의 성간물질을 볼 수 있다(제1장, 99쪽, 127쪽 참조. http://coolcosmos.ipac.caltech.edu; Kuno *et al.*, 2007, *PASJ*, 59, 117)

화보 3(왼쪽 아래)
소용돌이은하 M81의 다파장 적외선 영상(적외선위성 아카리호로 관측; 33쪽, JAXA 제공)

화보 4(위)
막대형 소용돌이은하 NGC 1365. 성간가스는 바(봉)에서 충격파를 일으키고 각운동량과 운동에너지를 잃어 중심으로 흘러든다(VLT 8 m 망원경 촬영; 제1, 3장 참조, 유럽 남천문대 제공)

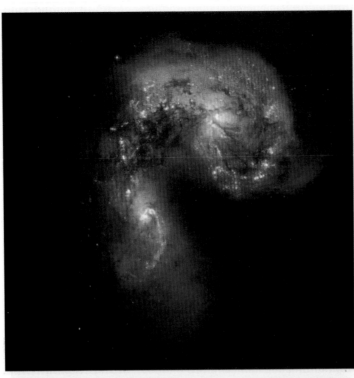

화보 5(위)
중력 상호작용으로 심하게 변형된 은하 NGC 4038과 4039. 강한 스타버스트를 일으키고 있다(제4장과 제7장 참조)

화보 6(아래)
불규칙 은하 M82의 광학사진. 스타버스트에 의해 분출된 전리 가스가 내는 Hα선이 붉게 빛나고 있다(스바루 촬영; 143쪽, 일본 국립천문대 제공)

화보 7(오른쪽 위)
타원은하의 중심핵(퀘이사 3C 31)에서 분출하는 거대한 전파제트. 청색은 가시광선으로 본 모(母)은하이고, 붉은색은 전파로 본 제트영상. 제트는 모은하를 빠져나가 수100 kpc으로 넓어지고 있다(VLA 관측; 제4장 참조, 미국 국립전파천문대 제공)

화보 8(오른쪽 아래)
70억 광년(21억 pc)에 있는 은하단 RX J0152.7−1357(스바루 촬영). 영상의 한 변은 3분각(실제거리 1.4 Mpc; 281쪽, 제8장, 9장 참조, 일본 국립천문대 제공)

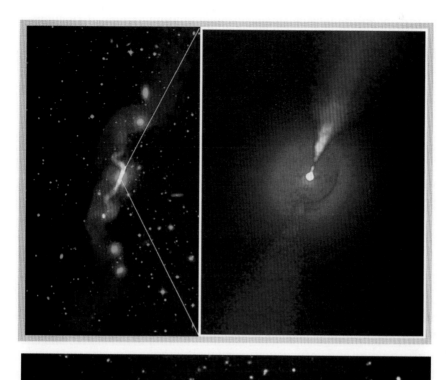

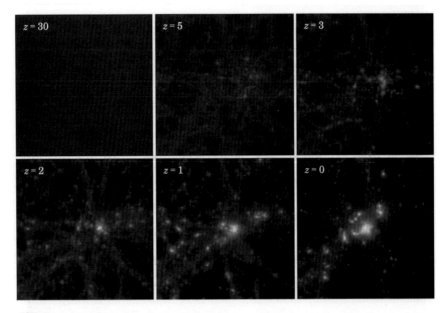

화보 9
은하단 형성 시뮬레이션. 질량을 대표하는 암흑물질 분포의 시간(적색편이) 변화. 그림의 한 변은
20 Mpc(공동 좌표; 제7, 8, 9, 10장 참조, 야하기 히데키矢作日出樹 제공)

화보 10
많은 은하를 중력렌즈를 이용한 단층촬영법(tomography)으로 그린 암흑물질의 입체 분포도(제8장
참조)

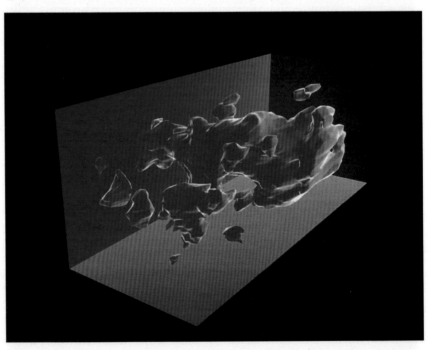

천문학은 최근 들어 놀라운 추세로 발전하면서 많은 사람들의 관심을 모으고 있다. 이것은 관측기술이 발전함으로써 인류가 볼 수 있는 우주가 크게 넓어졌기 때문이다. 우주의 끝으로 나아가려는 인류의 노력은 마침내 129억 광년 너머의 은하에 이르게 됐다. 이 은하는 빅뱅으로부터 불과 8억 년 후의 모습을 보여준다. 2006년 8월에 명왕성을 행성과는 다른 천체로 분류하는 '행성의 정의'가 국제천문연맹에서 채택된 것도 태양계 외연부의 모습이 점차 뚜렷해졌기 때문이다.

이러한 시기에 일본천문학회의 창립 100주년기념출판 사업으로 천문학의 모든 분야를 망라하는 ≪현대의 천문학 시리즈≫를 간행할 수 있게 되어 큰 영광이다.

이 시리즈에서는 최전선의 연구자들이 천문학의 기초를 설명하면서 본인의 경험을 포함한 최신 연구성과를 보여줄 것이다. 가능한 한 천문학이나 우주에 관심이 있는 고등학생들이 이해할 수 있도록 쉬운 문장으로 설명하기 위해 신경을 썼다. 특히 시리즈의 도입부인 제1권에서는 천문학을 우주-지구-인간의 관점에서 살펴보면서 세계의 성립과 세계 속에서의 인류의 위치를 명확하게 밝히고자 했다. 본론인 제2권~제17권에서는 우주에서 태양까지 여러 분야에 걸친 천문학의 연구대상, 연구에 필요한 기초

지식, 천체 현상의 시뮬레이션 기초와 응용, 그리고 여러 파장의 관측기술을 설명하고 있다.

 이 시리즈는 '천문학 교과서를 만들고 싶다'는 취지에서 추진되었으며, 일본천문학회에 기부해준 한 독지가의 성의로 가능할 수 있었다. 그 마음에 깊이 감사드리며, 많은 분들이 이 시리즈를 통해 천문학의 생생한 '현재'를 접하고 우주를 향한 꿈을 키워나가길 기원한다.

편집위원장 오카무라 사다노리岡村定矩

제4권에서는 은하의 구조와 형성 그리고 진화에 관하여 우주의 역사와 연결시켜 설명하고자 한다. 우리가 살고 있는 은하계(은하수은하)도 은하의 하나이다. 전형적인 은하는 크기가 10만 광년이나 되고 그 안에 약 1,000억 개의 별들이 존재한다. 우주에는 이러한 은하가 약 1,000억 개 정도 존재한다고 한다. 그리고 100억 년 이상의 긴 시간 동안 은하는 은하단이나 우주의 대규모 구조를 만들면서 진화하고 있다. 은하계에 대해서는 이 시리즈 제5권『은하 II-은하계』에서, 우주의 구조와 진화에 대해서는 제2권과 제3권에서 자세하게 서술하고 있으므로 함께 참조하기 바란다.

제I부에서는 우선 은하의 기본적인 관측량(질량, 광도, 스펙트럼 에너지 분포, 형태 등)을 간략히 설명하고, 은하가 어떤 물리적 성질을 갖고 있는지를 밝히고자 한다. 다음으로 은하의 회전이나 질량 분포 등의 동역학적 성질을 정리하여 은하가 가진 보편적 역학 구조를 이해시킨다. 은하는 암흑물질dark matter, 별 그리고 가스로 구성되어 있다. 암흑물질의 정체는 현재까지도 명확히 밝히지 못했지만, 은하의 동역학적 성질을 설명하기 위해 꼭 필요한 요소라고 할 수 있다. 또한 이러한 성질을 이해함으로써 은하의 형성 메커니즘을 정리하는 데 힌트를 얻을 수 있다.

은하의 진화를 생각할 때 중요한 물리 과정은 별의 생성과 별의 진화이다. 별은 온도가 낮은 성간가스(분자 가스운) 속에서 탄생한다. 생성된 별은 복사광으로 주변의 가스를 따뜻하게 데운다. 또한 초신성 폭발 등 고에너지 현상을 통해 성간가스를 세차게 가열시킨다. 은하 안에서는 이러한 가스가 별로, 별이 다시 가스로 순환하기 때문에 은하에는 다양한 물리적 성질을 가진 가스가 존재한다. 또한 성풍stellar wind이나 초신성 폭발과 같은 별의 질량 방출은 성간가스에 포함되어 있는 중원소량을 늘려 성간가스의 화학적 성질도 변화시킨다. 따라서 성간가스의 여러 가지 모습을 이해하면 은하의 진화도 이해할 수 있다.

은하를 이해하기 위해서는 은하의 중심핵과 그 주변에서 일어나는 물리 현상에 주의를 기울일 필요가 있다. 은하 중심핵은 별이 밀집한 고밀도 영역일 뿐만 아니라 초대질량의 블랙홀을 내포하고 있다. 이 블랙홀의 강력한 중력장을 이용해서 방대한 에너지를 복사하는 것을 활동 은하 중심핵이라고 한다. 또한 별의 생성률이 중심핵 부근에서 증대하는 경우가 있는데 이것을 스타버스트(starburst, 폭발적 별 생성) 현상이라고 한다. 이러한 현상은 은하 원반부의 진화 과정과는 명백히 다르다.

최근 허블우주망원경이나 구경 8~10 m급 광학적외선망원경의 활약으로, 형성되고 있는 젊은 은하의 관측이 가능해졌다. 우주 연령은 약 137억 년으로 추정되는데 인류는 이미 129억 광년 전의 은하를 별견하고 있다. 즉 우주 탄생 후 8억 년경의 은하 모습을 엿볼 수 있게 된 것이다. 이러한 관측적 진전과 더불어 은하 형성의 정밀한 시뮬레이션도 이루어지고 있다. 이와 같은 성과를 바탕으로 통일적인 은하의 이해에 도전한다.

제I부는 단체(고립계)로서의 은하 형성과 진화를 이해하는 데 초점을 맞추었다. 그러나 현실에서 은하는 대부분 고립계가 아닌 은하군이나 은하단과 같은 은하의 집단 속에서 진화하고 있다. 따라서 제II부에서는 은하의 계층구조에 초점을 맞춰 은하와 그 환경의 관련성에 대해 서술한다. 특히 은하단에는 약 1,000개의 은하가 밀집해 있는 경우도 있어 은하의 진화는 환경에 강하게 의존하고 있다. 은하의 역학 진화, 화학 진화 그리고 은하단의 중력장에서 포착되는 고온 플라스마의 진화에 대해 상호 보완적으로 이해하는 시도를 하였다. 우주에는 많은 은하단이 존재하고 이들은 우주의 대규모 구조라는 구조를 만들고 있다. 암흑물질이 암약하는 세계이지만 우리는 중력렌즈라는 강력한 도구를 이용하여 은하 우주의 완전한 이해에 제법 가까이 접근해 있다. 최첨단 연구 성과를 접함으로써 은하를 통해 본 우주의 진화를 만끽할 수 있다면 더 바랄 것이 없다.

　저자들을 대신하여 이 책을 편집해 주신 사토 다이키佐藤大器와 가케이 유코筧裕子 씨에게 감사의 뜻을 전한다.

다니구치 요시아키谷口義明

제 I 부 은하의 물리

제1장 은하란 무엇인가

제2장 은하의 동역학적 성질

제3장 성간물질과 별 생성

제4장 은하의 활동 현상

제 Ⅱ 부   우주의 계층구조

제 **7** 장   우주의 계층구조와 은하의 상호작용

차례

제**1**장
은하란 무엇인가

밤하늘에 반짝이는 별들은 대부분 우리가 살고 있는 은하계의 별들이다. 그러나 일단 은하계를 벗어나 광대한 우주를 정성들여 꼼꼼히 관측해 보면 거기에는 은하의 세계가 펼쳐진다. 이 우주에는 1,000억 개의 은하가 존재하고 있는데 은하계도 그중 하나이다. 우주의 가장 기초적인 구성단위인 은하의 이해는 우주 그 자체의 이해로도 연결된다. 이 장에서는 은하의 기본적인 성질에 대해 설명하겠다.

1.1 은하의 종류와 형태 분류

은하는 가시광의 청색 파장대인 B밴드[1]의 절대등급에서 약 −18등급을 경계로 하여 그보다 밝은 거대 은하giant galaxy와 그보다 어두운 왜소 은하dwarf galaxy로 구분한다. 왜소 은하의 질량은 $10^9 M_\odot$($M_\odot$는 태양 질량(2×10^{30} kg)을 나타낸다)보다 작다. 왜소 은하는 어둠 때문에 관측연구의 역사가 거대 은하에 비해 아직 깊지 않다. 우선 거대 은하의 형태 분류에 대해 설명하겠다. 형태 분류란 은하의 겉보기 모양으로 분류하는 것이다. 뒤에서 서술하겠지만 형태와 은하의 여러 가지 물리량에는 좋은 상관관계가 있다. 따라서 형태 분류는 은하와 관련된 물리 과정을 이해하는 데 도움이 될 것이다.

1.1.1 허블 분류

거대 은하의 형태 분류 기본은 1936년에 허블E. Hubble이 제창한 허블 분류이다. 허블은 약 100개의 은하를 가시광선 사진[2]을 이용하여 그룹을 나누었다. 대부분의 은하는 회전 대칭성이 좋고, 중심에 빛이 집중되는 핵을

---

1 상세한 내용은 1.2절 및 제15권 참조.
2 당시 사용되고 있던 사진 건판은 주로 청색 빛의 감도가 있는 것이었다.

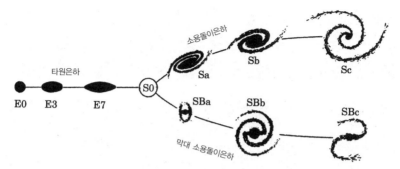

그림 1.1 허블이 은하를 분류한 소리굽쇠 도표(Hubble 1936, *The Realm of the Nebulae*).

가진 규칙 은하여서 보다 자세한 분류를 실시했지만, 2~3%의 은하는 불규칙 은하로 하였다. 그리고 규칙 은하를 그림 1.1에서와 같이 왼쪽에 타원은하(기호 E), 오른쪽에 통상의 소용돌이은하[3](기호 S, 위쪽 계열)와 중심에 막대 모양 구조가 있는 막대 소용돌이은하(기호 SB, 아래쪽 계열)를 배치해서 분류했다. 그림 1.1은 허블의 '소리굽쇠 도표音叉圖'라고 하며[4] 소리굽쇠 도표에 표시된 왼쪽에서 오른쪽으로의 형태 계열을 허블 계열이라고 한다.

　은하가 소리굽쇠 도표의 왼쪽에 있을수록 조기형early type, 오른쪽에 있을수록 만기형late type이라고 한다. 당시 타원은하와 같이 소용돌이 팔[5]이 없는 은하가 진화하여 회전속도가 빨라짐에 따라 적도면에서 가스가 분출하여 나사선 팔이 된다는 진스J. H. Jeans의 성운 진화의 가설이 유포되었다. 허블은 편의상 조기형과 만기형으로 분류하였지만, 실제로는 진스의 가설을 의식하고 있었다고 한다. 진스의 가설은 현재 부정되고 있지만 허블이 명명한 조기형과 만기형이라는 이름은 지금도 사용되고 있다. 그때는 예를 들어 'Sa형 은하는 Sb형 은하보다 조기이다'와 같이 그림에서

---

3 나선은하라고도 한다.
4 허블 자신은 저서에 'Y자형'이라고 기록했다.
5 나선 팔이라고도 한다.

NGC 4406 (E3)　　　NGC 3245 (S0)　　　NGC 3898 (Sa)　　M 100 (NGC 4321, Sc)

NGC 4548 (SBb)　　　NGC 4449 (Irr I)　　M82 (NGC 3034, Irr II)

그림 1.2 위의 왼쪽에서 오른쪽으로 NGC 4406(E3), NGC 3245(S0), NGC 3898(Sa), M100(NGC 4321, Sc), 아래 왼쪽에서 오른쪽으로 NGC 4548(SBb), 불규칙 은하 NGC 4449(Irr I), 마찬가지로 불규칙 은하 M82(NGC 3034, Irr II), 왜소 불규칙 은하 육분의자리A(dIrr)(화보 1 참조. 육분의자리A는 일본 국립천문대 제공; 나머지는 Hogg, Blanton과 슬론 디지털 스카이 서베이(SDSS) 제공).

좌우의 상대 관계로 사용하는 경우도 있었고, 은하 전체에서 타원은하와 S0은하[6]를 조기형 은하라고 총칭하여 사용하는 경우도 있었다. 그림 1.2(화보 1)는 여러 가지 형태를 가진 은하의 실제 영상이다.

1.1.2 타원은하

허블 계열의 가장 왼쪽에 배치된 타원은하의 분류형은 En으로 표시한다. 소리굽쇠 도표 상에서는 왼쪽일수록 둥글고 오른쪽일수록 편평도가 증가한다. E 다음에 오는 수치 n은 겉보기 상에서 편평률을 표시하고, 은하의 등휘도선[7]의 모양을 타원과 유사하게 하여 긴지름(장축)의 길이를 a, 짧은 지름(단축)의 길이를 b로 했을 때 $10(1-b/a)$를 계산해서 소수점 이하를 버린 정수 값이다. 타원은하의 특징은 빛이 중심에 집중되어 있고 표면휘

---

6 에스제로라고 발음한다. 렌즈 모양 은하라고 하는 경우도 있다.
7 은하의 표면휘도가 동일한 곳을 연결한 선으로 아이서포트(isophote, 등광도선)라고도 한다.

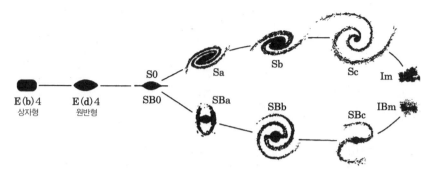

E(b)4
상자형

E(d)4
원반형

S0

SB0

Sa

SBa

Sb

SBb

Sc

SBc

Im

IBm

그림 1.3 수정된 은하 형태의 허블도. 타원은하의 분류를 겉보기의 편평도가 아니라 상자형인지 원반형인지에 따라 분류하였다(Kormendy and Bender 1996, *ApJL*, 464, L119).

도가 주변으로 갈수록 매끄럽게 감소하면서 상당히 먼 곳까지 퍼져 배경인 밤하늘의 밝기에 부드럽게 융화하고 있다. 검은 먼지 띠dust lane[8]를 볼 수 있는 것도 있지만, 일반적으로 대부분 모양을 볼 수 없다. 그림 1.2는 타원은하(E3)의 예이다.

타원은하의 분류를 허블 시대에는 겉보기의 편평률만으로 하였다. 그러나 그 후 타원은하 중에는 회전속도가 느리고 X선을 내는 고온 가스의 비율이 높은 것과 회전속도가 빠른 것이 있음을 알게 되었다. 전자는 가시광선의 등휘도선이 타원보다 상자형이고, 후자는 레몬형 또는 원반형이다. 그림 1.3이 개량된 분류로 허블의 원래 분류와 비교해서 타원은하의 물리 상태를 보다 잘 구별하고 있다(2.1절 참조).

1.1.3 S0은하

허블 계열의 타원은하와 소용돌이은하 사이에는 E7보다 편평하지만 소용돌이 팔도 막대 모양 구조도 없는 S0은하가 배치되어 있다. 허블이 소리굽

---

8 어둡게 보이기 때문에 현상론적으로 봤을 경우에는 다크 레인dark lane이라고도 한다.

쇠 도표를 만들 당시에는 S0은하가 발견되지 않아 가상적인 형태로 반영되었다. 허블은 소용돌이 팔의 흔적도 없는 타원은하와 소용돌이 팔을 가진 소용돌이은하 사이가 너무 불연속적이라고 생각하여 중간적인 타입의 은하가 있다고 생각한 것이다. 그 후 관측이 진행되면서 실제로 S0은하에 해당하는 은하가 발견되어 허블의 뛰어난 통찰력이 입증되었다.

S0은하는 소용돌이은하와 마찬가지로 회전 운동으로 유지되는 얇은 원반 성분을 가지고 있지만 원반 안에서 소용돌이 팔을 볼 수 없는 은하이다. S0은하는 가스나 먼지가 없는 것이 매우 많고, 타원은하와 마찬가지로 별 생성이 비교적 활발하지 않아 오래된 별의 종족으로 되어 있다. S0은하는 크게 나누면, 조기형 은하로 분류되는데 그중에는 별 생성 활동이 비교적 활발한 은하도 있어 타원은하에 비해 균질성은 낮다.

1.1.4 소용돌이은하

소용돌이은하는 기호 S 뒤에 a, b, c를 붙여 분류한다. 가시광선으로 본 소용돌이은하는 중심이 회전 타원체 모양의 벌지bulge 성분과 펼쳐진 원반 성분으로 되어 있다(그림 1.9 참조). 원반은 회전운동이 탁월하고, 벌지는 무작위 운동이 탁월하다(2.1절 참조). 원반에는 가스와 먼지가 많아 별 생성 활동이 활발하다. 이 가스와 먼지 그리고 그것에서 막 생성된 젊은 별은 원반의 적도면의 얇은 층에 집중되어 있어 소용돌이 팔이 뚜렷하게 보인다.

또한 밀도가 매우 낮아서 통상적인 영상으로는 보기 어렵지만 원반보다 더욱 멀리까지 펼쳐져 거의 공 모양으로 분포해 있는 헤일로라는 성분이 있다. 헤일로의 별도 무작위 운동을 한다. 벌지와 헤일로를 합해서 회전 타원체 성분이라고 하는 경우가 있는데 양쪽 모두 비교적 오래된 별이 주체가 되고 있다. 예를 들어 공 모양 성단은 연령이 오래된 성단인데 주로 헤일로에 분포되어 있다. 이에 비해 비교적 젊은 별로 이루어진 산개 성단은 주로 원반에 분포하고 있다.

소용돌이은하에서 조기형(Sa)이 만기형(Sc)으로 바뀌어 감에 따라 다음과 같이 성질이 변화한다.

(1) 원반의 밝기에 대한 벌지의 밝기의 비가 작아진다.

(2) 소용돌이 팔의 말려들어가는 정도가 잔잔하게 잦아든다.

(3) 원반에서 거대한 전리수소 영역(H$_{II}$ 영역)이나 젊고 밝은 별과 성단이 눈에 띈다.

(4) 별에 대한 가스나 먼지의 상대 질량이 커진다.

소용돌이은하는 보통의 소용돌이은하와 막대 소용돌이은하로 크게 나뉘고, 막대 소용돌이은하는 약 20~30%이다. 대부분의 소용돌이은하를 자세히 살펴보면, 약간의 막대 모양 구조를 볼 수 있다. 하지만 현저한 막대 모양 구조가 있어야 막대 소용돌이은하라고 한다(화보 4 참조). 따라서 막대 소용돌이은하와 보통의 소용돌이은하에 큰 성질의 차이가 없다고 보아도 좋다. 막대 모양 구조는 은하끼리의 상호작용을 통해서도 발생한다고 할 수 있지만 은하에 내재되어 있는 요인에 의해 서서히 성장한다는 설도 있어서 성장인자는 아직 충분하게 밝혀지지 않고 있다.

1.1.5 불규칙 은하

불규칙 은하는 허블 분류에서 기호 Irr로 표시된다. 허블은 불규칙 은하의 약 절반은 마젤란은하형 은하로 가정했다. 마젤란은하형의 불규칙 은하는 명확한 중심핵과 회전 대칭 원반이나 소용돌이 팔이 없다. 그러나 소용돌이은하의 원반과 마찬가지로 젊은 종족의 별이나 가스로 이루어져 있다.

또한 나머지 절반은 M82나 NGC 1275 등과 같은 특이한 은하이고, 이들은 원래 규칙 은하였는데 어떤 것과 반응했을 것이라 가정했다. 이들은 은하끼리의 상호작용으로 규칙 은하의 형태가 흐트러져 겉보기 형상이 특이하게 되었다고 생각된다(7.4절 참조). 허블 분류를 집대성한 사진집인 허블 아틀라스에서는 마젤란은하와 같은 불규칙 은하를 I형(Irr I), M82나 NGC 1275와 같은 은하를 II형(Irr II)의 불규칙 은하라 하였다.

1.1.6 여러 가지 은하 분류

허블 이후 여러 가지 관점에서 다양한 형태의 분류가 제안되었다. 허블 분류를 샌디지A. Sandage가 더욱 상세하게 정리하였고, 드 보클레르G. de Vaucouleurs에 의해 개정 허블 분류[9]가 정착되었다. 개정 허블 분류는 Sc보다 더욱 만기형인 Sd와 Sm을 도입하였고, 허블의 불규칙 은하 I형을 Im, II형을 I0[10]라고 했다. 막대 구조가 전혀 없는 것을 SA형, 분명하게 인정되는 것을 SB형이라고 하고 중간적인 SAB형을 도입했다. 또한 소용돌이 팔의 구조에 따른 r(고리)형과 s(나선)형의 분류기준도 도입했다. 그 결과 개정 허블 분류는 그림 1.4와 같이 입체적인 분류가 되었다. 좁고 긴 분류 입체의 중심축이 허블 계열에 따라 중심축에 수직한 단면에 다양한 소용돌이 구조의 특징을 전개하는 모습이 되었다. 또한 드 보클레르는 형태를 정량적으로 취급하는 수단으로 형태형 지수 T를 도입했다. T는 표 1.1과 같이 허블 분류의 조기형에서 만기형에 걸쳐 −5에서 10까지 분포하고 있다[11].

형태 분류 관점에서 소용돌이 팔의 특징에 큰 관심을 두었지만, 그 후에 원반 성분의 유무가 은하의 물리를 이해하는 중요한 요인임을 알게 되었다. 이러한 관점에서 원반 성분을 가진 S0은하와 소용돌이은하를 총칭해

---

9 보클레르 분류라고 부르는 경우도 있다.
10 아이제로라고 발음한다.
11 이 외에 밀집형(compact) E를 $T = -6$, 밀집형 불규칙 은하를 $T = 11$, I0 은하를 $T = 0$으로 가정했는데 그다지 이용되지는 않고 있다.

표 1.1 형태형 지수 T에 대한 허블 분류와 드 보클레르 분류.

허블 분류	E	E-S0		S0	
드 보클레르 분류	E	E$^+$	S0$^-$	S0	S0$^+$
형태형 지수 T	−5	−4	−3	−2	−1

허블 분류	S0/a	Sa	Sa−b	Sb	Sb−c
드 보클레르 분류	S0/a	Sa	Sab	Sb	Sbc
형태형 지수 T	0	1	2	3	4

허블 분류		Sc		Sc−Irr		IrrI
드 보클레르 분류	Sc	Scd	Sd	Sdm	Sm	Im
형태형 지수 T	5	6	7	8	9	10

서 원반은하라고 부르게 되었다.

이 외에도 여러 가지 관점에서 다양한 형태 분류가 제안되었다. 여키스 천문대의 모건W.W. Morgan은 빛의 중심 집중도와 스펙트럼 간 상관관계가 좋은 것에 착안하여, 중심 집중도를 첫 번째 매개변수parameter로 하여 은하를 분류했다. 가장 중심 집중도가 낮은 은하(주로 불규칙 은하)를 a, 가장 높은 것(주로 타원은하)을 k로 하여 집중도가 높아짐에 따라 a, af, f, fg, g, gk, k로 분류했다. 문자의 유래는 별의 스펙트럼 분류로써, 예를 들어 타원은하에서는 K형 별의 스펙트럼이 탁월하기 때문에 k의 문자를 이용했다. 이 여키스 분류에서는 두 번째 매개변수로써 형태의 정보도 추가했다. 형태의 매개변수로는 S, B, E, I, Ep, D, L, N의 8종류가 있다. S는 보통의 소용돌이은하, B는 막대 소용돌이은하, E는 타원은하, I는 불규칙 은하, Ep는 먼지의 흡수가 확실하게 보이는 타원은하, D는 허블 분류에서 S0은하와 거대 타원은하에 필적하지만 먼지 흡수가 없는 것, L은 표면 휘도가 낮은 은하, N은 은하핵이 두드러지게 눈에 띄는 은하이다. 또한 세 번째 매개변수는 겉보기의 편평도로써 1에서 7의 정수로 나타낸다. 완전히 둥글게 보이는 은하를 1로 하고, 가장 편평한 은하를 7로 한다. 예를 들어 여키스 분류에서 M31은 kS5, M51은 fS1, 그리고 M87은 kE1으로

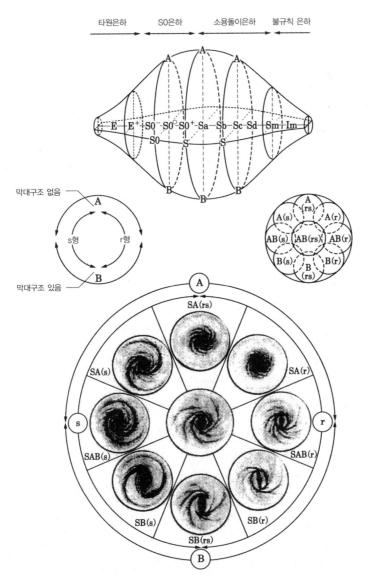

타원은하   S0은하   소용돌이은하   불규칙 은하

그림 1.4 드 보클레르의 은하 분류도. 가장 위의 그림이 분류의 전체상을 나타낸 입체. 수평으로 뻗은 중심축을 따라 허블 계열이 배치되어 있다. 그 아래 양쪽에 있는 그림은 중심축에 수직인 단면 안에서의 소용돌이 팔의 형상(r, rs, s)과 막대구조(A, AB, B)의 배치 방법을 나타낸 것이다. 아래 그림은 Sc형 위치의 단면 안에서 분류된 은하의 모식도를 나타낸다(de Vaucouleurs 1959, *Handbuch der Physik*, vol.53, 275).

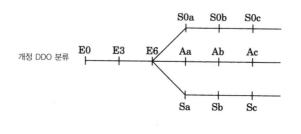

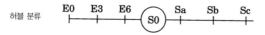

그림 1.5 반덴베르그에 의한 개정 DDO 분류. 허블 분류나 개정 허블 분류와 비교해서 S0은하의 위치가 매우 다름을 알 수 있다(van den Bergh 1976, *ApJ*, 206, 883).

나타낸다[12].

　캐나다의 데이비드던랩천문대의 반덴베르그S. van den Bergh는 소용돌이 팔의 발달 정도와 은하의 절대등급 사이에 상관관계가 있음을 발견하고, 소용돌이 팔이 보이는 모습(즉 절대등급)에 근거한 광도계급 분류(DDO 분류)를 제안했다. 광도계급은 로마 숫자인 I~V(I가 밝다)이며, ScI, SbIII 등으로 나타낸다. 은하 겉보기의 모습으로 절대등급을 추정할 수 있는 이 분류는 한때 은하의 거리 결정에 이용되었다[13].

　반덴베르그는 그 후 같은 소용돌이은하 중에서도 은하단 안에 있는 것이 필드[14]에 있는 것보다 소용돌이 팔의 대조contrast가 약함을 발견했다. 그는 소용돌이 팔의 대조가 약한 것을 '빈혈은하'라고 했다[15]. 그 극한이 S0 은하이다. 이렇게 해서 그는 소용돌이은하와 S0은하의 골격 구조가 같다

---

12 은하단의 중심에 있는 거대 타원 은하를 cD 은하라고 부르는 것은 여키스 분류에서 유래한다.
13 특히 소용돌이 팔이 가장 선명하게 보이는 ScI형이 사용되었다.
14 은하군이나 은하단 영역 이외를 말하는 것으로 은하가 거의 균일하게 분포한다고 간주하는 영역. 7.1절 참조.
15 별을 만드는 원료인 수소 가스를 인간의 혈액에 비유한 것이다.

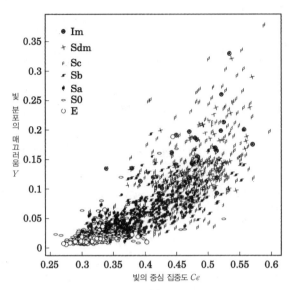

그림 1.6 정량적인 지표에 근거한 은하 분류의 예. 가로축은 빛의 중심 집중 정도(값이 작을수록 중심 집중도가 높다)를 나타내고, 세로축은 빛 분포의 매끄러움(값이 작을수록 빛의 분포가 매끄러움)을 나타낸다 (Yamauchi *et al.*, 2005, *AJ*, 130, 1545).

고 주장하는 개정 DDO 분류를 발표했다(그림 1.5). 이것은 관측 측면에서 은하단 가스가 은하 가스를 떼어냄을 처음으로 암시한 연구이다. 개정 DDO 분류는 그 후 S0은하의 기원에 대한 긴 논의의 계기가 되었다.

엘미그린 부부D.M. & B.G. Elmegreen는 소용돌이 팔의 연속성, 길이, 대칭성 등의 특징에 근거한 소용돌이 팔 분류를 고안했다. 길게 연결된 대칭성이 좋은 것은 그랜드디자인 팔, 그 반대로 대칭성이 없이 싹둑 잘린 것은 플라큘런트flocculant[16] 팔이라고 이름 붙였다. 이 분류는 은하 안에서 일어나는 대국적인 별 생성 메커니즘과 관련이 있다.

또한 은하의 형태 분류는 목측으로 실시되어 왔다. 이 때문에 숙련된 전

| 16 '양모와 같은' 이라는 의미이다.

문가가 실시해도 개인차가 발생했다. 예를 들어 네임A. Naim 등은 전문가가 분류한 결과를 형태형 지수의 오차를 1까지 허용하여 비교하여도 80% 이하밖에 일치하지 않는다고 지적했다. 최근에는 은하의 영상 데이터가 디지털화되어 있어 계산기에 의한 영상해석으로 형태에 관한 정량적이고 객관적인 지표를 구하고, 이를 이용한 분류가 이루어지고 있다. 기본적으로 조기형 은하는 빛이 중심에 집중하고 대칭성이 좋다는 성질을 이용한다. 그림 1.6이 이러한 분류의 예이다. 은하의 빛의 분포에 대한 보다 상세한 설명은 1.3절에서 하겠다.

1.1.7 왜소 은하의 형태 분류

왜소 은하는 그 크기와 질량이 거대 은하에 비해 훨씬 작을 뿐만 아니라 표면휘도도 거대 은하보다 어둡다. 왜소 은하는 크게 왜소 타원은하(기호 dE), 왜소 타원체은하(기호 dSph), 왜소 불규칙 은하(기호 dI 또는 dIrr), 블루콤팩트 왜소 은하(blue compact dwarf galaxy, 기호 BCD)로 나뉜다. 왜소 타원은하와 왜소 타원체은하 모두 겉보기 형태가 타원 모양이며 표면휘도 분포가 매끄럽고, 현재는 별 생성이 거의 이루어지지 않는다. 특히 왜소 타원체은하는 가장 어두운 왜소 은하로 별의 밀도가 매우 낮다. 왜소 불규칙 은하에서는 별 생성 활동의 흔적을 볼 수 있다. 블루콤팩트 왜소 은하는 왜소 은하로는 예외적으로 표면휘도가 높고 풍부한 가스를 갖고 있어 비교적 활발한 별 생성 활동을 하고 있다.

그림 1.7에 은하의 환경(필드와 은하단)별로 조사한 은하의 광도함수(밝기별 빈도 분포)를 표시했다. 수적으로 왜소 은하를 비롯한 소형 은하가 거대 은하보다도 많다. 또한 왜소 은하의 종류별 비율도 환경에 따라 변화하고 있다.

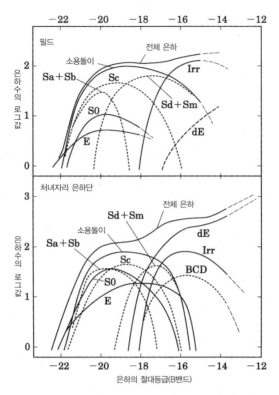

그림 1.7 가까운 필드 은하(위)와 처녀자리 은하단의 은하(아래)에 대한 은하의 광도함수(Binggeli *et al.*, 1988, *ARA&A*, 26, 509).

1.1.8 은하의 형태를 결정하는 것

은하의 형태는 어떻게 결정되는 것일까. 절대등급(대략적으로는 은하 속에 있는 별의 총질량)과 은하가 존재하는 환경이라는 두 가지 요인이 형태에 영향을 미치고 있음이 확실하다. DDO 분류를 제안한 반덴베르그는 형태와 절대등급의 관계를 그림 1.8과 같이 표현했다. 이 그림은 지금까지의 관측에 근거한 그의 제안이지만, 흥미로운 관점을 포함하고 있다. 허블의 소리 굽쇠 도표나 드 보클레르의 3차원 분류에서와 같이 다양한 형태를 보이는

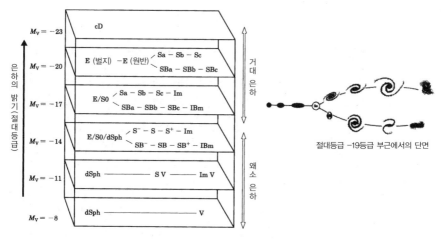

그림 1.8 반덴베르그의 은하 분류의 제안(왼쪽 그림). 오른쪽 그림은 절대등급 −19등급 부근의 단면도 (van den Bergh 1988, *Galaxy Morphology and Classification*의 그림을 수정).

것은 거대 은하 중에서도 어느 특정 절대등급의 범위에 있는 것이고, 매우 밝은 은하는 cD형이 되는 경향이 있다. 그러나 왜소 은하는 거대 은하만큼 다양한 형태를 보이지 않는다.

또한 은하의 형태는 은하가 존재하는 환경에 따라 다르다. 그림 1.7과 같이 조기형 은하는 은하단 등 은하의 개수 밀도가 높은 장소에 많이 존재하지만, 만기형 은하는 반대로 밀도가 낮은 장소(필드)에 많이 분포한다 (9.1절 참조). 이러한 형태와 밀도의 상관관계 발생 원인은 은하 형성 시에 생겨난 '선천적인' 부분과 진화 과정에서 다른 은하나 은하단 가스와 상호작용 또는 외부에서 은하로 떨어져 붙는 가스양 차이 등의 요인인 후천적으로 생겨난 부분이 있기 때문이다(9.1절 참조). 은하의 형태는 어떤 메커니즘으로 어떻게 결정되어 오늘날의 모습이 된 것일까. 그것은 아직 미해결 문제로 남아 있다.

1.2 은하의 복사

은하를 구성하는 항성, 가스 및 먼지는 각각 구성 성분과 그 물리 상태에 따른 전자파를 방출하고 있다. 기본적으로는 온도에 따라 고온일수록 짧은 파장(고에너지)의 전자파를 많이 방출한다. 또한 가스나 먼지는 선 스펙트럼이나 밴드 스펙트럼도 만들어낸다. 은하로부터의 복사의 파장별 강도 분포는 스펙트럼 에너지 분포(Spectral Energy Distribution, SED)라고 하며, 은하를 구성하는 성분을 추정하는 기본량이 된다[17]. 여기에서는 전형적인 소용돌이은하와 타원은하를 예로 들어 은하의 복사를 설명하겠다. 또한 활발하게 활동하는 활동 은하 중심핵이나 스타버스트 현상[18]을 보이는 스타버스트 은하의 복사에 대해서는 4장에서 설명하고자 한다.

관측하는 파장대에 따라 은하의 모습은 각양각색이다. 감마선, X선, 자외선, 가시광선, 적외선, 전파와 같은 구분과 함께 가시광선과 적외선 관측에 널리 이용되는 파장대(밴드)에 고유이름(기호)이 붙여져 있다. 예를 들어 가시광선에서 가장 오래된 표준밴드는 파장 $0.365\,\mu\text{m}$를 중심으로 하는 U밴드, 파장 $0.445\,\mu\text{m}$를 중심으로 하는 B밴드, 파장 $0.551\,\mu\text{m}$를 중심으로 하는 V밴드이다[19].

그림 1.9는 소용돌이은하 M81(NGC3031)을 여러 가지 파장으로 관측한 모습이다. 가시광인 B, V, R밴드의 3색 합성영상(왼쪽 아래)[20]에서는 중심부의 타원체 모양의 벌지와 소용돌이 팔이 발달한 얇은 원반이 잘 보인다. 윗줄 왼쪽의 그림은 X선과 자외선 영상을 합성한 것이다. X선에서는

---

17 SED라는 말은 단순히 스펙트럼이라고 하는 경우에 비해 파장(또는 주파수)의 함수로써의 복사강도라고 강조하는 경우에 이용된다.
18 starburst는 '폭발적 별 생성'으로 풀이되어 있는데, '스타버스트'라는 단어도 폭넓게 사용되고 있다.
19 상세한 내용은 제15권 4.1절 참조.
20 가시광선에서 밴드는 색에 매치되어 있기 때문에 3개 밴드 합성 영상을 이렇게 3색 합성 영상이라고 하는 경우가 많다.

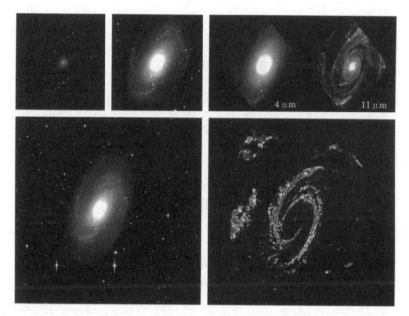

그림 1.9 여러 가지 파장으로 본 소용돌이은하 M81(화보 3 참조). 윗줄 왼쪽에서 오른쪽 순으로 X선과 자외선의 영상을 합성한 영상(A. Breeveld, M.S.S.L., RGS Consortium 및 유럽 남천천문대 제공), 가시광선인 B, V, Hα선의 3색 합성영상(도쿄대학 기소(木曾)관측소 제공), 파장 4미크론과 파장 11미크론의 적외선 영상(JAXA 아카리위성 제공), 하단은 왼쪽이 가시광선인 B, V, R의 3색 합성영상(도쿄대학 기소관측소 제공), 오른쪽이 파장 21cm의 중성수소 휘선으로 관측한 영상. 가시광선과 적외선 영상에서는 벌지 성분과 원반 성분이 잘 보인다. 중성수소 가스는 벌지에는 없고, 원반 안에 소용돌이 팔을 따라 분포하고 있음을 알 수 있다(미국 국립전파천문대 VLA 제공).

은하 중심핵에 있는 거대 블랙홀 주변의 강착원반의 고온 가스 복사가 가장 강하게 관측되고 소용돌이 팔에 있는 연성계連星系 강착원반의 고온 가스의 X선도 관측되고 있다. 또한 자외선에서는 O형 별, B형 별 등 소용돌이 팔에서 많이 볼 수 있는 고온의 항성이 내는 빛이 주를 이룬다. 이러한 높은 온도의 별 주변에서는 수소가 전리되어 Hα선 등 재결합선을 복사하고 있다. 가시광선의 파장 영역에서는 그림 1.9 왼쪽 아래와 같이 통상적인 항성이 대부분의 기여를 하고 있으며 벌지 부분은 비교적 붉은 별이 많은 반면, 원반 부분에서는 푸른 별이 두드러진다.

적외선 영역에서 파장 4미크론 정도까지는 비교적 저온의 별빛이 주를 이루고 있고 소용돌이 팔이 잘 드러나지 않는 매끄러운 분포를 이루고 있다. 반면 보다 파장이 긴 중간 적외선에서 원적외선까지는 성간 먼지가 내뿜는 복사가 주요 성분을 이루고 있어 별 생성 활동이 활발한 소용돌이 팔의 복사가 두드러진다(윗줄 오른쪽 끝의 그림). 전파 영역에서는 저온의 가스를 내뿜는 복사가 주를 이룬다. 그림 1.9 오른쪽 아래 영상은 중성 수소원자(H_I)[21]를 복사하는 파장 21cm의 전파휘선 강도 분포를 보여주고, 원반 부분의 소용돌이 팔에 많이 분포된 가스가 별 생성 활동의 원료가 되고 있다. 또한 별이나 먼지가 관측되고 있는 영역의 바깥쪽에도 H_I 가스가 퍼져 있다. 일반적으로 소용돌이은하에서 H_I 가스는 항성보다 훨씬 널리 퍼져 있는 경우가 많다(화보 2 및 화보 3 참조).

이 M81의 예에서 볼 수 있듯이 별 생성 활동이 활발한 소용돌이은하의 원반부에서 저온 가스나 먼지를 대량으로 볼 수 있다. 특히 먼지는 가시광선 영역에서 항성의 빛을 배경으로 검은 그림자를 이루고 있어 팔을 따라 먼지 띠를 볼 수 있는 경우도 많다. 또한 대질량의 별이 주변의 성간가스를 전리하고 있는 전리 수소영역에서는 발머선 등이 대량으로 복사되고 있다.

소용돌이은하를 전파로 관측하면 H_I 가스의 휘선과 더불어 분자 가스가 내뿜는 휘선도 검출된다. H_I 가스는 그림 1.9 오른쪽 아래의 예와 같이 일반적으로 은하의 원반부에서 많이 볼 수 있고, 중심 부근에서는 오히려 감소하여 보이는 경우가 많다. 반면, 분자 가스는 은하의 중심 부근까지 분포해 있는 경우가 많다. 그림 1.10은 소용돌이은하 M100(NGC 4321)을 파장 2.6mm의 일산화탄소(CO) 휘선으로 관측한 모습이다(가시광선 영상에

---

21 성간가스는 중성 상태나 전리 상태 등 여러 가지가 있는데 그 상태를 표현할 낼 때 로마 숫자를 사용하도록 되어 있어, 중성 상태는 I, 원자가 전자 1개를 잃은 1계 전리 상태를 II, 2계 전리 상태를 III이라고 쓴다. 예를 들어 수소 원자의 중성 상태를 H_I, 전리 상태를 H_{II} 라고 쓴다.

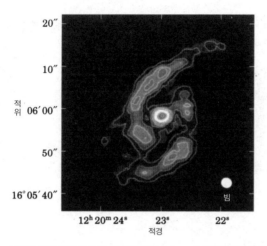

그림 1.10   소용돌이은하 M100(NGC 4321)을 파장 2.6 mm의 일산화탄소 휘선으로 관측한 모습.   오른쪽 아래 흰 동그라미는 전파망원경의 빔 사이즈(분해능)를 나타낸다(일본 국립천문대 노베야마 우주전파관측소 제공).

대해서는 그림 1.2 참조). 소용돌이 팔을 따라 가스가 많이 분포해 있는 한편, 은하의 중심 부근에도 대량의 가스가 분포해 있는 모습을 볼 수 있다. 또한 저온의 수소분자(H_2) 가스는 전자파를 내뿜기 어렵기 때문에 대신 일산화탄소 분자 등 다른 분자 가스의 양으로 추정하는 경우가 많다. 별이 탄생할 때의 원료인 분자 가스는 은하 중심부의 별 생성 활동과 밀접한 관련이 있어 가스의 운동을 포함한 상세한 연구가 진행되고 있다(3장 참조).

한편 타원은하에서는 저온 가스나 먼지가 매우 적어 항성이 내는 빛이 주성분이다. X선 파장 영역에서는 고온의 전리 가스가 대량으로 관측되는 경우도 있다. 고온 가스는 만기형 별의 질량 방출이 주요 기원이라고 생각되지만, 은하단 가스의 영향을 받는 등의 요인으로 그림 1.11과 같이 고온 가스의 양이 항성의 양과 비례하지 않는 경우도 있다(9.2절 참조).

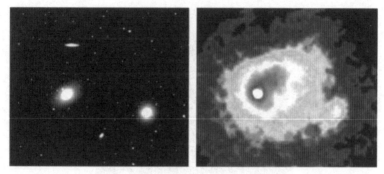

그림 1.11 타원 은하 M86과 M84를 가시광선(왼쪽)과 X선(오른쪽)으로 관측한 모습(ISAS 뉴스 No. 251).

1.3 기본 관측량

은하의 물리적인 성질을 이해하기 위해서는 은하를 특징짓는 여러 가지
관측량을 구하고 그 상호 관계나 통계적인 성질을 자세히 조사할 필요가
있다. 자외선, 가시광선, 근적외선 관측으로는 은하를 구성하는 별, 은하
안의 전리 가스에 대한 정보를 주로 얻을 수 있다. 중간 적외선, 원적외선
관측으로는 은하 안의 더스트(먼지) 성분에 대해 전파관측으로는 중성수소
원자 가스, 분자 가스, 초신성 폭발에 기인하는 싱크로트론 복사 성분, 활
동적 중심핵의 성분 등을 측정할 수 있다. X선 관측으로는 은하단이나 은
하군 등의 중력 퍼텐셜에 붙잡힌 고온 가스나 활동적인 은하 중심핵의 성
질을 파악하게 된다. 여기에서는 은하를 형성하는 별의 성분을 중심으로
그 기본적 관측량에 대하여 정리하겠다[22].

1.3.1 측광학적 여러 가지 량

비교적 가까운 우주에 있는 은하는 점원點源인 별의 모습과 비교하면 큰 넓

| **22** 제5권에도 관련된 항목의 해설이 있으므로 참조하기 바란다.

이를 가지고 있다. 일반적으로 중심에서 멀어짐에 따라 은하의 모습은 점차 엷어져서 배경과 구별이 없어지게 된다. 그래서 우선 은하의 크기, 전체의 밝기, 휘도 분포 등을 정량적으로 표현하는 방법에 대해 설명한다.

은하의 표면휘도

여러 가지 파장의 빛으로 은하를 촬영할 수 있는데, 관측된 은하 영상의 각각의 장소에서의 밝기, 즉 단위입체각당 복사 유속流束을 은하의 표면휘도라고 한다. 통상적으로 자주 사용되는 단위는 1제곱초각평방초각당 광도이며, 가시·근적외선에서는 등급 크기로 변환하여 사용하는 경우도 많다[23]. 비교적 가까운 우주에서는 겉보기의 표면휘도를 거리로 판단하지 않지만, 적색편이(적색이동, red shift)에서는 우주팽창 효과로 적색편이 z가 커짐에 따라 $(1+z)^4$에 반비례해서 급속하게 어두워진다.

은하의 광도

촬영관측에서 은하의 겉보기 광도를 측정하는 기본적인 방법은 개구 내 광도[24], 등휘도선 내 광도, 전체 광도 등을 구하는 것이다(그림 1.12).

우선 개구 내 광도는 어느 정해진 측광 영역(입체각) 내의 광도를 구하는 것인데, 이 경우 크기가 다른 은하나 표면휘도의 분포가 다른 은하에 고정된 개구를 이용하면 비교가 어려워지는 경우가 있기 때문에 주의해야 한다. 등휘도선 내 광도는 어느 표면휘도의 일정 등휘도선 내의 광도를 구한다. 겉보기의 표면휘도는 높은 적색편이에서 변화하기 때문에 등휘도선

---

23 표면휘도를 단순히 면휘도라고 하는 경우도 있다. 등급 크기의 단위는 등급/제곱초각(mag arcsec⁻²)이다.

24 천체의 광도를 측정하는 측광 영역을 개구aperture라고 한다. 일반적으로는 원형의 개구가 이용되지만 은하의 경우 타원형의 개구를 이용하는 경우도 있다.

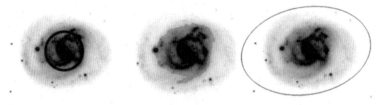

그림 1.12 은하의 겉보기 광도를 측정하는 방법의 예. 개구내 광도(왼쪽), 등휘도선 내 광도(가운데), 전체 등급에 가까운 수치를 얻는 근사적 전체 광도(오른쪽).

내 광도를 이용해 거리가 다른 천체의 광도를 비교하는 경우에 곤란함이 생긴다. 전체 광도를 구하기 위해서는 각각의 은하에 대해 충분히 큰 개구를 설정하면 좋지만, 충분히 크다는 것을 보증하기 위해서는 개구를 넓혀가고 그 이상 넓혀도 광도가 변하지 않음을 확인해야 한다. 또한 개구가 은하의 사이즈보다 너무 크면 배경 빛이나 검출기의 잡음이 많이 반영되는 점에도 유의할 필요가 있다.

각각의 천체에 대한 전체 광도를 구하는데 많은 시간이 들고, 주변의 다른 은하나 별의 영향을 완전하게 제거하기가 어렵기 때문에 많은 은하, 특히 먼 우주의 은하광도 측정에는 근사적인 전체광도를 이용하는 경우가 많다. 가시광선, 적외선 파장에서는 크론 반지름이나 페트로시안 반지름에 근거한 근사적 전체 광도가 자주 사용된다(칼럼 「크론 반지름과 페트로시안 반지름」 참조).

은하를 정지계로 본 경우의 절대광도 L_{em}과 관측된 겉보기의 광도 f_{obs}와의 관계는 은하의 광도 거리를 D_L로 했을 때 다음의 식을 얻을 수 있다.

$$L_{em}\,d\nu_{em} = 4\pi D_L^2 f_{obs}\,d\nu_{obs} \qquad (1.1)$$

여기에서 $d\nu_{em}$과 $d\nu_{obs}$는 각각 은하의 정지계와 관측자 계의 주파수 미분 요소를 나타낸다. 가시광선 관측에서는 역사적으로 광도를 등급으로 표현하는 경우가 많은데, 은하의 경우도 항성과 마찬가지로 그 절대광도를 절대등급으로 환산하여 이용한다.

은하의 표면휘도 분포

은하는 여러 가지 형태를 보이고 있고 그것들이 계통적으로 분류된다고 앞 절에서 서술했다. 여기에서는 보다 상세하게 은하의 표면휘도 분포에 대해 설명하고자 한다[25]. 우선 타원은하의 표면휘도 분포에 대해 알아보자. 드 보클레르는 1948년 논문에서 타원은하 대부분의 표면휘도가 반지름 1/4제곱의 특징적 변화를 하고 있음을 발견하고(그림 1.13), 그 변화를 근사적으로 다음과 같이 기술하였다.

$$I(r) = I_e \exp\left\{-7.67\left[\left(\frac{r}{r_e}\right)^{1/4} - 1\right]\right\} \tag{1.2}$$

여기에서 r은 반지름(은하 중심으로부터의 거리), $I(r)$은 반지름 r 위치에서의 표면휘도, r_e는 은하의 전체 광도의 절반을 포함하는 반지름, I_e는 $r=r_e$에서의 표면휘도이다[26]. 이렇게 은하 내의 표면휘도 분포를 반지름함수로 표현한 것을 은하의 표면휘도 프로파일 또는 단순히 프로파일이라 한다. (식 1.2)에서 근사된 표면휘도 프로파일을 드 보클레르 법칙 또는 1/4제곱법칙이라 한다.

한편 그 후의 관측에서 원반은하의 바깥쪽(벌지의 영향이 적은 원반부)의 표면휘도 분포는 다음의 식으로 잘 근사됨을 알 수 있었다.

---

25 표면휘도 분포와 질량 분포의 관계는 2장에서 해설하겠다.
26 전체 광도의 절반을 포함하는 반지름은 관습적으로 유효 반지름effective radius이라고 하기 때문에 첨자 e가 붙어 있다.

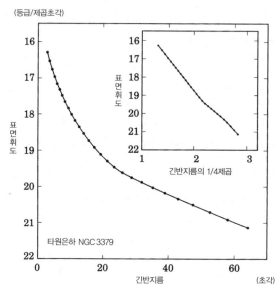

(등급/제곱초각)

타원은하 NGC 3379

긴반지름 (초각)

긴반지름의 1/4제곱

표면휘도

그림 1.13 타원은하의 표면휘도 프로파일의 예. 안에 있는 그림은 가로축을 긴반지름의 1/4제곱으로 계산하면 프로파일이 거의 직선이 됨(1/4제곱법칙)을 보여주고 있다(Kent 1984, *ApJS*, 56, 105 데이터로 작성).

$$I(r) = I_0 \exp(-r/h) \tag{1.3}$$

여기에서 h는 스케일 길이라는 양으로 표면휘도가 중심수치 I_0의 $1/e$가 되는 반지름이며, I_0은 원반부의 프로파일 중심부까지 늘렸을 때의 표면휘도이다[27]. 이 프로파일을 지수법칙[28]이라고 한다. (식 1.3)의 h 대신에 r_e를 이용해서 써보면 다음과 같다(그림 1.14).

[27] 실제로 대부분의 원반은하의 중심부에는 드 보클레르 법칙적인 프로파일을 가진 벌지가 존재하기 때문에 실제 은하의 중심 표면휘도가 I_0보다는 밝다.

[28] 1/4제곱법칙이나 지수법칙이라고 하면 무언가 물리적 근거를 가진 '법칙'이라고 생각할 수 있지만, 이것들은 관측 데이터를 근사하는 함수에서 유래한 이름으로 물리 법칙이라는 개념으로 이용되고 있는 것은 아니라는 것에 주의해야 한다.

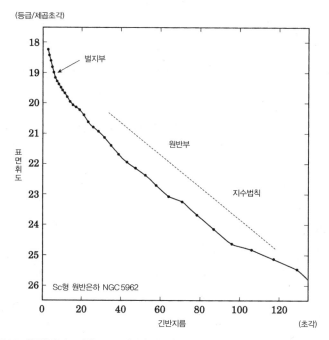

(등급/제곱초각)

그림 1.14 원반은하의 표면휘도 프로파일의 예. 원반 성분이 탁월한 곳은 긴반지름의 40초각보다 바깥쪽이며, 점선으로 나타낸 그곳의 프로파일은 거의 직선(지수법칙)이다(Kent 1984, *ApJS*, 56, 105 데이터로 작성).

$$I(r) = I_{\rm e} \exp\left\{-1.68\left[\left(\frac{r}{r_{\rm e}}\right)-1\right]\right\} \tag{1.4}$$

은하의 다양한 표면휘도 프로파일을 표현하기 위해 셀식J.L. Sérsic은 1968년에 중심 집중도를 표현하는 매개변수 n을 포함하는 다음의 근사식을 제안했다.

$$I(r) = I_{\rm e} \exp\left\{-b_{\rm n}\left[\left(\frac{r}{r_{\rm e}}\right)^{1/n}-1\right]\right\} \tag{1.5}$$

이것을 셀식법칙이라고 한다. 이 식에서 $n=4$가 드 보클레르법칙에서의

$n=1$인 지수법칙과 같다. 셀식은 타원은하라 하더라도 여러 가지 밝기를 조사해보면, 그 표면휘도 분포의 중심 집중도가 같지 않아 매우 밝은 것은 $n>4$ (최대 $n=10$ 정도), 어두운 것은 $n=1$에 가깝다는 것을 발견했다. 드 보클레르 법칙은 비교적 밝은 타원은하에서만 성립하는 관계였다.

이런 의존성이 있어도 타원은하 대부분이 비슷한 드 보클레르 법칙적인 프로파일을 갖고, 원반은하의 원반이 모두 지수함수적인 프로파일을 갖는다는 물리적 근거는 현재도 완전하게 이해되고 있지 않다. 은하 형성의 초기 조건은 여러 가지가 있었을 것으로 생각된다. 이 때문에 안정적인 비슷한 구조가 최종적으로 만들어지는 데에는 어떤 완화 과정이나 피드백에 의한 자기규율화 메커니즘이 필요하다. 그리고 암흑물질이 은하의 형성과정을 지배하고 있어 사태를 복잡하게 만든다. 그 이유는 암흑물질의 분포와 프로파일이 나타내는 별의 분포가 반드시 같지 않기 때문이다. 이 분야에서는 현재 계산기 시뮬레이션을 이용한 연구가 활발히 진행되고 있다.

은하의 크기

은하의 크기의 정의에도 주의가 필요하다. 예를 들어 가시광선 관측으로 본 별빛의 분포로 은하의 크기를 구하는 경우, 외연부로 갈수록 표면휘도가 작아져서 배경광과 구별되지 않아 뚜렷한 윤곽을 측정할 수 없다. 가까운 은하의 경우에서는 표면휘도의 일정 등휘도선으로 둘러싸인 은하의 넓이를 은하의 크기라고 할 수 있지만, 먼 은하의 경우에는 은하의 적색편이에 따라 겉보기 표면휘도가 크게 변화하는 문제가 발생한다.

거리가 다른 은하를 상대적으로 비교하기 위한 크기의 정의에는 다음과 같은 것들이 있다. 우선 같은 표면휘도 분포를 가진 천체끼리라면 그 분포를 특징짓는 매개변수로 비교할 수 있다. 예를 들어 원반은하의 프로파일 스케일 길이 h나 타원은하의 도 보클레르 법칙의 유효반지름 r_e로 은하끼리의 크기를 비교할 수 있다. 다만 이 방법을 이용하기 위해서는 (식 1.3)이나 (식 1.4)와 같은 프로파일의 근사함수를 관측된 데이터에서 최소 제곱법 등을 사용하여 가장 데이터와 잘 맞는 h나 r_e를 도출하여야 하기 때문에 은하 내의 표면휘도 분포를 정밀하게 측정해야 한다.

은하 크기의 척도가 되는 양을 프로파일 근사함수를 구하지 않고 평가하는 방법도 있다. 우선 은하의 근사적인 전체 광도는 비교적 쉽게 구해지기 때문에 이를 전체 광도로 간주하고 그 절반을 포함하는 반지름을 구한다. 이것은 의미적으로 r_e와 같지만, 프로파일의 근사함수를 구해서 r_e를 평가하는 것과는 다른 방법이기 때문에 반광도반지름half-light radius으로 구별하는 경우가 많다. 이 외에 측광 영역 내의 평균 표면휘도의 수치로 은하의 크기를 정의하는 경우도 있다. 칼럼에 서술되어 있는 크론 반지름이나 페트로시안 반지름이 이 범주에 들어간다.

은하의 색

은하의 색은 항성과 동일하게 광대역 필터 등으로 측정된 두 가지 밴드(파장대)에서의 등급의 차(복사 강도의 비)로 측정하며, $(B-V)$나 $(u-r)$ 등과 같이 색지수(단위는 등급)로 표현한다. 별의 경우와 비교해서 주의해야 할 점은 은하는 퍼져 있고, 은하 내의 장소에 따라 색이 다르다는 것이다. 이 때문에 은하의 색으로 상호 비교할 때에는 각 밴드에서 같은 개구로 광도를 구한다.

은하의 색은 주로 은하를 구성하는 별의 성질에 의해 결정되고, 평균 연령이나 금속량 등에 따라 변한다. 특히 별이 만들어지고 있는 경우에는 광도가 큰 대질량별의 빛이 지배적이 되어 은하는 매우 푸른색을 띠는 스펙트럼을 보인다. 은하 내에 대량의 먼지가 존재하는 경우에는 단파장 쪽에서 보다 많은 흡수가 이루어져 본래의 별의 색에 비해 붉어진다. 이것을

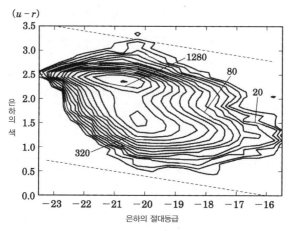

그림 1.15 SDSS 데이터에 근거해서 얻어진 가까운 은하의 색 지수 $(u-r)$와 절대등급면상의 분포. 세로축의 수치가 클수록 색은 붉다. 66,846개의 은하를 이 그림에 표시하고 은하의 면밀도(절대등급에서 0.5등, 색지수 0.1등의 범위 안에 들어가는 은하의 개수)가 동일한 곳을 연결한 등면밀도선이다. 수치는 면밀도를 나타낸다(Baldly et al., 2004, ApJ, 600, 681).

은하 내의 성간 흡수에 의한 적화라고 한다.

  은하의 형태, 즉 허블 계열은 은하의 색과 좋은 상관관계를 보이고 있다. 타원은하는 붉고, 원반은하는 만기형이 될수록 푸르다. 이것은 은하 내의 중성 수소의 면밀도[29]와도 좋은 상관관계를 가지고 있다. 이는 오래된 별이 주체여서 가스가 거의 없는 타원은하와 가스를 많이 포함하여 현재도 계속해서 별을 형성하고 있는 원반은하와의 차이에서 나타난다. 최근에는 슬론 디지털 스카이 서베이(SDSS)로 인하여 가까운 많은 은하의 색이 명확해지고 있다(그림 1.15). 관측되는 가까운 은하의 색 분포는 주로 붉은색과 푸른색이고, 비교적 밝은 은하에서는 붉은색이 많고 비교적 어두운 은하에서는 푸른색이 많다. 이것은 은하의 규모, 광도 및 질량이 은하의 별 생성 역사와 관련되어 있고, 비교적 작은 은하들에서는 최근에도 별

---

29 물질이 어떤 표면 위에 분포되어 있을 때 단위 표면의 질량(역주).

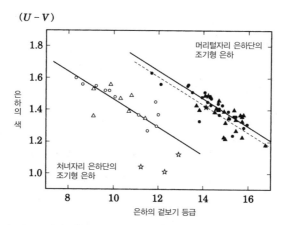

$(U - V)$

머리털자리 은하단의
조기형 은하

처녀자리 은하단의
조기형 은하

은하의 색

은하의 겉보기 등급

그림 1.16 대표적으로 가까운 은하단인 머리털자리 은하단 및 처녀자리 은하단 중 조기형 은하의 색‒
등급 관계. 기호는 은하의 허블형을 나타내고 있고, 동그라미는 타원은하, 세모는 S0은하이다. 별표는
S0은하 중에서 보다 만기형인 원반은하에 가까운 것을 나타낸다. 실선은 각각의 관계를 직선으로 근사
한 것, 점선은 처녀자리 은하단에서 얻은 것과 동일한 색‒등급 관계가 머리털자리 은하단과 같은 거리
에서 어떻게 보이는지를 예측한 것으로 양자는 거의 일치하고 있다(Bower *et al.*, 1992, *MNRAS*, 254, 601).

이 만들어지고 있는 은하의 비율이 높다는 것을 뜻한다.

붉은 은하 중에서 타원은하만을 추려 내면 광도가 큰 타원은하일수록
붉고, 작은 타원 은하는(붉은 은하 중에서도) 비교적 푸른색을 띤다. 타원은
하의 밝기와 색의 관계는 분산이 작은 선형적인 관계이어서 색‒등급 관계
로 알려져 있다(그림 1.16). 이 관계는 밝은 타원은하일수록 중원소[30]가 많
다는 타원은하의 중원소량의 차이를 반영하는 것이라고 할 수 있다.

또한 각각의 은하 내부의 색 분포를 살펴보면 타원은하, 원반은하를 불
문하고 대부분은 은하의 중심이 가장 붉고 바깥쪽을 향해서 파랗게 되는
색 구배를 가지고 있다. 색 구배의 정도(기울기)는 은하의 형태에 따라 다르
다. 최근 왜소 은하 중에는 중심이 푸르고 바깥쪽이 붉은 반대의 색 구배

---

30 천문학에서는 일반적으로 수소와 헬륨보다 무거운(원자번호가 크다) 원소를 중원소라고 한다. 그러나
경우에 따라 붕소 이상 무거운 원소 또는 탄소 이상 무거운 원소를 가리키는 경우도 있다.

를 가진 것이 있다는 연구 보고가 있었다. 색 구배는 은하 내에서 장소별로 별의 평균 연령과 중원소량이 다르다는 것을 나타내는데, 두 가지 요인이 어떻게 영향을 미치는가는 은하의 형태에 따라 다르다.

1.3.2 역학량

은하를 특징짓는 가장 기본적인 물리량은 그 전체 질량일 것이다. 그러나 은하를 구성하는 물질 대부분이 암흑물질이기 때문에 은하의 질량을 관측으로 구하는 것은 쉽지 않다. 은하의 전체 질량의 가장 직접적인 지표는 역학질량[31]이다. 역학질량은 은하의 구조와 역학을 이해하고 내부 운동의 정보로부터 추정한 은하의 질량이다.

　은하는 역학적으로 거의 평형상태에 도달해 있는 자기중력계이다. 이러한 계열에서는 비리얼virial 평형이 성립되어 있어 운동에너지를 T, 중력 퍼텐셜 에너지를 U라고 하면 다음 식이 성립한다.

$$T = \frac{1}{2}U \tag{1.6}$$

중력에너지와 균형을 이루는 은하의 내부 운동은 은하의 종류에 따라 다르다. 원반은하와 어두운 타원은하에서는 회전운동이지만 대부분의 밝은 타원은하에서는 속도분산으로 특징지어진 무작위random 운동이다. 두 경우 모두 은하의 크기와 그 내부 운동속도를 관측하여 은하의 질량을 추정할 수 있다.

　은하 내의 가스나 별의 시선속도로 구한 회전속도를 은하의 반지름함수로 나타낸 것을 은하의 회전곡선이라 한다. 대부분의 원반은하에서 회전

| 31 역학적 질량 또는 중력질량이라고 하는 경우도 있다.

곡선은 은하의 바깥쪽에서 거의 일정한 수치를 유지한다고 알려져 있다. 이를 은하에 암흑물질 헤일로가 존재하는 증거의 하나로 생각할 수 있다.

회전 성분의 기여가 작아 주로 무작위 속도 분포로 구조를 지탱하고 있는 밝은 타원은하의 경우에는 흡수선의 폭으로 그 속도분산을 구한다. 은하의 흡수선은 각각의 별의 흡수선 스펙트럼의 중첩이고, 은하 내에서 이 별들의 운동에 의해(도플러 효과로) 파장 방향으로 퍼진 것이다. 따라서 항성의 흡수선 프로파일을 기준(템플릿)으로 하고 여기에 속도에 의한 퍼짐의 정도를 합하여 실제 은하의 흡수선과 비교함으로써 은하 내 별의 속도분산을 구할 수 있다[32].

1.3.3 중원소량(금속량)

은하 안에서는 가스로부터 별이 만들어지고 그 별의 내부에서 또한 별이 초신성 폭발을 일으킬 때 새로운 중원소가 만들어진다. 이러한 중원소는 별의 바람이나 초신성 폭발에 의해 주위의 성간물질로 방출된다. 매우 많은 중원소를 포함한 성간가스에서 만들어진 다음 세대의 별은 따라서 매우 많은 중원소를 포함하게 된다. 이 때문에 은하를 구성하는 가스와 별의 중원소량은 은하에서의 별 생성 역사와 밀접한 관계를 갖는다. 은하를 구성하는 별의 중원소량은 은하의 색이나 금속 흡수선의 강도로 추정할 수 있고, 전리 가스의 휘선 강도비로도 은하 내 가스의 중원소량을 추정할 수 있다.

1.3.4 광도함수

우주 안에서 많은 은하가 진화해온 모습이나 영역별 은하집단의 성질 등

---

[32] 은하는 퍼져 있기 때문에 각 장소에서의 속도분산과 평균 속도를 구하여 은하의 속도분산 곡선과 회전곡선을 구할 수 있다.

을 논의할 때 은하의 광도함수가 자주 이용된다. 은하의 광도함수는 어떠한 광도(절대광도)의 은하가 어떠한 빈도로 존재하는지를 나타내는 것으로 광도 $L - L + dL$의 범위에 있는 은하의 단위체적당 수밀도 $n(L)dL$로 정의할 수 있다. 은하의 광도를 절대등급 M으로 나타내는 경우에는 $n(M)dM (= n(L)dL)$이 된다.

광도함수를 구하기 위해서는 다수 은하의 절대등급을 구해야 한다. 그러기 위해서는 겉보기 광도와 거리를 측정해야 하기 때문에 많은 노력이 필요한 반면 계통적인 오차도 크다. 그림 1.17은 SDSS로 구한 신뢰도 높은 가까운 은하의 광도함수이다. SDSS에서는 적색편이 $z = 0 \sim 0.1$ 정도의 범위로 몇 개의 광대역 필터에 대응하는 밴드로 광도함수를 구하고 있다.

그림 1.17에서 은하의 광도함수 특징은 비교적 광도가 큰 은하에서는 급속하게 그 빈도가 작아지는 것과, 비교적 광도가 작은 은하에서는 변화는 보다 완만하지만 어두운 은하일수록 빈도가 커지는 것 두 가지이다. 스케흐터P. Schechter는 1976년의 논문에서 이러한 은하의 광도함수를 나타내는 매우 유용한 근사함수로 다음과 같은 스케흐터함수를 제안하였고 오늘날까지 널리 이용되고 있다.

$$n(x) = \phi^* x^\alpha e^{-x} \tag{1.7}$$

여기에서 $x = L/L^*$이며, L^*은 광도함수의 무릎[33] 또는 특징적 광도라 한다. 이 L^*을 경계로 밝은 은하의 빈도는 지수함수적으로 작아지는 데 반해, 이것보다 어두운 은하는 멱(거듭제곱)함수적으로 완만하게 증가한다.

스케흐터함수를 절대광도로 나타내면 다음과 같은 식이 된다.

---

[33] 광도함수의 모양을 다리를 굽힌 모습과 비교하여, 마침 무릎 부분에서 구부러져 있는 것을 비유한 명칭.

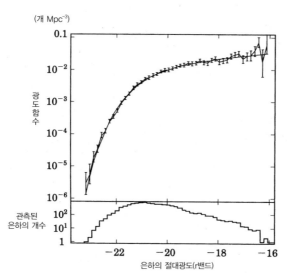

(개 Mpc⁻³) 위치의 축 레이블은 그림 안에 있음

그림 1.17 SDSS 데이터에 근거해서 얻어진 은하의 광도함수(위). 아래 그림은 광도함수를 구하기 위해 사용한 은하 개수의 절대등급에 관한 히스토그램(Blanton *et al.*, 2001, AJ, 121, 2358).

$$n(M)dM = 0.4 \ln 10 \, \phi^* 10^{0.4(a+1)(M^*-M)} \exp\{-10^{0.4(M^*-M)}\} dM \quad (1.8)$$

왜 은하의 광도 분포가 이러한 모양을 갖는지에 대한 정확한 이론적 해석은 없지만, 이미 스케흐터는 1974년 프레스W. Press와의 논문에서 은하가 가우스 분포에 따른 밀도 흔들림으로 인해 계층적으로 형성된 경우 그 질량 분포 함수가 제곱이 되어 대질량 측에서는 지수함수적으로 감소한다고 하였다. 이것을 프레스-스케흐터형 질량 분포 함수라고 한다. 가령 은하의 질량-광도비가 은하의 광도를 따르지 않는다면, 이 질량 분포 함수 자체를 광도함수의 형태로 이해할 수 있다. 실제 은하의 형성과정이나 별 생성 역사는 은하의 질량에 따라 다르기 때문에 질량-광도비는 일정하지 않다. 그러나 최근 연구에서는 팽창우주에서의 초기 밀도 요동으로 은하의 계층적 구조 형성을 쫓는 계산기 시뮬레이션으로 이러한 질량 분포 함

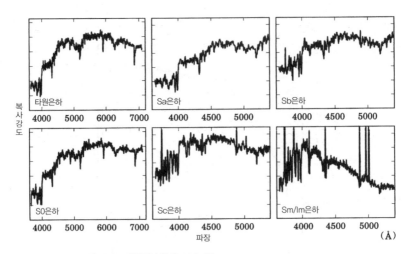

그림 1.18 전형적인 은하 스펙트럼(Kennicut 1992, *ApJ*, 388, 310).

수와 함께 관측되는 것에 가까운 은하의 광도함수를 재현할 수 있다는 것이 보고되고 있다.

광도함수를 광도에 대해 적분하면 단위체적당 은하광도, 즉 은하의 광도 밀도를 얻을 수 있다. 광도 밀도 ε는 다음과 같이 쓸 수 있다.

$$\varepsilon = \int_0^\infty n(x)Ldx = \phi^* L^* \int_0^\infty x^{(\alpha+1)}e^{-x}dx = \phi^* L^* \Gamma(\alpha+2) \quad (1.9)$$

1.4 은하를 구성하는 별의 종족

우리 은하계를 구성하는 항성의 종류나 특징에 대해서는 제5권 4.1절에 정리되어 있기 때문에 여기에서는 은하를 구성하는 별의 종족과 그 성질에 대해 간단하게 설명하겠다.

그림 1.18은 전형적인 은하의 가시광선 스펙트럼이다. 비교를 위해 그림 1.19에 전형적인 항성 스펙트럼을 제시하였다.

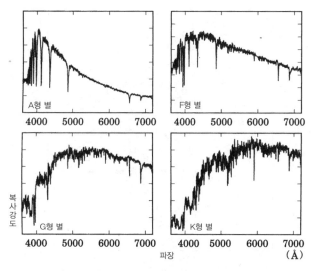

그림 1.19 여러 항성의 스펙트럼(Kennicut 1992, *ApJ*, 388, 310).

타원은하나 S0은하와 같은 조기형 은하에서는 많은 중성 금속 흡수선이 관측되어 파장 4,000 Å의 큰 흡수 구조(4,000 Å 브레이크)도 볼 수 있다. 이것은 비교적 저온인 K형 별의 스펙트럼과 비슷한 특징이다. 실제로 타원은하 내에서는 새로운 별이 거의 만들어지지 않아 많은 세월을 거쳐 적색거성이 된 별들의 빛이 지배적이다. 이에 대해 Sb−Im형인 만기형 원반은하에서는 중성 금속선은 약해지고 대신에 수소의 발머 흡수선(Hα, Hβ, …)과 발머 흡수단이 두드러진다. 이것은 은하의 스펙트럼에서 B 내지는 A형의 별빛이 지배적, 즉 비교적 최근 또는 현재도 활발하게 별이 만들어지고 있음을 나타낸다. 이렇게 은하의 스펙트럼은 은하를 구성하는 항성의 스펙트럼이 중첩된 것이어서 은하 내의(광도로써) 지배적인 별의 종족 스펙트럼과 비슷해진다.

그림 1.20은 별이 단시간에 일제히 탄생한 경우 시간 경과에 따라 은하의 스펙트럼이 어떻게 변화하는지를 나타낸 은하 진화 모델의 한 예이다.

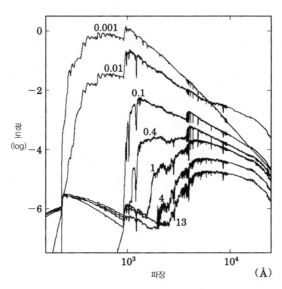

그림 1.20 은하 진화 모델에 의한 은하 스펙트럼의 시간 변화의 계산 예. 폭발(burst)적인 별 생성(단 시간에 여러 가지 질량의 별을 어느 초기 질량 분포 함수에 근거해서 일제히 형성한다) 모델의 경우를 보여주고 있 다. 그림 안의 숫자는 폭발적인 별 생성으로부터의 경과 시간을 10억 년(Gyr) 단위로 나타낸다(Bruzual and Charlot 2003, *ApJ*, 344, 1000).

시간이 지남에 따라 파랗던 은하의 스펙트럼이 서서히 붉어지는 것은 수 명이 짧은 대질량별부터 차례대로 종말을 맞이하고 남은 별, 특히 적색거 성의 빛이 점점 지배적이 되어 가기 때문이다.

 크론 반지름과 페트로시안 반지름

디지털화된 영상에서 은하의 크기나 밝기를 측정할 때에 크론 반지름과 페트로시안 반지름이 자주 이용된다. 이 반지름들은 여러 거리(적색이동 또 는 적색편이)에 있는 여러 가지 형태를 보여주는 은하를 상호 비교하는 데 유용하다.

크론 반지름은 1980년 크론R.G. Kron이 원방 은하의 광도측정에 이용한 것이고, 다음과 같이 은하의 중심으로부터의 거리에 표면휘도의 무게를 곱하여 적분한 값이다.

$$r_{\mathrm{kron}} = \frac{\int_0^\infty rI(r)dr}{\int_0^\infty I(r)dr}$$

(1.10)

여기에서 $I(r)$은 반지름 r에서의 표면휘도이다. 이 정의를 통해 알 수 있듯이 크론 반지름은 은하의 표면휘도 분포의 전형적인 넓이를 나타내는 지표이다. 그러나 은하 전체의 크기를 나타내는 것은 아니기 때문에 은하의 유사적인 전체 광도를 측정할 때에는 이것을 적당하게 상수배한 영역을 이용한다. 은하의 크기나 형태에 맞게 콤팩트한 은하는 콤팩트한 측광 영역, 엷게 퍼진 은하는 큰 측광 영역을 구한다. 크론 반지름을 2배로 하면, 95% 정도의 광도를 포함한다고 알려져 있다. 원방 은하의 관측영상 해석에서 은하의 검출, 측광에 자주 이용하는 섹스트랙터SExtaector라는 프로그램에 이것을 응용한 것을 반영하여 자주 이용되게 되었다.

한편 아주 대규모이면서 계통적 사이즈 관측인 슬론 디지털 스카이 서베이라는 프로젝트 등에 페트로시안A.R. Petrosian이 제창한 페트로시안 반지름이 이용되고 있다. 은하의 표면휘도 분포를 생각할 때 어느 반지름 r_{p}부분에 적당한 영역, 예를 들어 $r_{\mathrm{in}} = r_{\mathrm{p}} - \varDelta r$에서 $r_{\mathrm{out}} = r_{\mathrm{p}} + \varDelta r$ 등의 범위를 정해 이 반지름 부분에서의 평균 표면휘도를 구한다. 다음으로 그 반지름보다 내측($r < r_{\mathrm{p}}$)에서의 평균 표면휘도를 구하고 이들의 비(페트로시안 비)를 구한다. 페트로시안 비는 다음과 같이 쓸 수 있다.

$$R_{\mathrm{p}}(r_{\mathrm{p}}) = \frac{\int_{r_{\mathrm{in}}}^{r_{\mathrm{out}}} I(r)2\pi rdr / [\pi(r_{\mathrm{out}}^2 - r_{\mathrm{in}}^2)]}{\int_0^{r_{\mathrm{p}}} I(r)2\pi rdr / [\pi r_{\mathrm{p}}^2]}$$

(1.11)

$$= \frac{\text{어느 반경에서의 국소적인 평균 표면휘도}}{\text{그 반경 이내의 평균 표면휘도}}$$

(1.12)

안쪽에서 바깥쪽으로 r_{p}를 움직이면 페트로시안 비는 변화하는데, 이것이 적절하게 선택한 어느 수치가 되는 것이 페트로시안 반지름이다. 예를 들어 슬론 디지털 스카이 서베이에서 은하의 광도함수를 구할 때에 페트로시안 비 0.2를 사용한다. 크론 반지름과 마찬가지로 은하 전체의 광도를 측정하는 경우, 이것을 적당히 상수배(2배를 채용)한 영역을 이용한다.

제**2**장
은하의 동역학적 성질

은하에서 관측되는 여러 가지 현상을 이해하는 데 중요한 것이 동역학 구조이다. 여기에서는 타원은하와 원반은하에서의 별과 가스의 분포와 운동 상태를 설명하면서 그것들의 동역학적 구조를 설명하고 나아가 은하의 암흑물질dark matter을 소개하고자 한다. 다음으로 스케일링 법칙이라는 질량, 광도 등 은하의 관측량 간의 상관관계에 대해 고찰하고 그 배경이 되는 물리를 살펴보도록 하자.

2.1 은하의 운동

여기에서는 대표적인 은하인 원반은하[1]와 타원은하의 내부 운동과 구조에 대해 설명하고자 한다. 즉, 원반은하는 정연하게 회전하고 있는 천체라고 소개하고 타원은하는 무작위적인 속도분산이 탁월한 천체라는 것을 설명하겠다.

2.1.1 원반은하의 회전

20세기 초반에 원반은하가 회전하고 있다는 사실이 명확히 밝혀졌다. 슬라이퍼V. Slipher는 1914년 로웰천문대에서 원반은하의 분광관측을 통해 솜부레로은하 M104(NGC4594)가 회전하고 있다고 처음으로 보고했다[2]. 은하 회전의 연구 초기에는 M31 등 몇 가지 밝은 원반은하의 분광 관측이 이루어졌고, 모두 회전하고 있다고 보고되었다.

그 후 1970년대 들어 대형망원경으로 많은 은하의 분광관측이 이루어져, 은하 내의 회전속도 분포의 모양을 상세하게 얻게 되면서 원반의 역학적 성질이 논의되었다. 이때 회전속도를 은하 중심거리의 함수로 나타낸

---

1 소용돌이은하와 S0은하를 총칭해서 원반은하라고 한다.
2 슬라이퍼의 은하 분광 관측은 허블에 의한 우주팽창의 발견으로도 연결되었다.

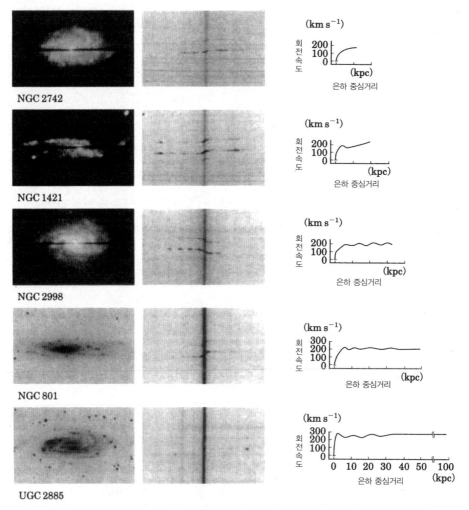

그림 2.1 광학분광관측으로 얻은 은하의 회전곡선. 왼쪽은 은하의 사진, 가운데는 전리 가스의 휘선 스펙트럼, 오른쪽은 회전곡선. 오른쪽 그림의 회전곡선에서 세로축은 회전속도(km s⁻¹), 가로축은 은하 중심으로부터의 거리(kpc)(Rubin 1983, *Science*, 220, 1339).

회전곡선이 중심적 역할을 하였다. 그림 2.1은 루빈V. Rubin이 수행한 은하 회전의 관측 모습이다. 왼쪽 그림이 은하의 사진이며 긴지름 방향으로 슬 릿(위의 3개 그림에서 은하의 중심을 통과하는 가늘고 검은 선)을 대고 분광하면,

가운데 그림과 같은 전리 가스의 휘선 스펙트럼을 얻을 수 있다. 가운데 그림에서는 가로 방향이 슬릿 상의 위치에 해당하고 세로 방향이 파장(아래쪽이 긴 파장)에 해당한다. 휘선의 파장이 은하 중심의 양측에서 역방향으로 어긋나 있고, 은하가 은하 중심의 주변을 회전하고 있음을 알 수 있다.

이 어긋남을 은하의 중심에서 반으로 접어 평균하고 시선속도로 환산해서 얻은 회전곡선이 그림 2.1의 오른쪽 그림이다. 그림을 통해 알 수 있듯이 은하원반이 빛나고 있는 영역에서는 은하의 회전속도가 거의 일정하다. 한편 1장에서 살펴봤듯이 은하원반의 측광 관측에서 은하원반의 표면 휘도는 중심거리와 함께 지수함수적으로 감소한다. 뒤에서 자세히 설명하겠지만 은하 원반 속에서 질량-광도비(2.2절 참조)가 일정하다고 한다면 평탄한 회전곡선을 설명할 수 없다. 이 때문에 광학 분광관측을 이용한 회전곡선 연구에서 원반은하 내의 암흑물질 존재가 논의되었다.

한편 1970년대 후반부터 1980년대에 높은 분해능을 가진 WSRT(Westerbork Synthesis Radio Telescope)나 VLA(Very Large Array) 등을 갖춘 전파 간섭계가 등장하게 되어, 중성 수소 가스(H$_I$)로 원반은하의 회전계측이 이루어지게 되었다. 중성 수소 가스는 빛으로 볼 수 있는 은하원반보다도 넓게 분포해 있기 때문에 광학관측보다 바깥쪽에서 회전곡선을 계측할 수 있다. 그림 2.2는 VLA로 얻은 NGC 2403의 H$_I$ 가스 분포와 속도장의 예이다. 그림 2.2의 왼쪽 그림에서 광학적으로 볼 수 있는 은하원반보다 H$_I$ 가스가 더욱 넓게 퍼져 있는 모습을 볼 수 있다. 오른쪽 그림은 H$_I$ 가스의 시선속도에서 얻은 원반 내의 속도장이다. H$_I$관측으로 얻은 속도장과 은하의 회전곡선 $V(r)$은 아래와 같은 간단한 관계식으로 맺어진다.

$$V_{\mathrm{obs}}(r, \phi) = V_{\mathrm{sys}} + V(r)\cos\phi\sin i \qquad (2.1)$$

여기에서 i는 은하 원반의 경사각, 즉 시선과 은하 원반의 법선이 이루는

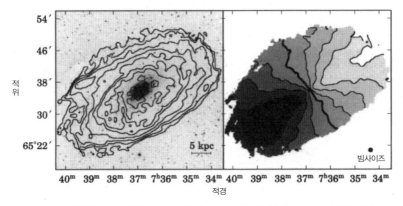

그림 2.2 VLA로 얻은 NGC 2403의 HI 가스 분포(등고선)와 빛으로 본 은하(사진). 빛으로 보이는 은하보다 훨씬 바깥쪽까지 HI 가스가 퍼져 있음에 주목(왼쪽). HI 가스의 시선속도로 얻은 NGC 2403의 속도장(오른쪽). 겉보기 시선속도가 같은 점을 연결한 등속도선을 나타내고 있다. 은하 중심을 지나 짧은지름(단축) 방향으로 늘린 굵은 등속도선이 은하 전체의 시선속도에 해당하고, 이에 대해 30 km s^{-1}별로 등속도선이 표시되어 있다. 은하회전의 도플러 효과로 은하의 남동(왼쪽 아래)은 적색편이, 북서(오른쪽 위)는 청색편이하고 있다. 오른쪽 아래의 검은 동그라미는 전파간섭계의 분해능을 나타낸다(Fraternali et al., 2002, AJ, 123, 3124).

각이다. 이 경우 은하 원반을 바로 위에서 보면 $i=0°$(face on), 바로 옆에서 보면 $i=90°$(edge on)가 된다. r 및 ϕ는 은하원반상에서의 관측점의 위치(극좌표 표시)이고, ϕ는 은하의 겉보기 긴지름(장축) 방향을 0°로 한다. 또한 V_{sys}는 은하 고유의 운동에 의한 시선 방향의 속도와 우주팽창에 의한 후퇴속도[3]의 합이다. HI 가스의 속도장에서 은하회전을 얻을 때는 (식 2.1)의 관계식을 이용하여 속도장을 가장 잘 나타낼 수 있도록 회전곡선 $V(r)$을 구한다. 이때 원운동 성분에서 벗어난 성분(비대칭 운동 등)도 등속도선의 작은 형상에서 구할 수 있다.

---

3 후퇴 속도라고도 한다. 그러나 은하의 스펙트럼 안의 휘선이나 흡수선이 파장이 긴(붉은) 측으로 틀어져 있는(적색편이) 것은 우주팽창에 기인하는 현상으로, 공간 속에서의 물체의 상대 운동(시선속도)에 의해 발생하는 운동학적인 현상과는 다른 것이다. 비교적 근방의 은하에 대해서는 편의상 파장의 차이를 시선속도로 '간주한' 설명이 널리 이루어지고 있지만, 정확하게는 적색편이, 보다 엄밀하게는 우주론적 적색편이라고 부르며 구별한다(5.1절 참조).

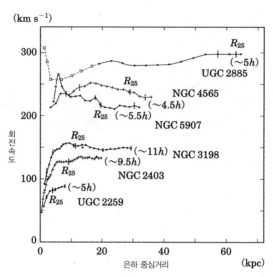

그림 2.3 H₁ 가스 관측에서 얻어진 계외은하의 회전곡선. R_{25}는 B밴드의 은하원반의 반지름을 나타낸다. 괄호 안은 회전곡선이 은하 원반의 스케일 길이 h의 몇 배 부분까지 이르는지를 나타낸다(Sancial & van Albada 1987, IAU Symp., 117, 67).

그림 2.3은 그렇게 해서 얻어진 회전곡선의 예를 나타낸다. 그림에서 h는 은하 원반의 스케일 길이(식 2.13 참조), R_{25}는 B밴드의 표면휘도가 25등급/제곱초각이 되는 반지름을 나타내고, 거의 빛으로 관측할 수 있는 은하 원반의 크기에 상당한다. 이것들의 회전곡선은 모두 R_{25}보다 훨씬 바깥쪽까지 측정되고 있다. 그럼에도 불구하고 회전속도가 거의 일정한 값에 머물고 있어 대량의 암흑물질의 존재를 시사한다.

한편 은하 중심의 회전곡선은 고분해능 관측이 요구되기 때문에 최근에야 회전곡선의 상세한 모습을 조사할 수 있게 되었다[4]. 1990년대에 들어서

---

4 예를 들어 H₁ 관측의 경우 간섭계의 관측으로도 분해능이 부족해서 은하 중심부의 회전곡선을 구하기 어렵다. 또한 광학휘선관측은 밝은 벌지의 영향을 강하게 받기 때문에 정밀도가 오르지 않는다. 그러나 최근에는 중심부의 CO 휘선을 간섭계로 고분해 관측하여 정밀도가 좋은 회전곡선을 얻을 수 있게 되었다.

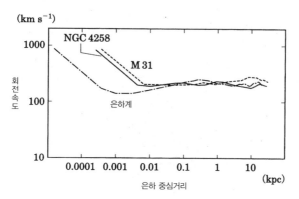

그림 2.4 은하 중심부까지 늘린 회전곡선. 로그 척도로 은하 중심부를 확대하고 있다. 가장 안쪽 영역에서는 블랙홀을 향해 회전속도가 증대한다(Sofue & Rubin 2002, *ARA&A*, 39, 137).

면서 전파나 근적외선 등을 이용한 고분해능 관측에서 은하 중심부의 고속도 회전 성분이 많은 은하에서 발견되어 대질량핵(core, 심)이라는 성분(질량~$10^9 M_\odot$)이나 거대 블랙홀(질량 10^6~$10^9 M_\odot$)의 존재가 명확해졌다. 이때문에 회전곡선도 은하 원반에서 벌지를 거쳐 안쪽의 은하 중심 블랙홀까지 연속되고 있다고 보는 것이 자연스럽다. 그림 2.4는 실제로 은하 중심부에서 고분해능 관측이 이루어진 몇 가지 은하에 대해 은하 원반에서 은하 중심까지의 회전곡선을 접속하여 중심부를 보기 쉽도록 로그 눈금으로 표시한 것이다. 회전속도는 원반에서 비교적 매끄럽게 벌지 및 은하 중심 영역에 접속하고 최종적으로는 블랙홀의 중력장에 의한 케플러 회전으로 연결된다.

2.1.2 타원은하의 형상과 속도분산

지금까지 원반은하의 구조에 대해 설명하였다. 다음으로 타원은하의 구조에 대해 설명하고자 한다. 3차원의 타원체는 다음의 식으로 나타낼 수 있다.

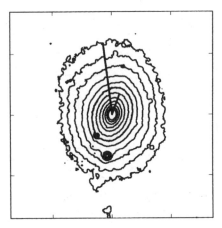

그림 2.5 타원 은하 NGC 6851의 등휘도선. 중심에서 바깥쪽을 향해서 등휘도선의 긴지름 방향이 변하고 있다(등휘도선 뒤틀림)(Saraiva *et al.*, 1999, *A&A*, 350, 399).

$$r^2 = \frac{x^2}{A^2} + \frac{y^2}{B^2} + \frac{z^2}{C^2} \qquad (2.2)$$

$A = B$라면 z축에 대해 축대칭인 형상이 되며, $A \neq B \neq C$라면 3축 부등 형상이 된다. 타원은하의 3차원적 형상은 일반적으로 3축 부등이라고 할 수 있다. 그 가장 중요한 근거는 등휘도선의 긴지름의 방향이 중심에서 바깥쪽을 향해서 변화한다는 사실이다. 그림 2.5는 NGC 6851의 등휘도 선의 예이다. 긴지름(장축)의 방향은 확실히 바깥쪽을 향해서 변화하고 있다. 이 긴지름의 방향 변화를 등휘도선 뒤틀림이라고 한다. 만약 축대칭 형상($A = B$)을 하고 있다면, 타원은하를 어느 방향에서 관측하더라도 등 휘도선 뒤틀림은 볼 수 없을 것이다.

타원은하의 원반은 회전운동이 은하의 자기중력과 균형을 이루는 것으로 형상이 유지되고 있다. 그러나 3축 부등의 타원체 형상을 회전 운동으로 지탱하기는 어렵다. 실제로 타원은하의 형상은 별의 비등방성 무작위

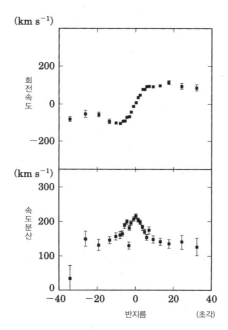

그림 2.6 타원은하 NGC 680의 회전속도(위)와 속도분산(아래)의 반지름 방향의 변화. 별 흡수선의 도 플러 변이를 관측하여 얻은 것(Simien & Prugniel 2000, *A&AS*, 145, 263).

운동(속도분산)에 의해 지탱되고 있다. 그림 2.6은 타원은하 NGC 680의 회 전속도와 속도분산의 반지름 방향의 변화를 보여준다. 속도분산이 150 km s^{-1} 이상에 이르고 있어 원반은하 원반부에서의 전형적 속도분산 (약 30 km s^{-1})에 비해 매우 크다.

그림 2.6에서도 볼 수 있었듯이 타원은하 중에도 많은 회전운동을 보이 는 것이 있다. 그림 2.7은 타원은하의 회전속도(V)와 속도분산(σ)의 비와 편평도(ε)의 관계를 보여준다. 편평도가 큰 타원은하일수록 속도분산에 따라 회전속도도 커진다. 실선은 속도분산이 등방적인 역학적 평형 모델 을 나타낸다. 밝은 타원은하의 대부분이 실선보다 아래에 존재하고 있는 데 이는 속도분산이 비등방적이라는 것을 뜻한다. 즉 타원은하의 형상은

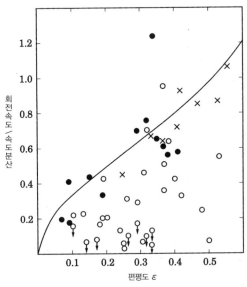

그림 2.7 타원은하의 $V/\sigma - \varepsilon$ 그림. 절대등급이 $M_B = -20.5$등보다 밝은 타원은하(○)와 어두운 타원은하(●) 외에 타원은하와 성질이 아주 비슷한 원반은하의 벌지(×)도 포함하고 있다. ε값이 클수록 편평하다. 화살표는 수치가 상한가임을 나타낸다(Davies *et al.*, 1983, *ApJ*, 266, 41).

적어도 일부는 비등방성 속도분산으로 지탱되고 있다.

타원은하의 등휘도선은 수학적인 타원형으로 근사할 수 있는데 타원형에서의 어긋남도 있다. 그림 2.8은 전형적인 어긋남의 모식도이다. 수학적인 타원형에서의 어긋남을 왼쪽 그림과 같은 은하를 원반형이라 하고 오른쪽 그림과 같은 것을 상자형이라고 한다. 상자형인지 원반형인지의 구별은 종종 다음과 같이 정량화된다. 그림 2.8과 같이 ϕ를 긴지름(장축)에서 측정한 각도, δ를 타원형에서 어긋남의 크기로 정의하고 푸리에 급수를 사용해서 전개하면 다음과 같다.

$$\delta(\phi) = \bar{\delta} + \sum_{n=1}^{\infty} a_n \cos n\phi + \sum_{n=1}^{\infty} b_n \sin n\phi \tag{2.3}$$

$a_4 > 0$이면 원반형, $a_4 < 0$이면 상자형이다. a_4를 타원형의 긴지름 길이 a

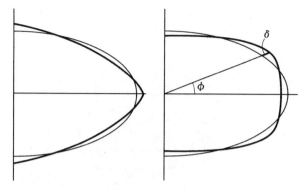

그림 2.8 원반형 타원은하(왼쪽)와 상자형 타원은하(오른쪽)의 등휘도선 모식도. 수학적인 타원형도 동시에 보여주고 있다(가는 실선).

로 규격화한 매개변수 a_4/a는 원반도圓盤度라 하며, 이것이 양의 방향으로 커질수록 원반형이 현저해지고 음의 방향으로 커질수록 상자형이 현저해진다.

a_4/a는 전파 연속파의 강도나 X선 강도와 상관관계가 있다. 상자형은 전파와 X선의 강도가 대체로 크며 원반형에서는 작다. 또한 원반형은 거의 예외 없이 회전속도가 빠르다. 이러한 점에서 상자형은 은하가 2개 이상 합체되어 만들어진 것은 아닐까 하는 주장도 있다. 중력 상호작용으로 인해 합체 과정에서 속도분산이 커지고, 또한 가스가 은하 중심부로 쉽게 빠져들게 되어 활동 은하 중심핵의 활동을 유인하기 쉽다. 이렇게 생각하면 전파 연속파나 X선 강도의 증가도 자연스럽게 설명된다.

그 밖에 주목해야 할 미세 구조로 셸 구조(또는 리플 구조)가 있다. 그림 2.9는 타원은하 NGC 3923에서 볼 수 있는 셸shell 구조의 예이다. 여러 층의 원형구조를 바깥쪽에서 볼 수 있다. 셸 구조는 타원은하에 작은 은하가 합체한 흔적이라 보는 경우가 많다. 셸 구조를 가진 타원은하는 고립된(주위에 큰 은하가 존재하지 않는) 환경인 경우가 많고, 고립된 타원은하의 약

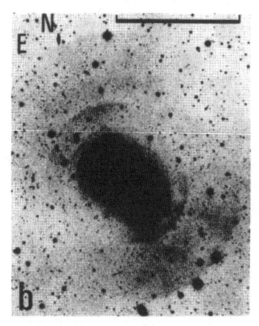

그림 2.9 타원은하 NGC 3923에서 볼 수 있는 셸 구조의 예(Malin & Carter 1983, *ApJ*, 274, 534).

20%에서 셸 구조가 보인다는 보고도 있었다. 주위에 커다란 은하가 있으면, 은하의 중력 퍼텐셜로 인한 조석작용으로 셸 구조가 깨뜨려지는 것은 아닌가로 생각된다.

지금까지 타원은하는 은하끼리의 합체나 상호작용으로 형성되었다고 설명하는 관측 결과를 많이 소개했다. 은하의 형태 형성은 우주 모델과도 관계되는 흥미로운 분야이다. 타원은하의 합체 형성설은 우주의 대규모 구조를 잘 설명하는 '차가운 암흑물질 모델' 예언과 잘 일치하기 때문에 많이 선호한다. 은하의 중력 상호작용은 은하 내부에서의 별 생성을 활발하게 한다고 할 수 있고, 합체될 때 은하 내부의 젊은 별(고온에서 청색)의 수가 증가한다. 합체 형성은 우주 탄생 후 비교적 늦은 시기에 일어나기 때문에 타원은하를 구성하는 별의 종족이나 은하의 색에 영향을 미친다고 예상된다.

그러나 이 예상과는 반대로 타원은하 내부의 거의 모든 별이 우주 초기인 은하 형성기의 단기간에 형성되었다는 증거가 많이 발견되고 있어 합체 형성설과 양립할 수 없다고 지적되고 있다. 여러 가지 관측 결과를 모순 없이 설명할 수 있는 타원은하 형성 메커니즘은 아직도 계속 논의되고 있다.

2.2 은하의 암흑물질

이 절에서는 은하의 역학 질량을 구하는 대표적 방법인 원반은하의 회전곡선을 사용하는 방법과 함께 질량−광도비의 개념을 설명하겠다. 광도 분포로부터 예측한 별의 질량 분포와 관측된 회전곡선을 비교하여 암흑물질의 존재를 설명하며, 마지막으로 쌍둥이은하伴銀河와 X선 헤일로의 표면 휘도 분포로부터 은하의 역학 질량을 구하는 방법을 간단히 설명하고자 한다.

2.2.1 회전속도와 질량 분포

2.1.1절에서는 원반은하의 회전곡선에 대해 설명하였다. 은하 회전의 원심력이 은하의 자기중력과 균형을 이루고 있으면 회전곡선으로부터 질량 분포를 얻을 수 있다. 우선 가장 간단한 경우로써 구 대칭인 질량 분포를 생각해 보자. 어느 반지름 이내의 질량을 $M(r) \equiv M_r$이라 하면, 밀도 분포를 $\rho(r)$로 해서 다음과 같은 관계가 성립된다.

$$M_r = \int 4\pi r^2 \rho(r) dr \qquad (2.4)$$

이 안을 질점이 원운동을 하고 있다고 가정하면 원심력과 중력의 균형으로부터 회전속도 V는 다음과 같다.

$$V = \sqrt{\frac{GM_r}{r}} \tag{2.5}$$

이것을 M_r에 대해 풀면 다음의 식이 된다.

$$M_r = \frac{rV^2}{G} \tag{2.6}$$

(식 2.6)과 (식 2.4)를 이용하면 회전곡선으로부터 은하의 질량 분포 $\rho(r)$을 얻을 수 있다. 이것이 은하회전으로부터 질량 분포를 구하는 기본식이다. 은하를 다룰 때의 단위계로써 길이는 kpc, 속도는 km s^{-1}, 질량은 태양 질량 $M_\odot$을 사용하는 경우가 많다. 이 단위계로 (식 2.6)을 고쳐 쓴 아래의 식은 은하의 질량을 논의할 때 편리하다.

$$M_r = 2.32 \times 10^5 \left(\frac{r}{\text{kpc}}\right)\left(\frac{V}{\text{km s}^{-1}}\right)^2 M_\odot \tag{2.7}$$

다음으로 구 대칭이 아닌 경우를 생각해 보자. 일반적으로 어느 밀도 분포를 갖는 천체의 임의의 점 $\boldsymbol{x}$에서 주위의 질량 분포로부터 받은 인력(단위질량당)은 각 미소 체적의 기여 총합으로 다음과 같이 쓸 수 있다.

$$\boldsymbol{F}(\boldsymbol{x}) = G \int \frac{\boldsymbol{x}'-\boldsymbol{x}}{|\boldsymbol{x}'-\boldsymbol{x}|^3}\rho(\boldsymbol{x}')d^3\boldsymbol{x}' \tag{2.8}$$

또는 힘 F 대신 퍼텐셜 $\boldsymbol{\Phi}$를 이용해서 아래와 같이 쓸 수도 있다.

$$F(x) = -\nabla \Phi \tag{2.9}$$

여기에서 퍼텐셜 Φ는 아래와 같이 정의된다.

$$\Phi(x) = G \int \frac{\rho(x')}{|x'-x|} d^3 x' \tag{2.10}$$

이러한 식은 임의의 밀도 분포, 임의의 퍼텐셜에 대해 유효하다.

구 대칭이 아닌 경우에도 원운동이 성립되기 위해서는 밀도 분포에 회전 대칭성이 필요하기 때문에 원주 좌표 (r, ϕ, z)를 도입하면 밀도는 ϕ에 의존하지 않게 된다. 이때 은하면 $(z=0)$에서의 원운동 속도 V는 (식 2.9)에서 얻을 수 있는 인력과 원심력의 균형을 통해 다음과 같이 구할 수 있다.

$$V^2 = r \frac{\partial \Phi}{\partial r} \tag{2.11}$$

이들 식을 이용하면 해석적으로 기술할 수 있는 밀도와 퍼텐셜(예를 들어 미야모토-나가이宮本-永井 퍼텐셜 등)이나 수치적으로 표현되는 밀도와 퍼텐셜로부터 회전속도를 구할 수 있다(제5권 8장 참조). 또한 반대로 회전곡선으로부터 밀도 분포를 구할 때 이러한 관계식이 이용되기도 한다. 그러나 이러한 역문제inverse problem를 푸는 것은 매우 어렵기 때문에 은하의 질량 분포를 논의할 때는 뒤에서 서술하겠지만 모델을 이용하는 경우가 많다.

2.2.2 질량-광도비

천체의 질량과 광도의 비를 질량-광도비라고 한다. 통상적으로 태양의 수치로 규격화된 수치를 M/L으로 나타낸다. 즉 은하의 질량을 M_{gal}, 광도를 L_{gal}이라 하면 다음의 식으로 나타낼 수 있다.

$$M/L = \frac{M_{gal}/M_\odot}{L_{gal}/L_\odot} \qquad (2.12)$$

별의 경우 광도와 질량이 모두 태양과 같다면 $M/L=1$이며, 태양보다 가볍고 어두운 별은 1보다 크고, 태양보다 무겁고 밝은 별은 1보다 작다. 아래에서는 간략화를 위해 질량–광도비를 M/L, 그리고 그 수치를 M/L으로 간략히 표현하겠다.

은하의 경우 은하 원반이 많은 별이나 가스의 집합으로 형성되어 있기 때문에 M/L은 각 구성 성분의 M/L의 평균으로 결정된다. 일반적으로 은하 내 가스의 전체 질량은 별의 총합에 비해 작은 경우가 많아 은하원반의 M/L은 원반 내의 평균적인 별의 질량과 광도에 의해 결정된다. 또한 암흑물질과 같이 전혀 빛을 내지 않는 물질의 경우 $M/L=\infty$이 된다. 실제 은하의 전체 M/L은 원반과 헤일로의 총합으로부터 구할 수 있기 때문에 은하의 M/L을 구하면 은하를 형성하고 있는 지배적인 물질이 무엇인지(별인지 암흑물질인지) 추측할 수 있다. 은하 전체의 M/L은 관측된 은하 회전속도에서 은하의 질량 M을 구하고 광학 관측을 통해 결정한 L과 합하여 얻을 수 있다. 이때 은하의 거리가 필요하게 된다. 거리는 허블상수와 은하의 시선속도를 통해 구하거나 툴리–피셔 관계Tully-Fisher Relation 등의 경험 법칙(2.3절 참조)을 이용하여 구한다.

예를 들어 구球 대칭 분포를 가정한 (식 2.7)을 그림 2.3의 회전곡선에 적용하여 NGC 2403의 M/L을 구해보자. 우선 거리는 $D=3.25\,\mathrm{Mpc}$으로 하고 광도로 흡수를 보정한 V밴드의 겉보기 등급 $m_V=8.0$을 채용한다. 이것을 태양의 절대등급 $M_V=4.83$과 비교하면 $L_V=0.57\times10^{10}L_\odot$이 된다. 한편 그림 2.3에서 NGC 2403의 가장 바깥쪽 회전속도가 $V=130\,\mathrm{km\ s^{-1}}(R=20\,\mathrm{kpc})$이기 때문에 (식 2.7)을 이용해 풀면

$M = 7.8 \times 10^{10} M_\odot$이 된다. 양자의 비를 구하면 NGC2403의 V밴드에서 $M/L = 14$로 구해져서 태양의 M/L보다도 한 자릿수 이상 커진다. 다른 많은 은하도 같은 방법으로 M/L을 추정하면 $M/L \sim 10\text{--}20$이 된다.

2.2.3 원반은하의 질량 분포 모델

앞 절에서 관측된 회전곡선에서 은하의 질량 분포를 도출하는 방법을 설명하였다. 밀도 분포가 구대칭이라면, 예를 들어 (식 2.6)을 사용하여 질량 분포를 결정할 수 있다. 그러나 일반적으로 은하원반은 얇은 원반이기 때문에 구대칭의 가정은 성립되지 않고, 원반을 둘러싸듯이 헤일로 성분이 존재하고 있는 등 상황은 단순하지 않다. 그래서 보다 현실적이고 간편하게 은하 원반이나 헤일로 모델을 도입하는 방법이 자주 이용된다. 이 방법에서는 은하의 원반이나 헤일로 성분의 질량 분포를 모델로 하여 관측된 회전곡선을 재현하듯 모델 매개변수를 결정한다. 아래에서는 그런 모델의 예로써 은하 원반과 헤일로 2성분으로 이루어진 모델을 고찰해 보자.

은하 원반 모델

이미 1장에서 설명했듯이 은하 원반의 표면휘도는 은하중심거리 r과 함께 지수함수적으로 감소하는 분포를 나타낸다. 논의를 시작하기 전에 (식 1.3)을 다시 소개하면 다음과 같다.

$$I(r) = I_0 \exp\left(-r/h\right) \tag{2.13}$$

여기에서 I_0는 은하 원반 중심에서의 표면휘도, h는 표면휘도가 중심의 $1/e$이 되는 은하중심거리에서 스케일 길이이다(은하계의 경우 $h \sim 3.5\,\mathrm{kpc}$이다). 은하 원반 내에서 장소와 관계없이 M/L이 일정하다면 은하 원반의 면밀도 분포 $\sum$도 같은 모양의 지수함수로 표현된다. 즉, 다음의 식으로 나타낼 수 있다.

$$\Sigma(r) = \Sigma_0 \exp(-r/h) \tag{2.14}$$

이러한 원반의 전체 질량 M_{tot}는 다음과 같이 주어진다.

$$M_{tot} = 2\pi \Sigma_0 h^2 \tag{2.15}$$

마찬가지로 모든 광도 L_{tot}는 $L_{tot} = 2\pi I_0 h^2$이 되며, 은하 원반의 M/L은 다음과 같이 된다.

$$M/L = \frac{\Sigma_0/M_\odot}{L_0/L_\odot} \tag{2.16}$$

여기에서 (식 2.14)와 같은 면밀도 분포를 갖는 은하 원반 안에서 중력과 균형을 이루며 원운동 하는 질점을 생각해 보자. 프리먼K. Freeman의 상세한 계산에 따라 회전속도 V는 다음과 같이 쓸 수 있다.

$$V^2 = 4\pi G \Sigma_0 h y^2 [I_0(y) K_0(y) - I_1(y) K_1(y)] \tag{2.17}$$

단, $y = r/2h$이다. 또한 I_n, K_n은 각각 제1종, 제2종의 수정 베셀함수이다. (식 2.14)의 면밀도 분포와 (식 2.17)로 얻을 수 있는 회전속도 V를 그림 2.10에 나타냈다. 왼쪽 아래 그림에 있듯이 (식 2.17)의 회전속도는 $r \sim 2.2h$에서 최댓값을 갖고, 그 값은 아래의 식으로 주어진다.

$$V_{max} = 0.88\sqrt{\pi G \Sigma_0 h} \tag{2.18}$$

$r \sim 2.2h$에서 최대치에 도달한 이후 회전곡선은 그 바깥쪽에서 급속하게 떨어진다. $3h$보다 바깥쪽의 r에서 질량 $M = 2\pi \Sigma_0 h^2$(원반의 전체 질량)의 질점을 은하 중심에 둔 경우, 회전곡선은 케플러 회전속도($V \propto r^{-1/2}$)에

점근적으로 가까워진다. 이러한 원반의 회전곡선은 관측된 평탄한 회전곡선(그림 2.3)과 크게 다르다. 이것은 M/L을 일정하게 할 때 지수함수적인 질량 분포의 원반에서는 질량이 중심으로 지나치게 집중함을 뜻한다. 관측된 회전곡선을 재현하기 위해서는 M/L을 바깥쪽을 향해 증가시키거나 원반과는 다른 성분을 추가할 필요가 있다.

위의 논의에서는 은하 원반을 무한히 얇은 평면으로 간주하고 있다. 그러나 실제로는 얇으면서도 유한한 두께를 갖기 때문에 은하면에 연직 방향(z방향)으로 밀도 분포를 갖는 모델에 대해 간단하게 설명하겠다. 별의 은하면에 수직한 방향의 속도분산 σ^2이 은하면으로부터의 거리 z와 관계없이 일정하다면, 자기중력과 균형을 이룬 원반은 아래와 같은 밀도 분포를 갖는다.

$$\rho(z) = \rho_0 \operatorname{sech}^2(z/z_0), \qquad z_0 = \frac{\sigma}{\sqrt{2\pi G \rho_0}} \tag{2.19}$$

여기에서 ρ_0는 은하면 상($z=0$)의 밀도를 나타낸다. 에지온 은하(바로 옆 방향 은하)의 표면휘도 관측으로부터 (식 2.19)의 분포는 z방향의 표면휘도 분포를 어느 정도 잘 재현한다. 그러나 z가 큰 곳에서는 (식 2.19)보다도 표면휘도가 완만하게 떨어지는 성분이 있다. 이것을 두꺼운 원반이라 하고, (식 2.19)와 같은 원반을 얇은 원반이라고 한다. 젊은 별은 모두 얇은 원반에 존재하고 있고, 두꺼운 원반은 오래된 별로 구성되어 있다. (식 2.19)를 반지름 방향의 면밀도 분포의 (식 2.14)와 합하면 은하 원반의 3차원 질량 모델은 다음과 같이 주어진다.

$$\rho(r, z) = \rho_0 \exp(-r/h) \operatorname{sech}^2(z/z_0) \tag{2.20}$$

또는 (식 2.20) 대신에 z방향에서도 동경動徑 방향과 마찬가지로 지수함수적인 분포를 채택한 다음과 같은 모델도 자주 사용된다[5].

$$\rho(r,\ z) = \rho_0 \exp(-r/h) \exp(-z/h_z) \tag{2.21}$$

모든 모델을 채택하더라도 z방향의 두께 z_0 또는 h_z는 동경 방향의 스케일 길이 h에 비해 작아, 결과적으로 회전곡선은 두께가 없는 평판인 (식 2.17)과 거의 같아진다.

헤일로 모델

관측된 회전곡선을 재현하기 위해서 위의 은하 원반에 덧붙여 헤일로 성분을 고찰해본다. 관측된 회전곡선이 평탄하기 때문에 헤일로 질량 분포에는 은하의 바깥쪽에서 $\rho \propto r^{-2}$와 같이 행태 성분이 필요하다. 간단한 예를 들면, 다음과 같은 밀도 분포를 생각할 수 있다(a는 분포의 스케일을 주는 매개변수).

$$\rho(r) = \frac{\rho_0}{1 + (r/a)^2} \tag{2.22}$$

이러한 밀도 분포 및 대응하는 회전곡선은 그림 2.10의 오른쪽에 있다. 그림과 같이 a보다 바깥쪽의 회전속도 V는 점근적으로 일정치 V_0에 가까워지고 그 값은 다음과 같다.

$$V_0 = \sqrt{4\pi G \rho_0 a^2} \tag{2.23}$$

상기의 헤일로 모델은 평탄한 회전곡선을 설명하기 위해 경험적으로 도입된 것이며, 한편 이론적 고찰에 근거한 밀도 분포 모델도 제안되어 있

---

5 z가 큰 곳에서 2개 모델의 행태는 기본적으로 같으며, 본질적인 차이는 $z=0$ 근방의 행태뿐이다.

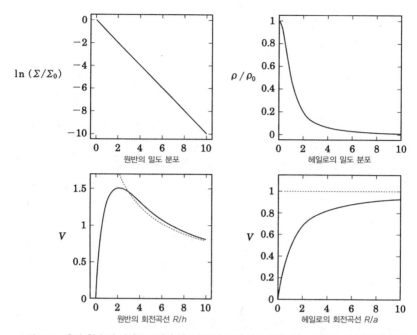

그림 2.10 은하 원반 및 헤일로 모델의 밀도 분포와 그에 따른 회전곡선. (왼쪽 위) 지수함수형 은하 원반의 면밀도 분포(세로축은 로그 표시). (왼쪽 아래) 은하 원반에 의한 회전곡선. 점선은 같은 질량의 질점을 중심에 둔 경우의 속도장. (오른쪽 위) 헤일로 성분의 밀도 분포. (오른쪽 아래) 헤일로 성분에 의한 회전곡선. 점선은 이 모델이 점근적으로 가까워지는 평탄한 회전곡선을 나타낸다. 모든 단위는 규격화되어 있다.

다. 해석적인 취급이 가능한 역학 평형해인 플러머 모델이나 헌키스트 모델, 등온 역학 평형해인 킹 모델 등이 잘 알려져 있다. 또한 N체 역학계산(다체입자계의 수치 중력계산)에서 얻은 다음과 같은 밀도 분포 모델은 최근에 자주 이용되고 있다.

$$\rho(r) = \frac{\rho_\mathrm{s}}{(r/r_\mathrm{s})(1+r/r_\mathrm{s})^2} \tag{2.24}$$

여기에서 ρ_s와 r_s는 전형적인 밀도와 반지름이다. 이것은 발견자들의 이름을 따서 NFW 모델(나바로-프랭크-화이트 모델)이라고 한다(8.2절 및 제5권

8.6.3절 참조). 나바로J.F. Navarro 외 2인은 여러 가지 우주 초기의 밀도 요동에서 암흑물질의 역학적 진화를 N체 계산하였고, 암흑물질 헤일로는 어떤 초기 조건에서 계산을 하더라도 이 밀도 분포에 해당한다고 지적했다. 다만 이 밀도 분포는 수치 계산상의 해상도가 부족하여 발생한 비물리적 분포라는 지적도 있고, 실제로 해상도를 올리면 중심부의 분포가 변한다는 실험 결과도 있다. 그러나 공통의 가정에서 논의를 진행하는 편리성 때문에 NFW 모델을 사용해서 논의를 진행하는 경우가 많았다. 지금까지 소개한 헤일로 모델은 관측되고 있는 모든 평탄한 회전곡선을 재현할 수 있다.

원반은하의 질량 분포 모델의 예

원반은하와 헤일로의 2성분으로 이루어진 은하의 회전곡선은 아래와 같이 각각의 성분 기여의 제곱 합으로 계산된다.

$$V^2 = V_{\text{disk}}^2 + V_{\text{halo}}^2 \qquad (2.25)$$

그 예로 그림 2.11에 NGC3198의 회전곡선을 재현하였다. 은하 원반의 M/L을 세심하게 알 수는 없으므로 Σ_0 등의 매개변수를 임의로 결정할 수 없어 관측을 재현하는 은하 원반 및 헤일로의 조합은 무수하게 존재한다. 다만 은하 원반의 M/L이 어느 일정 이상의 수치에 이르면 관측된 회전곡선보다 큰 회전속도가 $r \sim 2.2h$에서 발생하게 된다. 따라서 회전곡선과 모델의 비교로부터 은하 원반 M/L의 최댓값에 제한을 줄 수 있다. 최댓값 M/L을 갖는 원반은 관측과 모순되지 않는 범위에서 가장 무거운 원반이어서 최대 원반maximum disk이라고 한다. 그림 2.11은 최대 원반의 예이고, 이 모델로부터 원반 M/L의 최댓값으로 $M/L = 4.4$(V밴드)를 구할

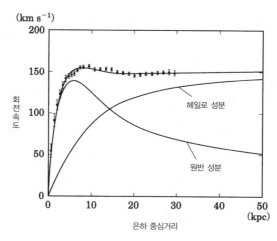

그림 2.11 H$_1$ 가스 관측으로 얻은 NGC 3198의 회전곡선(오차 막대의 점)과 그 모델 피트(실선)의 예. 은하 원반은 최대 원반(본문 참조)을 채용하고 있으며, 원반의 질량–광도비는 $M/L=4.4$이다. 헤일로 성분을 더하지 않는 한 바깥쪽의 회전곡선을 재현할 수 없다(van Albada *et al.*, 1985, *ApJ*, 295, 305).

수 있다. 이러한 원반에 헤일로 성분을 더하여 그림 2.11과 같이 평탄한 회전곡선을 재현할 수 있다.

　많은 은하에 대한 같은 연구를 통해 회전곡선을 모델화 했을 때 얻을 수 있는 은하원반의 M/L은 최대 원반의 경우 $M/L \sim 1{-}5$가 된다. 따라서 은하원반 그 자체가 태양 정도의 별이나 태양보다 조금 가볍고 어두운 별을 중심으로 하는 통상의 별로 이루어져 있어도 문제없다. 한편 헤일로도 포함한 은하 전체의 M/L을 생각하면 회전곡선이 계측한 최대의 r 위치에서 $M/L \sim 10{-}20$이 되며, 은하 전체에서 암흑물질의 질량이 지배적이 된다. H$_1$ 가스 분포보다 더욱 바깥쪽 은하의 회전속도 정보는 없지만, 만약 평탄한 회전곡선이 계속되는 경우 은하 전체의 M/L은 더욱 증대하게 된다.

2.2.4 쌍은하와 위성 은하를 이용한 은하 질량의 결정

H I회전곡선이 관측된 영역에서 회전곡선은 대체로 평평하며(즉, 회전속도가 거의 일정), 헤일로의 질량 분포는 연속적으로 바깥쪽을 향해 이어지고 있다. 그러나 H I 가스가 분포하고 있는 영역의 바깥쪽에 있는 회전곡선은 관측할 수 없기 때문에 헤일로 및 은하의 전체 질량을 결정하기가 어렵다. 또한 타원은하에서는 원래 H I 가스가 관측되지 않는 경우가 많아 회전곡선 결정이 어렵다. 이러한 경우 은하의 질량을 제한하기 위해 2개의 은하가 짝을 이룬 쌍은하binary galaxy나 은하의 주위에 있는 구상 성단이나 왜소 은하(위성 은하satellite galaxy)의 운동을 이용한다. 어느 경우든 은하끼리 중력적으로 속박되어 있다면 관측되는 은하의 운동속도나 은하 간 거리를 이용해서 은하의 최소 질량에 대한 제한을 얻을 수 있다.

관측된 쌍은하 간의 거리를 R_p, 시선속도의 차를 V_p로 한다. 첨자 p는 천구면상에 투영된 양을 뜻한다. 투영된 거리와 속도는 진짜 거리와 속도보다 항상 작기 때문에 쌍은하나 위성 은하가 중력적으로 속박되어 있다면 계의 질량 M은 다음과 같은 조건식으로 표현할 수 있다.

$$M \geqq \alpha \frac{R_P V_P^2}{G} \qquad (2.26)$$

여기에서 α는 1 정도의 계수이고, 쌍은하나 위성 은하의 궤도 운동 매개변수(원운동이나 동경 방향의 운동) 등에 의해 약간 변화한다. 실제 중력적으로 속박되어 있지 않은 은하가 투영 효과로 겉보기상 쌍을 이루고 있는 듯이 관측되는 경우도 있기 때문에 이러한 연구에서는 샘플 선택이 중요하다. 그러나 겉보기상의 쌍을 완전하게 제거하는 것은 어렵기 때문에 실제 연구에서는 겉보기상의 쌍 발생 확률을 고려한 통계적 처리를 하는 경우가

그림 2.12 쌍은하 NGC 7537 및 NGC 7541의 광학 사진. 겉보기 위치만 가까울 뿐만 아니라 시선속 도도 가까운 수치를 갖고 있음이 확인되고 있다. 쌍은하의 관측에서 헤일로의 넓이 결정을 위해서는 은 하 간의 거리가 크고 중력적으로 속박되어 있는(겉보기상이 아닌) 짝을 고르는 것이 중요하다(Sandage & Bedke 1994, *The Carnegie Atlas of Galaxies*).

많다. 또한 은하의 질량은 $10^9 M_\odot$에서 $10^{12} M_\odot$까지 넓은 범위의 수치를 갖기 때문에 (식 2.26)에서 통계적으로 은하 질량의 평균값을 구해도 그 자 체는 그다지 의미가 없어 질량 대신에 평균적인 M/L을 구하는 방법이 널 리 이용된다. 이러한 방법으로 구한 은하의 평균적인 M/L은 $M/L \sim 15-$ 100이 된다고 보고되었다. 연구에 의한 격차도 크지만 결국 태양의 M/L 과 비교해서 한 자릿수 이상 커서 암흑물질이 은하의 전체 질량을 지배하 고 있음을 나타낸다.

2.2.5 X선 헤일로로 정하는 은하 질량

암흑물질의 질량은 은하 헤일로에 존재하는 고온 플라스마($10^6 \sim 10^8$K)의 분포로도 추정할 수 있다. 그림 2.13은 타원 은하 NGC 4555의 헤일로에 있는 고온 플라스마의 X선 영상의 예이다. 고온 플라스마를 가두어 두기

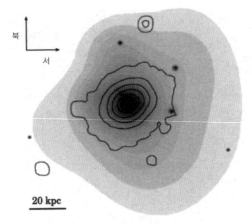

북

서

20 kpc

그림 2.13 타원은하 NGC 4555. 찬드라 위성으로 X선 분포(회색 영역)와 빛의 분포(등휘도선)를 겹친 것. X선 분포는 원래 영상보다 매끄럽게 되어 있다(O'Sullivan & Ponman 2004, *MNRAS*, 354, 935).

위해 필요한 질량(중력 퍼텐셜)은 구대칭을 가정하고 플라스마가 정수압 평형에 있다면 다음과 같이 주어진다.

$$M(r) = -\frac{kT(r)r}{\mu m_\mathrm{P} G}\left(\frac{d\ln n_\mathrm{e}(r)}{d\ln r} + \frac{d\ln T(r)}{d\ln r}\right) \qquad (2.27)$$

여기에서 T는 플라스마의 고온, n_e는 전자밀도, G는 만유인력상수, k는 볼츠만 상수, m_p는 양성자 질량, μ는 m_p를 단위로 했을 때의 평균 입자질량이다. 이 식으로 구한 질량과 비교하면, 별의 질량은 1/10 정도 밖에 안 되고 관측 가능한 빛을 방출하지 않아 암흑물질이 존재함을 시사한다.

지금까지 살펴보았듯이 여러 가지 관측 결과로부터 암흑물질은 은하 외 연부의 주요 성분임이 확실해지고 있지만, 그 정체는 현대 천문학의 최대 수수께끼 가운데 하나로 여전히 해결되지 않은 채 남아 있다. 그 정체는 소립자 물리에서 예언되고 있고, 상호작용을 거의 하지 않는 입자(Weakly-Interacting Massive Particles, WIMPs)가 유력시되고 있다.

2.3 스케일링 법칙

원반은하의 표면휘도 분포는 지수법칙을 따르고, 타원은하의 표면휘도 분포는 1/4제곱법칙을 따르는 등 특정 형태형 은하의 내부 구조는 공통의 성질을 보이는 경우가 많다. 그렇다면 복수의 은하를 비교했을 경우 반지름이나 광도 등의 물리량은 상관관계를 보일까. 여기에서는 은하의 대표적인 물리량의 상관관계, 특히 스케일링 법칙을 소개하고 그 물리적 의미를 설명하고자 한다. 스케일링 법칙이란 매개변수 x, y 사이의 $y \propto x^n$(n은 상수)의 상관관계를 의미한다.

2.3.1 원반은하의 관계

원반은하의 질량 M은 그 은하의 대표적인 반지름 R과 회전속도 V를 사용해서 다음과 같이 나타낼 수 있다.

$$M = k \frac{RV^2}{G} \quad (k\text{는 상수}) \tag{2.28}$$

M/L이 거의 일정하다고 가정하면 (식 2.28)을 통해 L, V, R의 3가지 매개변수 사이에 어떤 상관관계가 있다고 추측할 수 있다.

실제로 이들 기본 물리량 사이에는 여러 가지 상관관계가 존재하며 그림 2.14는 그 예이다. L, V, R은 여러 가지 정의가 가능한데 여기에서는 I밴드의 절대등급 M_{tot}(mag), 중성 수소 가스 21 cm 휘선의 속도 폭 W(km s^{-1}), I밴드의 표면휘도가 23.5 mag(등급)이 되는 반지름 $R_{23.5}$(kpc)을 사용하고 있다. 속도 폭 W는 대략 회전속도 V의 2배에 해당한다.

그림 2.14의 왼쪽은 절대등급과 회전속도의 상관관계이다. 회전속도가 빠른 원반은하일수록 밝다. 좌표축이 로그로 그려져 있다고 보면, 이 직선

적인 관계는 스케일링 법칙이 되며 다음과 같은 관계식으로 나타낼 수 있다.

$$L \propto V^{a} \quad (a=3\sim4) \tag{2.29}$$

이 관계는 툴리B. Tully와 피셔J.R. Fisher가 발견하였고, 툴리−피셔 관계라는 유명한 상관관계이다. 거리 지표 관계로도 잘 알려져 있다(6.2절 참조).

그림 2.14의 오른쪽은 R과 V의 관계에서 $R \propto V^{\beta}(\beta=1\sim2)$라는 관계식을 얻을 수 있다. 이 식을 (식 2.28)에 대입하면 은하 질량과 회전속도 사이에 $M \propto V^{\gamma}(\gamma=3\sim4)$라는 관계가 성립되기 때문에 M/L이 은하와 관계없이 거의 일정함을 시사한다. (식 2.28)을 통해 구해진 질량 M이 별뿐만 아니라 암흑물질의 질량도 포함하고 있다는 것을 고려한다면 암흑물질과 별의 질량비는 은하와 관계없이 거의 일정하다.

그림 2.14에서 사용한 은하 샘플은 비교적 밝고 회전속도가 빠른 은하만이다. 어둡고 회전속도가 느린 왜소 은하도 포함시키면 툴리−피셔의 상관관계는 나빠진다. 다만 별의 광도 대신에 별과 가스의 질량을 더한 전체 중입자baryon 질량을 그 세로축으로 하면 보다 좋은 상관관계를 얻을 수 있는데 이 관계를 중입자의 툴리−피셔 관계라고 한다.

그림 2.14는 L에 대해 I밴드의 측광 데이터를 사용했다. 툴리−피셔 관계의 성질은 사용하는 측광 밴드에 의존하고 있고, 긴 파장 밴드(붉은색)를 사용할수록 상관관계가 좋아져 a가 커진다. B밴드 등 푸른색의 측광 데이터는 최근 탄생한 젊고 밝은 별의 영향을 받기 쉽지만, 긴 파장 밴드일수록 젊은 별의 영향이 작아 별의 전체 질량을 보다 잘 반영한다.

이러한 상관관계에는 관측 오차만으로 설명할 수 없는 큰 분산이 존재한다. 예를 들어 사카이 쇼코酒井彰子에 의하면 툴리−피셔 관계의 분산은 0.4등급 정도이지만, 이 수치는 전형적인 관측 오차 0.1등급보다 유의하게 크다. 관측된 분산이 각각의 은하의 개성을 나타내는 것인지, 다른 물리적

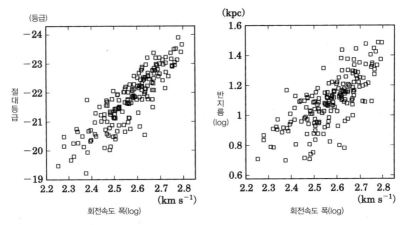

그림 2.14 원반은하의 스케일링 법칙. 절대등급과 회전속도의 관계(툴리-피셔 관계)(왼쪽). 반지름과 회전속도의 관계(오른쪽)(Han 1992, *ApJS*, 81, 35의 데이터로 작성).

요인에서 기인하는 것인지는 은하의 형성이나 진화를 고려할 때 가장 중요한 문제이다. 이에 대해서는 2.3.3절에서 설명할 것이다.

2.3.2 타원은하의 상관관계

원반은하에서는 회전운동이 자기중력 퍼텐셜과 균형을 이루어 지탱되고 있는 데 반해, 타원은하에서는 속도분산이 자기중력과 균형을 이루면서 평형 상태에 있다. 회전속도 V 대신에 속도분산 σ를 사용하면 타원은하도 툴리-피셔 관계와 아주 비슷한 상관관계를 보인다. 그림 2.15(오른쪽 위)는 타원은하의 절대광도와 속도분산의 관계이다. 상관관계의 분산은 비교적 크지만 속도분산이 큰 은하일수록 광도도 커지는 경향은 명백하다. 이 관계는 페이버S. Faver와 잭슨R.E. Jackson이 발견하여 페이버-잭슨 관계라고 한다. 관측 데이터로부터 얻은 관계식은 $L \propto \sigma^4$이다. 페이버-잭슨 관계에도 관측 오차로 설명할 수 없는 큰 분산이 존재한다.

제1장에서 타원 은하의 표면휘도 분포 $I(r)$은 다음과 같이 근사됨을 보

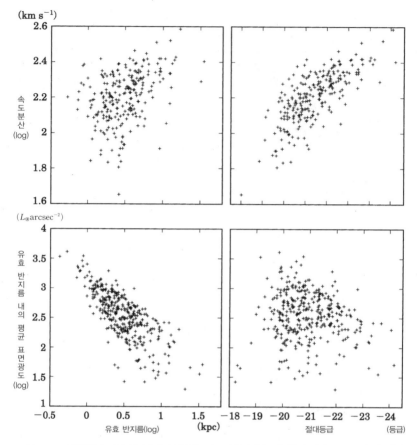

그림 2.15 타원은하의 기본 물리량의 상관관계. 속도분산과 유효 반지름의 관계(왼쪽 위). 속도분산과 절대광도의 관계(페이버-잭슨 관계)(오른쪽 위). 유효 반지름 내의 평균 표면광도와 유효 반지름의 관계(왼쪽 아래). 유효 반지름 내의 평균 표면광도와 절대등급의 관계(오른쪽 아래)(Jørgensen *et al.*, 1995, *MNRAS*, 276, 1341의 데이터로 작성).

았다.

$$I(r) = I_e \exp\left\{-7.67\left[\left(\frac{r}{r_e}\right)^{1/4} - 1\right]\right\} \qquad (2.30)$$

여기에서 r_e는 유효 반지름이고, I_e는 $r = r_e$에서의 표면휘도이다. 이 표면

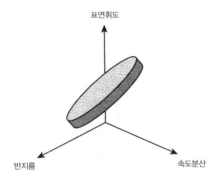

표면휘도

반지름   속도분산

그림 2.16 타원은하의 기본 평면과 스케일링 법칙의 개념도. 반지름, 표면휘도 및 속도분산의 3차원 매개변수 로그 공간 속에서 타원은하는 평면적으로 분포되어 있고, 반지름–표면휘도, 표면휘도–속도분산, 속도분산–반지름의 상관관계는 그 분포를 2차원 평면에 투영한 것이다.

휘도 분포를 반지름 방향으로 적분하면 아래와 같이 은하의 전체 광도 L 을 얻을 수 있다.

$$L = \int_0^\infty I(r) 2\pi r dr \tag{2.31}$$

$$= 7.215 \pi r_e^2 I_e \tag{2.32}$$

유효 반지름 내부에서의 평균 표면휘도 $\langle I \rangle_e$는 $\langle I \rangle_e = 3.61 I_e$가 된다. 이들 물리량의 상관관계를 나타낸 것이 그림 2.15의 왼쪽의 두 가지 관계 이다. 속도분산 σ와 유효 반지름 r_e 사이에 상관관계가 없다는 점은 원반 은하와 달리 2개의 매개변수가 독립되어 있다고 할 수 있다.

2.3.3 은하의 기본 평면

그림 2.16과 같이 세 가지 물리량을 사용한 3차원 공간에서의 은하 분포를 생각하면 지금까지 보아온 2개의 물리량의 상관관계는 3차원 분포를 2차

원 평면에 투영한 것이라 할 수 있다. 죠르고프스키S. Djorgovski와 데이비스M. Davis는 속도분산 σ와 평균 표면휘도 $\langle I_e \rangle$에 유효 반지름 r_e 또는 광도 L을 더한 3차원의 로그 공간을 생각했을 경우 타원은하는 평면적으로 분포한다는 것을 발견했다. 죠르고프스키와 데이비스에 의하면 이 관계는 다음과 같이 주어진다.

$$L \propto \sigma^{3.45} I_e^{-0.86} \qquad\qquad (2.33)$$

$$r_e \propto \sigma^{1.39} I_e^{-0.90} \qquad\qquad (2.34)$$

두 식은 로그를 취하면 평면의 식이 된다. 죠르고프스키와 데이비스는 이 상관관계를 '타원은하의 기본 평면'이라 이름 붙였다. (식 2.34)를 통해 $\log r_e$에 대해 ($\log \sigma - 0.65 \log \langle I_e \rangle$)로 나타내면 평면을 바로 옆에서 투영한 상관관계를 볼 수 있을 것이다. 그림 2.17이 바로 이 투영이다. 타원은하는 평면에 놓여 있어도 분산은 그림 2.15의 상관도에 비해 상당히 작다.

기본평면이 '기본'인 이유의 하나는 평면에서의 분산이 관측 오차 정도까지 작아지기 때문이다. 페이버-잭슨 관계에는 관측 오차보다 큰 분산이 있음을 앞 절에서 소개했다. 이 분산은 각 은하의 개성의 가능성도 고려하였다. 그러나 기본 평면의 존재는 2차원 상관관계의 분산에서조차 다른 물리량과 상관관계를 가짐을 뜻하고, 타원은하의 기본적 성질이 은하와 관계없이 균일함을 나타낸다. 다른 한 가지 이유는 σ와 r_e에 거의 상관관계가 없다는 것이다(그림 2.15). 기본 평면을 나타내는 2개의 매개변수는 거의 독립되어 있다고 할 수 있다.

기본 평면의 발견 시기와 거의 같은 무렵 드레슬러A. Dressler 연구진은 평균 표면휘도가 I_n이 되는 타원은하의 직경 D_n을

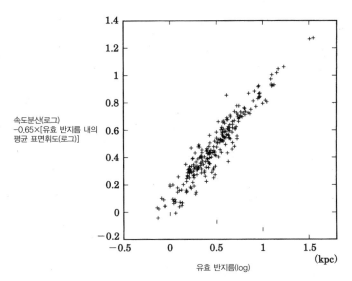

속도분산(로그)
−0.65×[유효 반지름 내의
평균 표면휘도(로그)]

유효 반지름(log)

(kpc)

그림 2.17 타원은하의 기본 평면. 평면을 바로 옆에서 본 그림. 그림 2.15와 같은 타원은하의 샘플이 다(Jörgensen *et al.*, 1995, *MNRAS*, 276, 1341의 데이터로 작성).

$$I_n = \frac{1}{\pi(D_n/2)^2} \int_0^{D_n/2} 2\pi r I(r) dr \qquad (2.35)$$

로 정의하고, 이것이 속도분산 σ와 좋은 상관관계를 가진다고 하였다[6]. 이 것이 $D_n - \sigma$관계라는 것이고 관측을 통해 다음과 같이 표시된다.

$$D_n \propto \sigma^{1.3} \qquad (2.36)$$

직경을 재는 표면휘도 n으로 여러 가지 선택이 가능하지만 드레슬러는 B 밴드의 표면휘도 $20.75\,\mathrm{mag\,arcsec^{-2}}$라는 수치를 사용했다(이 경우 $D_{20.75}$ 로 표시되겠지만 D_n이라는 이름이 정착되었다). 타원은하의 표면휘도 분포가 (식 2.30)으로 주어진다고 하고 (식 2.35)를 적분하면 근사적으로

| **6** 여기에서 n은 지름을 측정하는 등휘도선의 표면휘도를 나타내는 매개변수이다.

$I_n \propto r_e I_e^{0.8}$가 된다. 이것을 (식 2.36)에 대입하면 기본 평면의 (식 2.34)와 거의 같은 관계를 얻을 수 있다. $D_n-\sigma$관계는 기본 평면과 같은 상관관계를 다른 형식으로 표현한 것이 된다.

원반은하는 벌지와 원반의 2가지 성분으로 구성되어 있다. 벌지 성분은 광도 분포의 1/4제곱법칙 등 타원은하와 공통된 성질을 많이 갖고 있다. 실제 타원은하의 기본 평면과 같은 평면에 분포한다고 알려져 있다. 또한 원반은하는 벌지와 원반을 포함한 전체에서 절대 광도, 반지름 및 회전속도의 3차원 로그 공간에서 평면적인 분포를 보인다. 다만 원반은하의 반지름과 속도가 독립된 매개변수가 아니기 때문에 기본 평면이라 부르지 않고 스케일링 평면이라고 하는 경우가 많다.

2.3.4 스케일링 법칙의 물리적 의미

죠르고프스키와 데이비스는 스케일링 법칙의 물리적인 의미를 다음과 같이 설명했다. 자기중력계의 경우 질량 M, 반지름 R, 속도 V 사이에 다음의 에너지 식이 성립된다(비리얼 정리).

$$\frac{GM}{\langle R \rangle} = k_E \frac{\langle V^2 \rangle}{2}$$

(2.37)

여기에서 $\langle \cdots \rangle$는 통계적 평균값을 나타내고, k_E는 상수(자기중력계의 경우 $k_E > 1$)이다. 관측된 반지름 R이나 속도 V와 이들 평균값 사이에는 다음과 같은 관계식이 성립된다.

$$R = k_R \langle R \rangle$$

(2.38)

$$V^2 = k_V \langle V^2 \rangle$$

(2.39)

밀도 분포가 은하에 관계없이 변하지 않는다면 k_R은 상수가 되며, k_V도 은하의 역학 상태에 의해 정해지는 상수이다. 은하의 광도 L, 질량 M은 표면휘도 I와 질량-광도비 (M/L)를 사용하여 다음과 같이 나타낼 수 있다.

$$L = k_L I R^2 \tag{2.40}$$

$$M = L \left(\frac{M}{L} \right) \tag{2.41}$$

k_L은 광도 분포로 결정되는 상수이다. 이들 식으로부터 반지름과 광도는 각각 다음식으로 표시된다.

$$R = \left(\frac{k_E}{2Gk_Rk_Vk_L} \right) \left(\frac{M}{L} \right)^{-1} V^2 I^{-1} \tag{2.42}$$

$$L = \left(\frac{k_E^2}{4G^2k_R^2k_V^2k_L} \right) \left(\frac{M}{L} \right)^{-2} V^4 I^{-1} \tag{2.43}$$

우선 k_E, k_R, k_V, k_L 및 (M/L)이 은하와 관계없이 상수라고 생각해 보자. 이 경우 $R \propto V^2 I^{-1}$과 $L \propto V^4 I^{-1}$을 얻는다. 이러한 식은 타원은하의 기본 평면 (식 2.34)와 비슷하다. 그리고 I가 일정하다면 $L \propto V^4$가 되어 툴리-피셔 관계나 페이버-잭슨 관계와 거의 등가가 된다. 비리얼 정리(식 2.37)가 스케일링 법칙을 만드는 가장 중요한 물리적 배경이라고 할 수 있다.

더욱 상세하게 비교하면 (식 2.42), (식 2.43)과 (식 2.34)의 변수의 지수는 대체로 일치하기는 하지만 차이가 있다. 이것은 (M/L) 등의 다른 변수가 속도나 표면휘도에 대해 $V^A I^B$(A, B는 상수)의 의존성을 갖고 있음을 시사한다. 은하는 지수법칙이나 1/4제곱법칙 등 공통의 광도 분포를 보이기 때문에 k의 값은 일정하다고 생각하는 것이 자연스럽다. 이 때문에

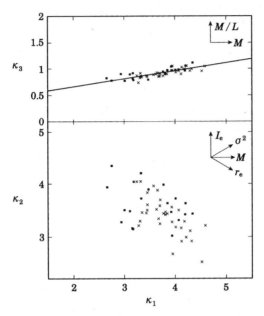

그림 2.18 타원은하의 기본 평면을 κ-공간에 투영. κ-공간은 I_e, r_e 및 σ^2을 배치한 좌표계를 직교 회전한 것으로 정의된다. $\kappa_1 \propto \log M$, $\kappa_3 \propto \log(M/L)$이 된다(Bender et al., 1992, ApJ, 399, 462).

(M/L)이 $\propto V^A I^B$의 관계를 보인다고 생각하는 경우가 많다.

벤더R. Bender 연구진은 그림 2.16의 좌표축을 (식 2.44)와 같이 회전시 켜 새로운 κ-공간을 정의했다(σ축은 σ^2축으로 대치되었다).

$$\begin{pmatrix} \kappa_1 \\ \kappa_2 \\ \kappa_3 \end{pmatrix} = \begin{pmatrix} 1/\sqrt{2} & 0 & 1/\sqrt{2} \\ 1/\sqrt{6} & 2/\sqrt{6} & -1/\sqrt{6} \\ 1/\sqrt{3} & -1/\sqrt{3} & -1/\sqrt{3} \end{pmatrix} \begin{pmatrix} \log \sigma^2 \\ \log I_e \\ \log r_e \end{pmatrix} \tag{2.44}$$

$\kappa_1 \propto \log M$, $\kappa_3 \propto \log(M/L)$이 된다. 그림 2.18이 κ-공간에서의 타원 은하의 분포이며, κ_1과 κ_3, 즉 M과 M/L에는 완만한 상관관계가 확실히

존재한다. 이 관계와 (식 2.37)과 (식 2.42)를 조합하면 $(M/L) \propto V^A I^B$의 관계를 보인다.

κ-공간은 정규 직교계로 정의되고 있기 때문에 본래의 (I_e, r_e, σ^2)의 축도 κ-공간 속에서 직교하고 있다. 이 때문에 M/L과 M축이 보기 쉬워지는 동시에 물리량 I_e, r_e, σ의 변화도 논의하기 쉽다. 그래서 기본 평면을 기초로 은하 형성 진화의 논의를 할 때 κ-공간의 관계를 사용하는 경우가 많다.

제**3**장
성간물질과 별 생성

성간물질은 현 우주의 은하 질량에서 기껏해야 10% 정도 차지하는 존재에 불과하다. 그러나 성간물질은 다종다양한 상태 및 형태를 보이고 폭넓은 파장 영역에서 복사로 은하의 관측적 성질을 좌우하는 중요하고 흥미로운 존재이다. 성간물질은 자기중력, 은하 자기장, 소용돌이 팔, 은하 상호작용 등 은하 안팎의 여러 가지 물리적 요인에 조종당하면서 새로운 별의 요람이 된다. 그곳에서 탄생한 별 중에는 중원소를 합성하고 죽음을 맞이하는 별과 함께 다시 성간 공간으로 되돌아간다. 은하의 탄생 이래 끊임없이 이루어진 이러한 물질 순환의 모습을 여러 은하의 성간물질 및 별 생성의 관측 성과에 근거해서 개략적으로 설명하겠다.

3.1 성간물질의 여러 가지 모습과 분포

3.1.1 성간물질의 종류

성간 공간에는 희박한 성간가스와 매우 작은 성간 먼지(고체 미립자, dust)가 존재하고 성간 먼지는 성간가스와 잘 뒤섞여 있다. 성간가스는 다종다양하지만 대체로 다음과 같이 나누어진다(제5권 2.1.3절도 참조).

(a) 코로나 가스는 온도가 100만K에 달하는 매우 희박한 고온 가스이고 대질량별의 성풍이나 초신성 폭발로 가열된다. 우리 은하계에서는 성간 공간 체적의 약 절반을 차지한다고 할 수 있지만 밀도가 매우 낮기 때문에 질량적으로는 아주 적다. 높은 고온 때문에 연X선soft X-ray으로 관측된다.

(b) 전리 가스(HⅡ) 영역은 대질량별 자외선에 의해 1만K 전후로 가열되어 전리된 가스이다. 전리 영역은 가시광선 영역에 있는 수소의 발머계열 휘선(Hα나 Hβ 등) 등에서 관측된다. 대질량별의 수명은 짧기 때문에 탄

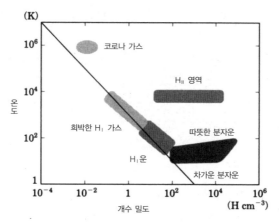

그림 3.1 성간물질의 밀도와 온도(Myers 1978, *ApJ*, 255, 380의 그림을 수정). 경사 선은 개수 밀도와 온도의 곱(압력)이 일정한 경우이다.

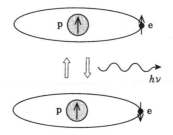

그림 3.2 수소 원자의 회전spin 반전과 21 cm파 복사.

생한 장소와 현재 존재하는 장소는 큰 차이가 없다. 또한 전리영역에서의 복사량은 별의 자외선 양을 나타낸다고 볼 수 있기 때문에 전리 영역은 은하의 대질량별 생성의 지표가 된다. 단, 이 가스도 질량적으로는 많지 않다.

  (c) 중성 수소 원자(H₁) 가스는 온도가 100K에서 200K 정도로 저온이기 때문에 중성 상태이지만 밀도가 낮아서(~1cm⁻³) 원자 상태 그대로이다. 수소 원자의 양성자와 전자가 지닌 회전 방향이 같을 때 에너지가 높고 반대일 때 낮아서 회전이 반전하여 두 가지 준위 사이에서 전이가 발생

표 3.1 성간가스의 물리 상태(통상의 소용돌이은하 원반부의 평균값. 은하의 중심이나 주변부 등 환경에 따라 크게 다르다).

상	온도(K)	밀도(cm⁻³)	체적 점유율
코로나 가스	$\sim 10^6$	$\sim 10^{-2}-10^{-3}$	~ 0.5
H$_{II}$ 영역	$\sim 10^4$	$\sim 10-10^4$	~ 0.05
H$_I$ 가스	$\sim 10^2-10^3$	$\sim 10^{-1}-10$	~ 0.5
분자 가스	$\sim 10-10^2$	$\sim 10^2-10^4$	~ 0.01

하면 파장이 21 cm, 주파수가 1,420 MHz인 전파를 낸다(그림 3.2).

성간 공간에서는 양자역학적 효과로 회전이 자연스럽게 반전하는 시간보다 수소 원자끼리 충돌하는 시간이 짧기 때문에 이 반전은 원자끼리의 충돌로 일어난다. 계산에 의하면 관측된 파장 21 cm 스펙트럼선 강도에서 그것을 복사한 수소 원자의 시선 방향의 원주밀도[1] $N(\mathrm{H})[\mathrm{cm}^{-2}]$은 다음과 같이 주어진다.

$$N(\mathrm{H}) = 1.823 \times 10^{18} \int_{V_1}^{V_2} T_\mathrm{B}\, dV \quad [\mathrm{cm}^{-2}] \tag{3.1}$$

여기에서 T_B는 파장 21 cm선의 휘도 온도, V_1과 V_2는 수소 원자의 스펙트럼선 속도의 최솟값과 최댓값이다. 휘도 온도와 속도의 단위는 각각 K와 km s^{-1}이다.

(d) 분자 가스는 밀도가 $\sim 10^2\,\mathrm{cm}^{-3}$ 이상과 비교적 고밀도에서 분자 상태로 있는 가스이다. 이러한 가스는 구름과 같은 덩어리로 되어 있어 분자운이라 하고, 그곳에서 별이 탄생한다. 가스의 온도는 10 K~수십 K로 낮다.

가장 조성비가 높은 것은 수소 분자 H$_2$이지만 같은 원자 2개로 이루어

---

1 공간 밀도를 시선 방향으로 적분한 것. 관측되는 강도에서는 안쪽 방향으로 다 더한 수치를 얻을 수 있다. 여기에서는 단위면적당 수소 원자의 개수를 나타낸다.

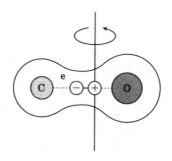

그림 3.3 CO 분자의 구조.

진 분자이기 때문에 쌍극자 모멘트를 가지지 않고 분자의 회전에 의한 전자파는 거의 나오지 않는다. 수소 분자의 주요 복사는 진동 여기 상태의 전이에 의한 적외선 복사인데, 이러한 저온의 가스 속에서는 매우 미약하여 검출이 어렵다. 대신에 두 번째로 많은 일산화탄소 CO를 배출하는 전파를 관측하여 그 복사 강도로부터 수소 분자의 양을 추정한다. 다른 원자로 구성된 CO 분자는 그림 3.3과 같이 양전하를 가진 원자핵 중심과 음전하를 가진 전자운의 중심 위치가 다르기 때문에 쌍극자 모멘트를 가져 회전에 의해 전자파를 복사한다. 계외 은하에서는 CO의 회전에너지 준위 J가 1에서 0으로 전이할 때 복사되는 주파수 115.271 GHz의 전파 스펙트럼이 자주 관측되고, 그 적분 강도 $I_{CO} \equiv \int_{V_1}^{V_2} T_{B}(CO) dV \, [\mathrm{K \, km \, s^{-1}}]$에서 다음의 수소 분자의 원주밀도 $N(\mathrm{H_2})$가 주어진다.

$$N(\mathrm{H_2}) = X \int_{V_1}^{V_2} T_{B}(CO) dV \quad [\mathrm{cm^{-2}}] \tag{3.2}$$

여기서 X는 변환계수로 경험적으로 $X \approx (1-3) \times 10^{20} \mathrm{cm^{-2}} [\mathrm{K \, km \, s^{-1}}]^{-1}$이라는 값을 얻을 수 있지만 은하에 따라, 은하의 장소에 따라 다를 수 있어 현재도 논쟁 중이다.

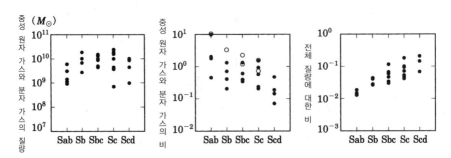

그림 3.4 은하의 형태와 가스의 양(Nishiyama & Nakai 2001, *PASJ*, 53, 713). 왼쪽부터 가스의 질량, 중성 원자 가스와 분자 가스의 비 및 전체 질량에 대한 가스 질량의 비를 나타낸다.

(e) 성간 먼지dust는 탄소, 규소, 얼음 등을 포함한 고체로 크기가 0.01~1 μm 정도로 추정된다. 가스에 섞여서 존재하고 있는 질량은 어림잡아 가스 질량의 1/100에서 1/200 정도이다. 별빛에 의해 ~20 K 정도로 따뜻하게 데워지고 있기 때문에 적외선 영역에서 복사하고 있다. 수소 분자(H_2)는 성간 먼지의 표면에서 수소 원자가 결합하여 생성되는 동시에 성간 먼지는 수소 분자를 해리하는 자외선을 차폐하는 효과가 있어 우주 공간에서 성간 먼지는 중요한 역할을 맡고 있다.

3.1.2 은하의 형태와 가스의 양

소용돌이은하의 성간가스 질량의 대부분을 수소 원자 H_I 가스와 수소 분자(H_2) 가스가 차지하고 있고, 가스 전체(H_I+H_2)의 양은 현저한 조기형(Sa)이나 만기형(Sd, Irr)을 제외하고 허블 계열의 형태에서 큰 차이는 없다. 그러나 은하 전체의 질량에 대한 가스 질량의 비율은 만기형이 될수록 커져 수%에서 10% 정도가 된다(그림 3.4). 한편 타원은하나 S0은하에는 원자 가스나 분자 가스 등과 같은 저온의 성간가스는 거의 존재하지 않는다.

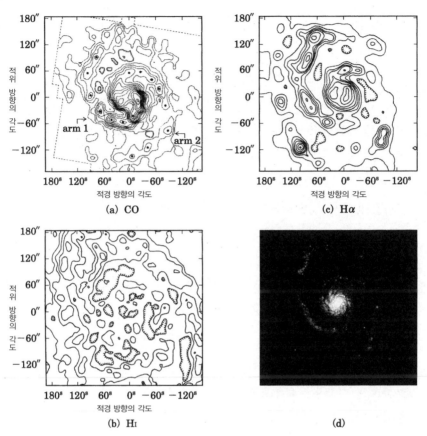

그림 3.5 (a) 소용돌이은하 M51의 CO 분포, (b) H₁ 분포, (c) Hα 분포(Kuno et al., 1995, PASJ, 47, 745) 및 (d) 광학 사진(http://hubblesite.org/). 화보 2의 컬러 영상도 함께 참조할 것.

3.1.3 은하 내의 가스 분포

그림 3.5는 전형적인 소용돌이은하 M51의 광학 사진과 여러 가지 가스의 분포를 나타낸다. 그림 3.5 (d)의 광학 사진에서 밝게 보이는 2개의 팔은 많은 별이 모여 있는 곳이다. 그 안쪽을 따라 어둡고 가는 띠 모양으로 뻗어 있는 곳에 CO로 보이는 분자 가스가 짙게 분포되어 있다(그림 3.5 (a)). 성간 먼지dust가 이 가스에 대량으로 섞여 있고, 이것이 별빛을 가려 광학

사진에서는 어둡게 보인다. 이 분자 가스의 소용돌이 팔과 평행하고 은하 회전 방향에서 살짝 벗어난 장소에 $H\alpha$로 보이는 전리 가스(H_{II}) 영역이 분포하고 있다(그림 3.5 (c)). 전리 가스의 분포는 대질량별의 분포에 따르고 있고, 가스는 은하 안을 회전함에 따라 소용돌이 팔을 가로지르듯 진행한다. 이 때문에 분자 가스의 밀도가 높은 곳에서 분자운의 수축이 일어나고, 일정 시간이 경과한 후 별로써 빛나기 시작한다. 이 시간을 구하면 별 생성에 필요한 시간을 추정할 수 있다. H_I 가스도 소용돌이 팔을 따라 분포하지만, 광학 사진에서 보이는 은하 원반부의 가스 대부분이 분자 상태이고 H_I 가스는 적다. 오히려 광학 원반보다 바깥쪽에서 H_I 가스의 소용돌이 팔이 잘 보인다. 이러한 경향은 M51뿐만 아니라 많은 은하에서 볼 수 있다. M51에서는 소용돌이 팔과는 달리 은하의 중심 부근에도 분자 가스가 대량으로 있고, 그곳에서 많은 별들이 탄생하고 있다.

그림 3.6은 막대 소용돌이은하 NGC 3627의 분자 가스 분포와 근적외선 사진(별의 분포)이다. 소용돌이 팔 외에 근적외선으로 보이는 막대 모양 구조를 따라 분자 가스가 많이 분포하고 있음을 알 수 있다. 이것은 대부분의 막대 소용돌이은하에서 볼 수 있는 현상이다. 그러나 여기에서는 별 생성의 지표인 $H\alpha$나 적외선의 강도가 소용돌이 팔에 비해 약하고, 분자 가스가 다량으로 있음에도 불구하고 별 생성이 억제되어 있다.

3.1.4 가스의 동경 분포

그림 3.7에 4개 은하의 분자 가스와 H_I 가스의 면밀도를 은하 중심으로부터의 거리함수로 나타냈다. 분자 가스는 은하의 안쪽에, H_I 가스는 바깥쪽에 분포해 있다. 이것은 주로 가스 밀도가 높아지면 성간 먼지도 증가하기 때문에 수소 분자의 생성이 촉진되는 동시에 자외선에 의한 해리도 억제되기 때문이다. CO 적분강도로부터 수소 분자의 주밀도로의 변환계수 X

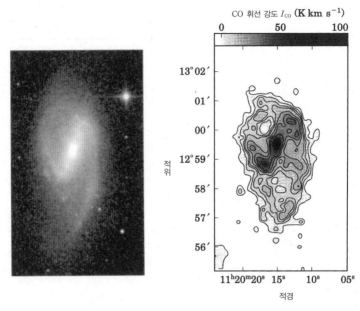

그림 3.6 막대 소용돌이은하 NGC 3627의 근적외선 사진(별의 분포)(왼쪽)과 CO 강도 분포(오른쪽) (Kuno *et al.*, 2007, *PASJ*, 59, 117).

에도 따르지만, 대부분의 은하에서는 가스(H_I+H_2)의 면밀도가 $\sim 10\,M_{\odot}$ pc^{-2}을 초과하면 수소 분자가 많아지는 경향이 있다.

그림 3.8은 소용돌이은하 NGC 4212와 막대 소용돌이은하 NGC 253의 분자 가스의 면밀도 분포와 회전곡선이다. NGC 4212 은하의 회전속도가 거의 일정한 영역(차동회전 영역)에서는 분자 가스의 면밀도가 안쪽으로 갈 수록 지수함수적으로 증가한다. 그러나 더욱 안쪽의 각속도가 일정하고 강체 회전하는 영역에서 가스 면밀도는 감소한다. 막대 소용돌이은하인 NGC 253도 막대 모양 구조보다 바깥쪽 영역에서 같은 경향을 보인다. 이 것은 대부분의 은하에서 공통적인 성질이다.

차동 회전하고 있는 영역의 안쪽 가스는 빠르게 회전(각속도가 크다)하 고, 바깥쪽 가스일수록 천천히 회전(각속도가 작다)하고 있기 때문에 가스

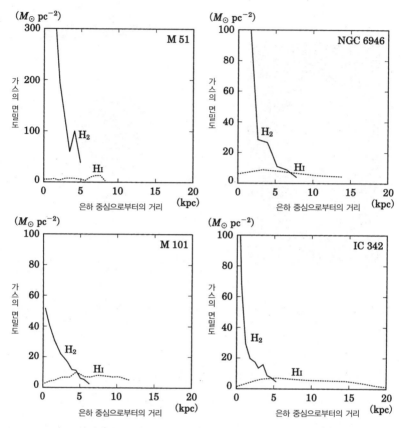

그림 3.7 은하의 수소 분자와 H₁ 가스의 동경 분포(Honma *et al.*, 1995, *A&A*, 304, 1). 수소 분자의 면밀도 계산에는 $X = 3 \times 10^{20} \, cm^{-2}(K \, km \, s^{-1})^{-1}$을 사용함.

가 점성을 가지고 있으면 각운동량이 바깥쪽의 가스로 전달되고, 그 가스 자체는 각운동량을 잃으면서 가스가 안쪽으로 이류移流한다. 각속도가 일정한 강체 회전을 하는 영역에서는 이러한 각운동량의 전달은 일어나지 않기 때문에 가스의 이류는 발생하지 않는다. 따라서 강체 회전에서 차동 회전으로 바뀌는 반지름 부분에서 가스의 면밀도가 최대가 되리라고 본다. 막대 모양 영역에서는 이 메커니즘과 달리 비축대칭의 막대 모양 퍼텐

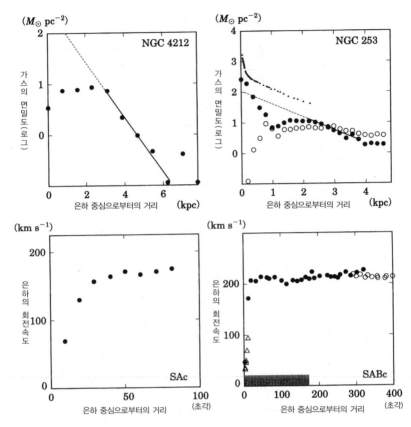

그림 3.8 소용돌이은하 NGC4212(Masuda *et al.*, 2007, *PASJ*, submitted)와 막대 소용돌이은하 NGC253(Sorai *et al.*, 2000, *PASJ*, 52, 785의 그림을 수정)의 분자 가스(검은 동그라미)의 면밀도 분포와 은하의 회전곡선. 흰 동그라미는 H₁ 가스의 데이터. 오른쪽 아래 그림의 사선 부분은 막대 모양 구조의 길이.

셜로 인한 토크torque로 가스는 중심 방향으로 빠지고, 그곳에서 가스의 면밀도는 높아진다[2].

---

[2] 막대 소용돌이은하에서는 막대 모양 구조를 보는 방향에 따라 겉보기의 은하 회전곡선이 다르기 때문에 주의가 필요하다. NGC253과 같이 막대 모양 구조와 시선이 거의 같은 방향인 경우에는 그림 3.8의 오른쪽 아래와 같이 중심에서 급격하게 솟아올랐다가 그 후 평탄해지는 회전곡선으로 보이지만, 막대 모양 구조와 시선이 거의 수직인 경우에는 막대 모양 구조의 끝 부분에서 회전곡선이 강체 회전에서 차동 회전으로 바뀐다.

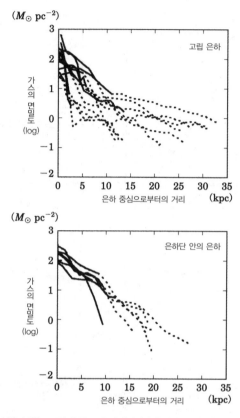

그림 3.9 은하단에 속하지 않는 고립 은하(위)와 머리털자리 은하단 안의 은하(아래)의 분자 가스(실선)와 HI 가스(점선)의 동경 분포(Nishiyama *et al.*, 2001, *PASJ*, 53, 757).

　그림 3.9에 많은 은하의 분자 가스와 HI 가스 면밀도의 동경 분포를 나타냈다. 은하단에 속하지 않는 은하에서 HI 가스의 지수함수 분포 기울기가 분자 가스에 비해 작다. 이것은 HI 가스가 분자 가스에 비해 보통은 얇게 퍼져 있고 가스의 점성이 다르기 때문이라고 추측된다. 한편 머리털자리 은하단에 속하는 은하에서 HI 가스는 분자 가스와 같은 기울기를 보인다. 이것은 은하가 은하단 안에서 운동함에 따라 은하단 안의 가스에 의한 동압(램압ram pressure이라고 한다)으로 은하 안의 저밀도 HI 가스가 벗겨져 비교적

고밀도의 HI 가스운 만이 남아 분자운과 같은 점성을 가지기 때문이다.

3.2 별 생성

은하에서 별 생성은 은하의 종류나 진화 단계에 따라 매우 폭넓은 다양성을 보이는 흥미로운 연구 대상이다. 또한 은하의 스펙트럼을 결정짓는 요인 중 하나이고 은하의 화학 진화나 역학 진화를 좌우하는 것 외에도 은하 중심에 잠재해 있는 거대 블랙홀의 형성, 성장과 폭발적 별 생성(스타버스트, 4.1절 참조)과의 긴밀한 관련이 시사되는 등 은하의 형성 및 그 진화를 이해하는 데 없어서는 안 될 중요한 현상이다. 아래에서는 그러한 별 생성의 다양성을 담당하는 중요한 요인인 성간물질, 특히 분자 가스에 착안해서 그 배경에 있는 물리와 최신의 관측 내용을 설명하겠다.

3.2.1 별 생성률과 가스 질량

별 생성을 정량적으로 기술하는 중요한 물리량의 하나가 별 생성률(star formation rate, SFR)이다. 이것은 단위시간당 형성되는 별의 질량(단위 $M_\odot\,\mathrm{y}^{-1}$)을 나타낸다. 별 생성률은 은하의 종류나 영역에 따라 매우 폭넓은 값을 보인다. 우선 현재 우주의 대다수 타원은하에서는 현저한 별 생성이 일어나지 않고 있다. 한편 대부분의 소용돌이은하, 예를 들어 생성률의 전역을 훑어보면 $4\pm2\,M_\odot\,\mathrm{y}^{-1}$ 정도의 별 생성이 관측된다. 소용돌이은하 중에는 NGC 253이나 M 82와 같이 은하 중심의 아주 좁은 영역(~수100 pc 영역)에서 은하수은하 전체에 상당하는 규모의 별 생성을 일으키는 천체가 있다. 이를 스타버스트 은하라고 한다(4.1절 참조). 그리고 격렬한 중력 상호작용이 일어나고 있는 은하나 합체 중인 은하에서는 별 생성률이 수십~100 $M_\odot\,\mathrm{y}^{-1}$에 해당하는 강한 적외선 복사가 관측된다(적외선 광도가

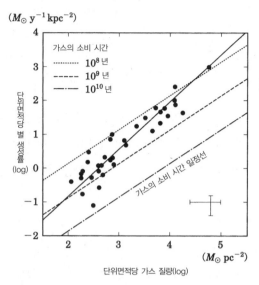

$(M_\odot \, y^{-1} \, kpc^{-2})$

가스의 소비 시간
.... 10^8 년
——— 10^9 년
—·—· 10^{10} 년

단위면적당 별 생성률(log)

가스의 소비 시간 일정선

$(M_\odot \, pc^{-2})$

단위면적당 가스 질량(log)

그림 3.10 여러 은하의 중심부에서 얻은 분자 가스의 평균적 면밀도(단위면적당 가스 질량) 및 별 생성률의 면밀도(단위면적당 별 생성률)와의 관계(Kennicutt 1998, *ARA & A*, 36, 189). 실선은 데이터 점을 최소 제곱법으로 나타낸 선. 3가지 점선은 별 생성에 따라 가스가 소비되는 시간이 일정한 선을 나타낸다.

$10^{12} L_\odot$을 초과하면, 초고광도 적외선 은하라고 한다. 4장 참조). 적색편이 1~2 또는 그 이상의 초기 우주를 살펴보면 가시광선에서는 어둡지만 서브밀리미터파대(정지 파장에서는 원적외선 영역)에서는 매우 밝아 별 생성률이 1,000 $M_\odot \, y^{-1}$ 또는 그 이상에 이르는 은하(서브밀리미터파 은하라고 한다)도 존재한다.

이러한 별 생성률의 다양성을 결정하는 요인은 무엇일까. 하나의 열쇠는 별 생성의 재료인 성간물질, 특히 별 생성의 모체가 되는 분자 가스의 양이다. 원반은하에서는 별 생성도 성간물질의 분포도 원반 모양이기 때문에 은하 원반면 위에서의 면밀도로 환산해서 취급하는 경우가 많다. 즉 단위면적당 존재하는 가스량(가스의 면밀도 $\sum_{gas}$, 단위 $M_\odot \, pc^{-2}$) 및 단위면적당 별 생성률(별 생성의 면밀도 $\sum_{SFR}$, 단위 $M_\odot \, y^{-1} \, pc^{-2}$ 또는 $M_\odot \, y^{-1} \, kpc^{-2}$)

을 자주 이용한다.

이러한 두 가지 양의 관계를 여러 은하의 관측 결과에 근거해 그림으로 나타내면 그림 3.10과 같이 된다. 가스의 면밀도와 별 생성의 면밀도는 좋은 상관관계를 갖는다. 이것을 슈미트 법칙이라 하고, 은하의 규모에서 별 생성을 관측적으로 기술하는 가장 기본적인 법칙 중 하나다(제5권 4.4절 참조). 캐니컷R. Kennicutt은 지금까지의 분자 가스 · 원자 가스 및 $H\alpha$ 휘선의 관측 데이터를 모아 $\sum_{SFR} = (2.5 \pm 0.7) \times 10^{-4} \times \sum_{gas}^{1.4 \pm 0.15} (M_\odot y^{-1} kpc^{-2})$ 이라는 거듭제곱법칙을 제시하였다. 이 계수는 주로 소용돌이은하의 관측에서 얻은 것이지만 보다 광도가 낮은 불규칙 은하에서도 거의 같은 계수를 보이고 있다.

3.2.2 별 생성 효율

슈미트 법칙에서 기울기가 1보다 큰 거듭제곱법칙이 되면 무엇을 뜻하는 것일까? 거듭제곱 값이 1에 가까운 경우, 별 생성률이 가스운의 질량 밀도에 비례하기 때문에 중력 불안정으로 별 생성이 이루어질 가능성이 높다. 한편 거듭제곱 값이 2에 가까운 경우, 별 생성률이 가스운의 개수 밀도 2제곱에 비례한다고도 할 수 있어 이 경우에는 가스운끼리의 충돌로 별 생성이 일어날 가능성이 높다. 이것으로부터 관측된 거듭제곱이 1과 2 사이에 있으면, 위의 두 가지 별 생성 기구가 혼재되어 있다고 이해할 수 있다.

여기에서 별 생성률과 함께 은하의 별 생성을 정량적으로 고찰하는 데 있어서 또 다른 중요한 관측량 하나를 설명해 보기로 한다. 그것은 단위질량당 가스로부터 형성된 별의 질량, 즉 별 생성 효율(star formation efficiency, SFE)이다. 예를 들어 어느 은하나 영역을 관측하고, 그곳의 가스 질량이 $M_{gas}[M_\odot]$, 별 생성률이 $SFR[M_\odot y^{-1}]$이었다고 한다면 별 생성 효율은 $SFR/M_{gas}[y^{-1}]$로 표시된다[3]. 이 영역 내의 가스가 별 생성을 위해 소비한 시간 척도의 역수라는 점에 주의하자.

별 생성률은 Hα휘선(대질량별 주위에 형성된 전리 영역에서 관측된 수소 원자의 재결합선이고, 직접적인 별 생성률 지표를 주지만, 성간 먼지에 의한 감광의 영향을 받기 쉽다는 점에 주의)이나 원적외선 연속파 광도(별 생성 영역의 경우 대질량별에 의해 따뜻하게 데워진 성간 먼지로부터의 열복사이고, 별 생성률로 환산할 수 있다) 또는 전파 연속파 광도(대질량별이 초신성 폭발을 일으켜서 형성된 초신성 잔해로부터의 싱크로트론 복사나 Hɪɪ영역의 자유–자유 전이복사[4]이며, 모두 대질량별의 형성률과 관련되어 있다)에 의해 측정된다. 이 때문에 적외선 광도를 별 생성률로 환산하지 않고 관측량을 별 생성 효율로 기술하는 경우도 있다.

여기에서는 예를 들어 별 생성 효율을 원적외선 광도와 분자 가스량의 비, L_{FIR}/M_{H_2}로 나타내고 여러 은하에서 비교해 보자. 은하계 내의 원반부나 비교적 활동성이 낮은 은하인 IC 342에서 별 생성 효율은 $\sim 3 L_\odot M_\odot^{-1}$ 정도이다. 한편 초고광도 적외선 은하 등 스타버스트를 일으키고 있는 은하에서는 $\sim 20\text{--}30 L_\odot M_\odot^{-1}$, 특히 격렬한 은하에서는 $200 L_\odot M_\odot^{-1}$에 이르는 경우도 있다[5].

3.2.3 고밀도 분자 가스

이상과 같이 별 생성률의 다양성은 단순히 재료가 되는 가스양의 많고 적음뿐만 아니라 설령 같은 양이라 하더라도 별을 만드는 효율에 기인한다. 그렇다면 이와 같이 별 생성 효율이 수의 단수 정도로 차이가 나는 주요

---

3 별 생성 효율의 정의는 취급하는 대상에 따라 다른 경우가 있다. 예를 들어 분자운 또는 분자운 핵의 스케일에서는 분자운의 질량을 M_{gas}, 그 분자운에서 탄생한 별의 질량을 M_{star}라고 할 때 별 생성 효율을 $M_{star}/(M_{star}+M_{gas})$라고 정의하는 경우가 많다. 이 정의의 경우 별 생성 효율은 무차원량이다.

4 Hɪɪ 영역 등 전리된 가스 중의 자유 전자(음의 하전 입자)가 양성자나 이온(양의 전하 입자)과 상호작용해서 내보내는 복사. 자유–자유 복사, 열 복사, 열 제동 복사라고도 한다.

5 다만 일부 초고광도 적외선 은하에서는 그 적외선 광도의 일부가 별 생성이 아닌 활동 은하핵의 복사에서 기인할 가능성도 있어 그 기원은 아직 미해결된 중요한 과제이다. 자세한 내용은 4장 참조.

요인은 무엇일까?

여기에서 착안한 것이 별 생성의 직접적인 모체가 되는 밀도가 높은 분자 가스이다. 은하수은하의 별 생성 영역의 관측에서 별은 분자운의 희박한 외연부가 아닌 밀도가 높은 분자운의 핵 영역에서 형성되고 있다. 따라서 은하 스케일의 별 생성 법칙을 이해할 때에도 이러한 밀도가 높은 분자 가스의 관측적 이해는 반드시 필요하다.

여러 가지 은하의 고밀도 분자 가스의 관측 예를 보기 전에 우선 고밀도 분자 가스를 검출하는 방법에 대해 정리해 두자. 어떤 분자의 회전 전이가 충돌로 인해 여기가 충분히 되기 위해 필요한 수소분자 가스의 개수 밀도를 임계 가스 밀도라고 한다. 이 임계 가스 밀도는 그 전이의 아인슈타인 A계수(위의 에너지 준위에서 아래의 에너지 준위로 자발적으로 전이하는 빈도)와 충돌 상수(분자 가스 안에서는 일반적으로 수소 분자)의 충돌 빈도가 균형을 이루는 가스의 밀도로 정해진다. 이 A계수는 $A \propto \mu^2 \nu^3$(단, μ는 쌍극자 모멘트, ν는 휘선의 주파수)라는 의존성을 가지기 때문에 쌍극자 모멘트가 큰 분자일수록, 같은 분자라면 회전 양자수가 큰(주파수가 높은) 전이일수록 밀도가 더욱 높은 가스를 선택적으로 확보하게 된다[6].

한편 높은 임계 가스 밀도를 가지면서 고밀도 가스의 분포를 반영한다고 할 수 있는 HCN(1-0) 휘선을 실제로 여러 은하에서 관측하고 그림 3.10과 같은 형태로 별 생성률(또는 원적외선 광도)을 비교하면 CO(1-0) 휘선과 별 생성 사이에서 볼 수 있는 비선형 상관관계(슈미트 법칙)와는 달

---

6 예를 들어 시안화수소 분자(HCN 분자)의 쌍극자 모멘트는 $3.0\,\mathrm{Debye}\,(1\,\mathrm{Debye}=3.3\times10^{-30}\,\mathrm{C\cdot m})$이며, CO 분자의 쌍극자 모멘트(0.11Debye)와 비교해서 약 30배 크다. 이 때문에 HCN 분자의 회전 양자수 J가 1에서 0의 에너지 준위로 전이하는 휘선(이후 단순히 HCN(1-0) 휘선이라고 표기)의 충돌 여기에 필요한 임계밀도는 CO(1-0) 휘선과 비교해서 거의 세 자릿수 높아지고, 결과적으로 HCN(1-0) 휘선은 수소 분자의 개수 밀도가 $10^4 \sim 10^5$개cm^{-3}을 초과하는 고밀도 분자 가스만을 선택적으로 관측하게 된다. 이러한 휘선을 고밀도 가스 트레이서라고 한다.

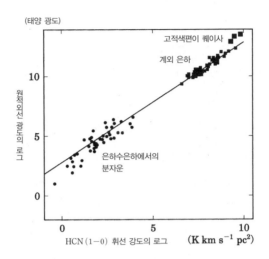

(태양 광도)

원적외선 광도의 로그

고적색편이 퀘이사

계외 은하

은하수은하에서의 분자운

10

5

0

0 5 10

HCN (1−0) 휘선 강도의 로그   (K km s^{-1} pc^2)

그림 3.11 은하수은하에서 고적색편이 퀘이사까지 여러 은하의 HCN(1−0) 휘선 강도와 원적외선 광도(~별 생성률)의 상관관계(Wu et al., 2005, ApJ, 635, L173).

리 초고광도 적외선 은하도 포함한 폭넓은 적외선 광도 범위에서 선형 상관관계(비례관계)를 볼 수 있다(그림 3.11). 또한 HCN(1−0) 휘선 분포를 관측하고 CO(1−0) 휘선이나 Hα휘선 분포와 비교하면, HCN 휘선에서 나타나는 밀도 높은 가스 분포 쪽이 Hα휘선에서 나타나는 별 생성 영역의 분포보다 좋은 공간적 대응을 보이고 있다(그림 3.12).

이상을 기본으로 별 생성 효율의 다양성 원인을 고찰하면 전체 분자 가스에 대해 별 생성의 직접적 모체인 밀도가 높은 가스가 차지하는 비율이 은하에 따라 다르고, 이 비율이 높은 은하일수록 별 생성이 효율적으로 이루어진다(별 생성 효율이 높다)는 가설이 도출된다. 실제로 여러 은하의 중심 영역에서 HCN(1−0) 휘선/CO(1−0) 휘선 강도비(분자 가스의 총 질량 안에 포함된 밀도가 높은 분자 가스의 질량 비율)와 원적외선 광도/CO(1−0) 휘선 강도비(별 생성 효율)를 비교하면 양자는 좋은 상관관계에 있다.

같은 관계를 서브밀리미터파대에 위치하는 고여기 CO분자 휘선관측에

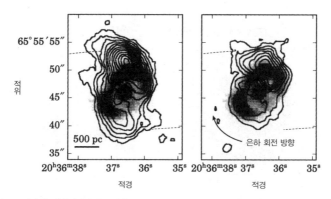

그림 3.12 노베야마 밀리파간섭계로 관측한 막대 소용돌이은하 NGC 6951 중심 은하의 CO(1-0)(왼쪽)과 HCN(1-0)(오른쪽) 휘선 분포(등고선). 배경은 Hα 선의 영상(회색 영역)(Kohno *et al.*, 1999, *ApJ*, 511, 157).

서도 얻을 수 있다[7]. HCN 분자 등 많은 고밀도 가스 트레이서는 분자 존재량이 CO분자와 비교해서 약 네 자릿수 이상 작아 휘선이 일반적으로 약하기 때문에 관측할 수 있는 영역은 은하 내에서도 특히 가스가 많은 영역에 한정되는 경우가 많다. 한편 CO분자라면 은하의 외연부까지 충분히 관측할 수 있다. 고여기 CO휘선이 대기의 투과도가 나쁘고 기술적으로도 쉽지 않은 서브밀리미터파대에 있다는 곤란함은 있다. 하지만, 특히 대기 투명도가 우수한 장소인 하와이 마우나케아 산 정상이나 남극, 최근에는 남미 칠레의 고지대 등과 같은 지상에 서브밀리미터파 천문대 건설이 진행되고 있어 관측이 급속도로 진전되고 있다. 그 한 가지 예가 그림 3.13 이다.

그림 3.14는 별 생성률이 다른 여러 은하의 다양한 회전전이 CO분자 휘선 강도를 표시하고 있다. 별 생성률이 작은 은하(은하수은하가 대표적이

---

[7] 예를 들어 CO 분자의 회전 양자수 *J* 가 3에서 2로 전이하는 CO(3-2) 휘선을 이용하면 CO(1-0) 휘선과 비교해서 약 30배 정도 밀도가 높은 가스를 선택적으로 관측할 수 있다.

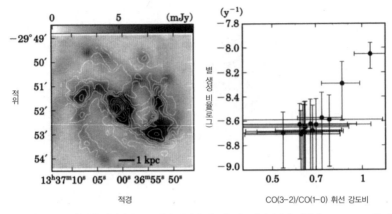

그림 3.13 남미 칠레의 아타카마 고지대에 설치된 새로운 서브밀리미터파 망원경 ASTE(아스테)를 사용해서 얻은 스타버스트 은하 M83의 CO(3-2) 휘선 강도 분포(등고선). 파장 6cm의 전파 연속파 강도(대질량별 생성 영역의 분포)의 영상과 겹쳐 비교하면 양자는 공간적으로 잘 일치한다(왼쪽). 노베야마 45m 전파망원경으로 획득한 CO(1-0) 휘선 및 파장 6cm의 전파 연속파 데이터를 맞추어 CO(3-2)/CO(1-0) 휘선 강도비(전체 분자 가스량 중에서 고밀도 분자 가스가 차지하는 비율을 반영)와 별 생성 효율을 비교한 그림. 하나의 은하 내부에서 별 생성 효율이 크게 변화하고 있는 것과 그 변화가 고밀도 분자 가스의 비율과 관계되어 있음을 시사한다(오른쪽)(Muraoka *et al.*, 2007, *PASJ*, 55, 43).

다)와 스타버스트 은하에서는 특히 고여기 CO분자 휘선의 강도에서 극적으로 차이가 나는 것을 알 수 있다. 즉, 은하수은하에서는 여기 준위가 높은 휘선일수록 그 강도(휘도 온도)가 급속하게 저하되지만, M82의 중심 부근과 같이 스타버스트를 일으키고 있는 영역에서는 $J=6-5$ 휘선과 같은 높은 준위의 휘선이 발생할 만큼 여기가 진행되고 있다. 게다가 적색편이 4.7에 존재하는 형성 중인 은하 BR 1202-0725에서는 근방 스타버스트 은하의 중심부(중심핵에서 수백pc의 영역)와 동등하게 높은 여기 상태를 보이는 분자 가스, 즉 밀도도 높고 온도도 높은 가스가 광범위한 영역에 존재하여 지금 막 은하 전역에서 가스에서 별로 변환되는 과정이 진행되고 있다고 할 수 있다.

이렇게 고여기 CO분자 휘선의 관측은 CO(1-0) 휘선만으로는 충분히 보이지 않았던 분자 가스의 질적인 차이를 뚜렷하게 보여주는 데 매우 유

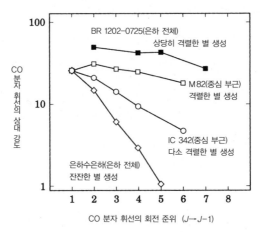

그림 3.14 여러 은하의 CO 분자의 회전전이 휘선 강도를 회전준위 (J)의 함수로 나타낸 것. $J=1-0$ 휘선의 강도(휘도 온도)를 기준으로 상대적인 강도를 나타냈다(Kawabe *et al.*, 1999, in Highly Redshifted Radio Lines, ASP Conf. Ser. 156, p45).

용하다.

3.2.4 가스에서 별로

밀도가 낮은 가스에서 밀도가 높은 가스 그리고 별의 생성으로 이르는 과정은 어떤 물리적 요인에 의해 진행되는 것일까? 이 절에서는 은하 스케일에서 중요한 몇 가지 요인을 제시하고, 어떤 관측사실을 얻었는지 개괄적으로 설명고자 한다.

소용돌이 팔

소용돌이 팔 주변에서 가스가 상류에서 하류로 흐르는 모습을 직접 알 수 있기 때문에 가스나 별 생성 영역의 위치는 물리 현상인 시간 경과를 재는 '시계'라고 할 수 있다. 즉 현상의 시간 변화를 쫓을 수 있는 귀중한 실험실인 것이다.

밀도파 이론(제5권 9장 참조)에 따르면 은하가 가진 소용돌이 모양의 퍼텐셜에 대해 성간물질은 다른 각속도로 회전하고 퍼텐셜의 골짜기로 들어갈 때 가스가 가속되어 충격파를 형성한다(은하 충격파). 이로 인해 가스가 압축되고 밀도가 높은 가스가 형성되어 결국에는 별 생성에 이른다고 할 수 있다. 소용돌이은하 M51에서는 소용돌이 팔에서 볼 수 있는 어두운 줄무늬 모양의 선dust lane을 따라 분자 가스의 팔이 관측되지만(3.1.3절), 별 생성 영역은 분자 가스로 보이는 팔의 하류 쪽에 위치한다고 밝혀졌다. 이러한 공간적 오프 셋(어긋남)은 여러 소용돌이은하에서 관측되고 있는데, 이것을 이용해서 소용돌이 모양 퍼텐셜의 회전 각속도(패턴 속도) 등을 관측을 통해 직접 결정할 수 있다(제5권 9.1.9절).

별 생성의 직접적인 모체인 밀도가 높은 가스의 분포는 어떨까? M51에서는 노베야마 45m 전파망원경을 이용해서 밀도가 높은 가스의 분포를 반영하는 일산화탄소 분자의 동위원소(^{13}CO)의 $J=1-0$ 휘선을 관측한 곳과 $^{12}CO(1-0)$ 휘선에서 관측된 비교적 밀도가 낮은 가스의 분포가 역시 하류 쪽에 위치하고 있음이 발견되었다[8]. 또한 역시 노베야마 45m 전파망원경을 이용한 $^{12}CO(1-0)$ 및 $^{13}CO(1-0)$ 휘선 관측으로부터 밀도파에 수반된 충격파로 가스가 가속되면서 가장 가까운 소용돌이은하 M31의 소용돌이 팔 영역의 밀도가 상승하고 있는 모습이 포착되었다.

막대 모양 구조

은하수은하를 포함한 대부분의 은하는 막대 모양 구조라고 하는 비축대칭 퍼텐셜 구조를 갖는다. 막대 모양 구조는 일반적으로 가스와는 다른 회

---

[8] ^{13}CO 분자는 ^{12}CO 분자보다 존재량이 적기 때문에 광학적 두께가 $^{12}CO(1-0)$인 휘선보다 작다. 그 때문에 ^{12}CO 휘선보다 밀도가 높은 영역을 선택적으로 관측할 수 있다.

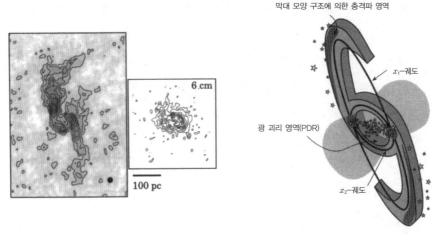

그림 3.15 노베야마 밀리파간섭계로 그려낸 막대 소용돌이은하 IC 342 중심 영역의 분자 가스 및 전파 연속파(별 생성 영역)의 구조(왼쪽)(Sakamoto *et al.*, 1999, *ApJS*, 124, 403 및 Turner & Ho 1983, *ApJ*, 268, L79). 이 영역의 모식도(Meier & Turner 2005, *ApJ*, 618, 259). 은하는 시계 반대 방향으로 회전하고 있다. 리딩측에 충격파 영역이 형성되고 그것이 CO휘선에서 2가지 가스의 직선 모양 구조로 관측되고 있다(오른쪽).

전 각속도(패턴 속도)를 가지고 있기 때문에 소용돌이 팔의 경우와 마찬가지로 가스는 막대 모양 구조로 돌입하면서 충격파가 형성된다. 하지만, 소용돌이 팔보다 퍼텐셜의 비축대칭성이 강하여 가스는 급격하게 각운동을 잃어[9] 짧은 시간(막대 모양 구조가 1회전하는 정도의 시간 스케일)에 중심 영역으로 수송된다고 예상된다.

실제로 노베야마 밀리파간섭계나 45 m 전파망원경 관측으로부터 막대 모양 구조를 갖지 않은 은하에 비해 강한 막대 모양 구조를 가진 은하일수록 가스가 보다 중심에 모여 있음을 알 수 있었다(3.1.4절). 그러한 은하의 중심 영역을 고분해능 관측으로 분해해보면 막대 모양 구조의 리딩측(회전 방향의 전방측, 제5권 9.1.5절)에 별이 만드는 막대 구조의 축에서 벗어난 위

---

9 각운동량을 막대 모양 구조, 즉 별에 내주게 된다.

치에서 평행으로 뻗은 직선 모양의 가스 팔(막대 구조)을 볼 수 있다. 그리고 은하의 중심부 가스의 팔 밑동 부분에 가스의 두 개의 눈알 구조 또는 작은 고리 구조가 존재하는 경우가 많다. 그 성간가스의 막대 구조의 대표적인 예가 그림 3.15이다. 이러한 관측 결과들은 막대 모양 구조 안에 2종류의 가스 궤도(x_1 및 x_2) 및 린드블라드B. Lindblad 공명(제5권 9.1절 참조)이 존재한다고 설명한다.

중력 불안정성

여러 메커니즘으로 가스가 모아져 가스 원반의 면밀도가 커지면 가스 자체의 자기중력도 별 생성의 원인으로 중요해진다. 실제로 여러 은하의 가스 면밀도를 조사하여 그곳에서의 별 생성률과 비교하면 가스의 면밀도에는 별 생성을 일으키기 위한 한계(임계 가스 면밀도)가 있음을 알 수 있다(그 한계를 초과하면 슈미트 법칙에 따른다).

이러한 임계 가스 면밀도의 존재는 가스 원반의 자기중력 불안정성으로 이해할 수 있다. 회전하는 가스 원반(등온, 두께 무한소)을 상정하고 그곳에 어떤 섭동을 준다고 생각해 보자. 그 섭동이 자기중력 불안정에 의해 성장하기 위한 임계 가스 밀도는 $\Sigma_{\mathrm{crit}} \equiv \dfrac{\sigma_v \kappa}{\pi G}$ (단 σ_v는 가스의 속도분산, κ는 주전원 진동수, G는 중력상수. 상세한 내용은 제5권 9.1절 참조)와 같이 표시된다. 가스 원반의 현재 면밀도를 Σ_{gas}로 했을 때 임계 가스 면밀도와의 비, 즉 $\Sigma_{\mathrm{crit}} / \Sigma_{\mathrm{gas}}$을 툼리A. Toomre의 Q값이라고 한다. 가스의 면밀도가 Σ_{crit}을 초과한 상태, 즉 $Q < 1$ 영역에서는 회전 가스 원반 속의 자기중력 불안정성이 성장하여 밀도가 낮은 가스운에서 고밀도 분자운으로 진화하고, 그곳에서 별 생성이 촉진되는 것을 예상할 수 있다.

실제로 고분해능 CO 분자휘선관측으로 스타버스트를 일으키고 있는 은하 NGC 3504의 중심 수100 pc 영역의 가스 원반에서 Q가 거의 1 이하

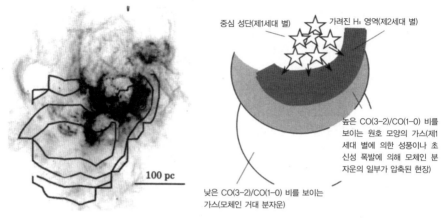

중심 성단(제1세대 별)　가려진 H∥ 영역(제2세대 별)

높은 CO(3-2)/CO(1-0) 비를
보이는 원호 모양의 가스(제1
세대 별에 의한 성풍이나 초
신성 폭발에 의해 모체인 분
자운의 일부가 압축된 현장)

100 pc

낮은 CO(3-2)/CO(1-0) 비를 보이는
가스(모체인 거대 분자운)

그림 3.16 허블우주망원경으로 촬영된 근방 은하 M33에 있는 거대 H∥ 영역 NGC 604 영역의 Hα 휘선 영상 및 서브밀리미터파 망원경 ASTE(아스테)와 노베야마 45 m 망원경으로 얻은 CO(3-2)/CO(1-0) 휘선 강도비가 높은 분자 가스의 분포(등고선). Hα 휘선으로 보이는 구면 껍질 모양 구조의 중심에 성단이 존재한다(왼쪽). 성단과 주위의 성간가스의 관계를 보이는 모식도(오른쪽)(Tosaki *et al.*, 2007, *ApJ*, 664, L27의 그림을 수정).

로 유지되고 있음을 알았다. 한편 NGC 5195나 NGC 383 등의 은하 중심 부근에서 Σ_{gas}가 약 100~수천 $M_\odot \text{pc}^{-2}$(스타버스트 은하와 동등 이상)의 가스 면밀도가 매우 높고 회전하는 분자 가스 원반이 발견되고 있다. 하지만, 그곳에서 현저한 별 생성이 일어나지 않는다는 사실은 놀라울 뿐이다. 이러한 은하는 모두 조기형 은하(S0 또는 타원 은하)이며, 벌지가 크고 중력 퍼텐셜이 만기형인 원반은하보다 깊기 때문에 임계 가스 면밀도가 상당히 높은 상태가 된 것이다.

다만 가스 원반의 관측에서 Q값을 구할 때의 오차가 클 뿐만 아니라 상기와 같은 묘사와는 합치하지 않는 관측 예도 나오고 있어 한층 더 검토가 필요하다.

별 생성에서 성간물질로의 피드백

탄생한 젊은 별은 그 주위의 성간물질에도 강한 영향을 미친다. 특히 대질량별은 단독이 아닌 많은 별의 집합(성단) 속에서 형성되기 때문에 자주 거대 전리 영역(giant Hɪɪ region, GHR)을 형성한다. GHR은 계외 은하에서도 마젤란은하의 유명한 30Dor(제5권 7.3절) 등을 비롯해서 다수 발견되고 있다. 그림 3.16은 국소 은하군 중에서도 특히 밝은 GHR의 하나인 NGC 604 영역에서의 가스 압축 및 2차적 별 생성의 모습이다.

이러한 영역에서는 강력한 자외선 복사 외에 성풍 또는 초신성 폭발 등에 의해 별 탄생의 모체가 되는 거대 분자운을 더욱 압축하여 그곳에서 다음 세대의 별 생성을 일으키는 것으로 예상할 수 있다. 실제로 최근의 여러 가지 파장에 걸친 별 생성 영역의 고분해능 관측으로 그러한 연쇄적 별 생성의 현장에서 일어나고 있는 가스의 압축 및 그곳에서의 연쇄적 별 생성의 모습이 밝혀지고 있다.

은하 간 상호작용 · 합체

가스가 압축되어 별 생성에 이르는 가장 현저하고 보편적인 메커니즘이 은하끼리의 중력 상호작용과 합체이다(7.4절 참조).

상호작용이 일어나면 처음에는 은하 외연부에서 격렬한 충격파가 일어난다. 예를 들어 안테나라고 하는 상호작용 은하(NGC 4038 및 NGC 4039라는 두 가지 가스를 풍부하게 가진 소용돌이은하끼리의 충돌, 그림 7.12 및 화보 5 참조)에서는 각각의 은하 중심 영역과 양자가 충돌하고 있는 영역('bridge'라고 한다)에도 다량의 분자 가스가 존재하고, 그곳에서 격렬한 별 생성이 시작되고 있다.

이러한 상호작용 은하가 더욱 진화하면 가스가 충돌계(점성을 가진)이어서 은하에 포함된 가스는 급속하게 각운동량을 잃게 된다. 그리고 두 개의 은하핵이 가까워짐에 따라 가스도 그 주위의 좁은 영역으로 빠져 들어간다. 초고광도 적외선은하(4.1절 참조)는 거의 대부분이 합체은하이고, 상호작용이 진행된 단계에 있다. 이들 은하에 원래 존재했던 분자 가스의 대부분이 중심의 불과 수백pc 이내로 집중되어 회전하는 가스 원반을 형성한다. 이 가스의 면밀도는 종종 수천 $M_\odot \mathrm{pc}^{-2}$에 달하여 은하수은하의 원반부나 스타버스트 은하의 10배에서 100배의 값을 갖는다. 그곳에서 강한 HCN 휘선이 검출되고, HCN(1-0)/CO(1-0) 휘선 강도비로부터 고밀도 가스의 비율이 상당히 높음을 알 수 있다. 단순히 많은 가스의 총량만이 아니라 가스가 매우 좁은 영역까지 수송되어 고밀도 가스가 다량으로 형성되는 현상이 초고광도 적외선은하의 별 생성을 이해하는 데 중요한 열쇠일 것이다.

고적색편이가 $\sim 1{,}000\, M_\odot \mathrm{y}^{-1}$에 달해 비정상적으로 높은 별 생성률을 보이는 서브밀리미터파 은하에서도 동일하게 나타나고 있음이 최근의 분자 가스 휘선 관측으로 밝혀지고 있다.

3.3 성간물질의 순환과 중원소 오염

은하계의 경우 보이는 질량 중 약 10% 정도만이 성간물질 형태로 존재하고 나머지는 별의 형태로 존재한다. 여기에서 성간물질이 별을 거쳐 성간물질로 돌아오는 물질 순환이 거의 평형상태에 있다고 가정한다면, 이 질량비는 각각의 상에서의 체재시간 비를 반영한다. 이 물질 순환은 동시에 별의 내부에서 합성된 중원소를 성간 공간으로 환원하는 과정process이기도 하고 은하의 화학 진화와도 깊이 관계되어 있다(5.3절 참조).

3.3.1 원반부와 헤일로의 물질 교환

소용돌이은하는 원반, 벌지, 헤일로 등으로 이루어진 계인데 현재 별 생성이 주로 일어나고 있는 원반부와 헤일로 사이에서 물질 교환이 이루어지고 있고, 이에 관한 연구는 주로 에지온(edge on, 바로 옆 방향) 은하를 대상으로 진행되고 있다.

지금까지 연구로 헤일로 부분에서 여러 가지 상의 성간물질이 발견되고 있다. 우리 은하계에서 레이놀즈층이라는 따뜻한 성간가스 성분의 두꺼운 층이 발견되고 있다.

이 성분은 은하계에서의 Hα복사의 25~50% 정도를 차지하는 성간물질의 중요한 구성 요소이다. 헤일로를 포함한 은하계 전체 공간의 20% 이상을 차지하고 태양 근방의 은하면 중심부 밀도는 0.1cm^{-3}, 스케일 길이[10]는 전형적으로 1~2kpc이다. 이러한 성분은 다른 은하에도 있고 그 양은 은하의 단위면적당 별 생성률과 상관관계가 있다. 이 두꺼운 전리 가스층을 유지하는 기구는 항성풍, 복사압, 초신성 폭발, O, B형 별[11]의 복사에 의한 에너지 주입 등 여러 가지 설이 있지만, 복사로 냉각된 가스를 보온하기 위한 에너지량을 고려한다면 O, B형 별의 자외선에 의한 가열(전리)이 주된 유지 기구라고 할 수 있다.

또한 성간가스를 은하면에서 떨어진 광대한 영역으로 들어 올리는 메커니즘으로 집중적인 초신성 폭발로 굴뚝 모양의 물질 밀도가 희박한 영역이 만들어지고, 그곳을 경유해서 가스나 전리 자외선, 우주선 등을 은하면 밖으로 수송하는 기구를 생각할 수 있다. 페이스온은하(은하의 회전축이 우리를 향한 은하)에서 발견된 H$_I$홀(H$_I$디스크에 열린 구멍)도 이러한 현상의 간접적인 증거라 할 수 있고, 은하계에서도 슈퍼 버블이나 슈퍼 셸이라고 하는 H$_I$ 가스의 거대한 거품 또는 구면 껍질 모양의 구조가 발견되고 있다.

은하면 내의 별 생성 활동은 더스트의 연직 분포에도 영향을 미친다. 더스트가 수직으로 솟아오르는 형태에서 '비등하는 디스크'라고 하는 구조

---

10 은하면으로부터의 높이(scale height)에 상당한다.
11 태양 질량의 10배 이상의 질량을 가진 별의 총칭.

가 발견되고 있다. 면 밖으로 방출되는 기구는 복사압이다. 고밀도 성간가스인 분자 가스도 에지온 은하의 밀리파 고분해능 관측으로부터 몇 가지 예가 보고되고 있지만, 더욱 검증이 필요하다.

원반면에서의 가스 방출이 슈퍼 버블로 은하 내에 머무를지 그렇지 않으면 은하풍으로 은하 간 공간의 중원소 오염에 이를지는 중력 퍼텐셜과 별 생성 활동의 힘의 관계로 결정된다. 실제 왜소 은하에서는 별 생성 활동에 따른 질량 방출이 검출되고 있지만, 중력 퍼텐셜이 보다 많은 소용돌이은하의 원반부에서는 통상의 별 생성 활동에 의한 질량 방출은 현저하지 않다.

헤일로의 따뜻한 가스 성분의 운동에 대해 여러 은하를 조사하여 원반면 내의 가스에 비해 면 밖으로 벗어날수록 천천히 회전하고 있고, 10 kpc 만큼 벗어나면 회전속도는 거의 0이 됨을 알게 되었다. 그러나 이러한 운동을 설명하는 모델은 아직 존재하지 않는다.

원반면에서의 가스 방출 외에 헤일로에서 원반면으로의 가스 강착도 일어나고 있다. 고속도 가스운이라고 하는 은하면에 대해 고속으로 운동하고 있는 H_I 가스가 그 증거라는 설도 있다. 고속 가스운에는 마그네슘 (Mg) 등의 금속이 태양의 화학 조성비보다 0.1배 정도 포함하고 있는데, 이는 은하계 원반에서 공급된 성분이 포함되어 있기 때문으로 보인다. 그러나 일반적으로 고속도 가스는 은하계가 형성될 때 흔적을 남긴 원시적 가스라는 견해가 강해 결론을 내지 못하고 있다.

3.3.2 중원소량과 동위원소 비의 구배

성간 공간으로 방출된 중원소의 양은 별 내부의 원소합성 역사를 반영하고 있다. 핵융합 연료인 수소가 고갈되면 별은 3개의 He으로 ^{12}C를 합성하는 핵반응을 일으켜 별을 지탱하는 에너지를 만들어낸다. 대질량별은

CNO 사이클(제7권 참조)에 의해 H를 He으로 전환시키지만 완결되지 않은 사이클에서는 ^{12}C가 ^{13}C로 전환된다. 즉 동위원소 비 $^{12}C/^{13}C$는 시간이 지남에 따라 단조롭게 감소한다. 이 때문에 탄소 동위원소 비는 은하의 화학 진화를 기억하는 좋은 시계라고 할 수 있다. 또한 별 생성률이 높으면 성간 공간의 ^{13}C의 양이 증가하기 때문에 $^{12}C/^{13}C$의 비가 감소하여 은하 중심에서 멀어짐에 따라 $^{12}C/^{13}C$ 비가 증가하게 된다. 실제로 은하계의 $^{12}C/^{13}C$를 탐사해서 이 예상을 검증하는 시도가 이루어지고 있다. $C^{18}O$ 휘선의 밀리파 휘선 관측으로 은하 중심의 궁수자리 B2에서 $^{12}C/^{13}C=24$인 것에 비해 은하계 외연 방향의 별 생성 영역 W3(OH)에서는 75로 현저하게 증가하고 있다. 이것은 CN 등 다른 분자의 밀리파 휘선 관측에서도 검증되고 있다. 그러나 적외 흡수선의 고분해 분광 관측에 의한 최근의 $^{13}CO/^{12}CO$ 비 측정과는 유의해야 할 차이가 나타나 아직까지 이것들을 통일적으로 이해할 수는 없다.

게다가 지구의 암석이나 행성 대기 관측으로 얻은 태양계 형성 시(46억 년 전)의 수치($^{12}C/^{13}C=89$)와 현재의 태양계 근방에서의 수치($^{12}C/^{13}C=57$)의 차이가 46억 년 간의 별 생성 활동의 진화를 정량적으로 설명하려고 시도되었고 은하계 진화의 기본적인 묘사를 구축하는 데 이용되고 있다.

마찬가지로 원소 조성비도 화학 진화의 지표로써 실적이 있지만, 동위원소 비 쪽이 신뢰성이 높다. 동위원소는 거의 동일한 물리적·화학적 성질을 갖기 때문에 관측비가 감손율, 이온화 퍼텐셜, 화학 반응성 등에 영향을 받지 않는다.

3.4 은하 자기장

소용돌이은하에는 대규모 자기장선이 뻗어 있다. 형상은 소용돌이 팔을

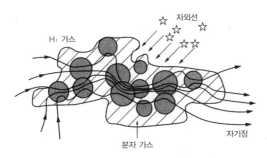

그림 3.17 자기장은 성간 공간을 채우고 가스나 우주선과 압력(에너지 밀도)으로 균형을 이루고 있다. 이것을 에너지 밀도의 등분배라고 한다.

따라 소용돌이 모양인데, 예외적으로 고리 모양의 자기장도 있다. 자기장의 압력(에너지 밀도)은 성간가스와 균형을 이루며 에너지 등분배 상태에 있으며 성간운의 운동이나 별 생성과 크게 관련되어 있다. 은하 자기장의 구조는 우주선 전자가 발하는 싱크로트론 복사의 전파를 관측하여 조사할 수 있다[12].

3.4.1 은하 자기장과 싱크로트론 복사

싱크로트론 복사synchrotron emission는 자기력선에 휘감겨서 운동하는 우주선 전자에 의해 복사된다(복사 메커니즘에 대해서는 제5권 3장 참조). 싱크로트론 전파의 강도를 측정하여 자기장의 강도를 추정할 수 있다(그림 3.17). 강도 B인 자기장과 에너지 E, 개수 밀도 $N(E)$을 가진 우주선 간에 에너지 등분배가 이루어지고 있다고 한다면 다음과 같은 관계가 성립된다.

$$\frac{B^2}{8\pi} = \int_{E_1}^{E_2} E\,N(E)\,dE \sim N_E E \qquad (3.3)$$

---

12 태양 근방의 성간운이나 별 생성 영역의 국소적인 성간자기장은 별빛의 편광, 성간 먼지의 적외선 편광 또는 중성 수소 21 cm선의 제만 효과를 사용하여 조사한다. 이것 대해서는 제6권에 기술되어 있다.

관측되는 전파의 주파수 ν에 의한 복사강도 I_ν는 우주선 전자의 밀도, 에너지, 자기장 강도로 다음과 같이 표현한다.

$$I_\nu \propto B^2 E_E^2 N \tag{3.4}$$

천체의 단위체적당 복사율 ε을 사이즈 L과 강도로 다음과 같이 나타내기로 한다.

$$\varepsilon = \frac{\int I_\nu d\nu}{L} \sim \frac{\nu I_\nu}{L} \quad [\mathrm{erg\ s^{-1}\ cm^{-3}\ str^{-1}}] \tag{3.5}$$

그러면 주파수와 자기장 강도와 전자에너지의 관계인 $\nu \propto BE^2$을 이용하여 자기장 강도를 다음과 같이 구할 수 있다.

$$B \sim 3 \times 10^2 \nu^{-1/7} \varepsilon^{2/7} \quad [\mathrm{G}] \tag{3.6}$$

여기에서 주파수 ν는 GHz를 단위로 잰다.

우리들의 은하계의 경우 전파 강도 I_ν를 은극銀極 방향에서 측정하고 디스크의 두께를 $L \sim 200\,\mathrm{pc}$으로 하면 태양 근방의 자기장 강도를 약 $3\,\mu\mathrm{G}$로 구할 수 있다. 이것은 은하 중심에서는 보다 강하고, 주변이나 헤일로에서는 약하다. 통상의 소용돌이은하의 원반부에서도 자기장 강도는 수$\mu\mathrm{G}$인데 가스가 풍부한 은하일수록 자기장은 강하다.

3.4.2 직선 편광

자기장의 방향은 직선 편광linear polarization의 전파 관측으로 구한다. 우주선 전자는 자기력선의 수직 방향에서 가속도를 받기 때문에 복사되는 전파는 자기력선의 수직 방향으로 직선 편광하고 있다. 자기장이 완전하게 갖추어져 있는 경우 많은 전자의 집합체인 천체의 복사 중 편광 성분의 전체 강도에 대한 비율(편광률)은 전자의 에너지 스펙트럼을 $N(E)dE \propto E^{-\beta}dE$로 했을 때 다음과 같이 나타낼 수 있다.

$$p_{max} = \frac{\beta+1}{\beta+7/3} = \frac{-\alpha+1}{-\alpha+5/3} \tag{3.7}$$

여기에서 $\beta \sim 2.4$는 관측으로 얻은 에너지 스펙트럼 지수이며, 전파 강도의 스펙트럼 지수와 $\alpha = -(\beta-1)/2 \sim -0.7$의 관계로 연결되어 있다. 여기에서는 $I_\nu \propto \nu^\alpha$라는 관계를 이용했다.

따라서 완전하게 갖춘 자기장의 싱크로트론 복사의 편광률은 약 70%가 된다. 그러나 실제 자기장은 성간가스와의 상호작용이나 은하 회전에 따라 똑같지 않고 구부러져 있기 때문에 편광률이 더욱 낮아 통상적으로 수%이다. 반대로 편광률로부터 갖추어진 자기장과 전체 자기장 강도의 비, 즉 자기력선의 갖추어진 상태를 조사할 수 있다.

3.4.3 패러데이 회전

싱크로트론 복사에 의한 전파는 자기장에 수직으로 편광해서 복사된다. 따라서 전파의 편광면 방향은 자기력선의 방향에 수직이다. 그런데 천체와 관측자 사이에 자기장이 뻗어 있다면 널리 퍼지는 도중에 편광면이 회전하는 현상이 발생한다. 이것을 패러데이 회전이라고 한다. 이 현상은 방향성을 가진 매체를 통과하는 빛의 편광면이 회전하는 현상으로 패러데이가 발견하였다. 천체의 경우, 성간가스가 자기력선을 띠고 있으면 가스에 방향성이 생겨 통과해 오는 전파의 편광면이 회전한다. 편광면의 방향(천구 상에서의 위치각) ϕ는 다음과 같이 관측된다.

$$\phi = \phi_0 + RM\lambda^2 \tag{3.8}$$

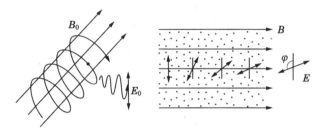

그림 3.18 싱크로트론 복사와 직선 편광(왼쪽). 전달되는 도중 자기력선과 열전자에 의한 패러데이 회전으로 편광면이 회전한다(오른쪽).

여기에서 $\phi_0 = \phi_{mag} + 90°$는 복사원에서의 편광 방향으로 자기장 방향 ϕ_{mag}에 직각이다.

위의 식의 우변 제2항은 패러데이 회전의 각도이고 λ는 파장, RM은 패러데이 회전 측도rotation measure라고 하며 다음과 같이 표시된다.

$$RM = 0.81 \int_0^x n_e B_{/\!/} dx \sim 0.81 n_e B_{/\!/} L \quad [\text{rad m}^{-2}] \quad (3.9)$$

$B_{/\!/}$는 자기장의 시선 방향 성분의 강도, n_e는 성간가스에 포함된 열전자밀도, x는 시선상의 거리, L은 안쪽까지의 길이이다. 다만 자기장은 μG, 전자밀도는 cm^{-3}, 거리는 pc, 각도는 라디안, 파장은 m로 측정한다. 또한 RM은 자기장이 관측자로부터 멀어지듯이 뻗어 가는 경우에 양(+), 반대의 경우에 음(−)으로 정의한다.

패러데이 회전량을 관측으로 구하기 위해서는 두 가지 이상의 다른 파장으로 편광각 ϕ를 측정하고 λ^2을 가로축으로 해서 플롯하고 그 구배를 최소제곱법으로 결정하는 방법을 취할 수 있다. 이 방법으로 고유 편광각 ϕ_0도 동시에 구할 수 있다.

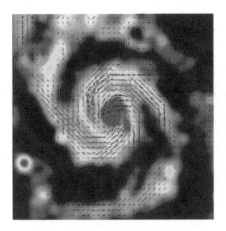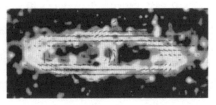

그림 3.19 소용돌이은하 M51의 소용돌이 자기장(화보 2). 전파 강도 위에 자기력선의 방향을 짧은 선으로 표시했다(왼쪽). 안드로메다은하 M31의 고리 자기장과 중심부의 수직 자기장(오른쪽) (http://www.mpifrbonn.mpg.de/div/konti/mag-fields.html).

3.4.4 소용돌이은하의 자기장 구조

싱크로트론 복사의 직선 편광 관측으로 다음과 같이 자기력선의 3차원 구조를 추정할 수 있다. 다만 패러데이 회전을 일으키는 매체의 사이즈(안쪽으로의 길이) L, 열전자의 밀도 n_e는 별도로 구하거나 가정할 필요가 있다.

 (a) 전파 강도 I_ν에서 자기장의 전체 강도 $B=(B^2_{\perp}+B^2_{/\!/})^{1/2}$를 구한다.

 (b) 편광면의 방향에서 시선에 수직인 자기장의 방향이 정해진다 :

$$\phi_{\mathrm{mag}}=\phi_0-90°$$

 (c) 패러데이 회전 측도 RM을 통해 자기장의 시선 성분의 강도 $B_{/\!/}$가 구해지는 동시에 그 음양($-$, $+$) 방향이 정해진다. 마지막으로 (a), (b)와 합해 자기장의 3차원 구조를 알 수 있다.

 이렇게 해서 구해진 소용돌이은하의 대국적인 자기력선 구조는 매우 단순해서 소용돌이와 고리로 크게 구분된다. 대다수의 은하에서 자기력선은 소용돌이 팔을 따라 뻗은 소용돌이 형태이다. 그림 3.19는 은하 M51의 전파 강도에 겹쳐서 천구 상의 자기장 방향을 짧은 선으로 나타내고 있다. 소용돌이 모양의 자기력선이 팔을 따라 잘 뻗어 있다. 한편 M31은 소용돌이가 아닌 고리 자기장을 가진 몇 안 되는 은하 중 하나이다.

게다가 은하 각부에서 패러데이 회전량을 조사해서 자기력선의 시선 방향 변화를 조사해 보면, 자기력선은 은하의 밖에서 들어와 팔을 따라 휘감아 반대쪽의 팔을 통해 밖으로 나가는 구조를 갖고 있다. 이러한 자기력선 구조를 쌍극 소용돌이 모양 자기장이라고 한다.

3.4.5 은하 자기장의 기원

은하 자기장의 기원으로 다음 두 가지 의견이 유력하다.

(a) 원시 자기장설 : 은하 형성 시에 보다 큰 스케일의 자기력선을 끌어들여 은하 회전으로 소용돌이 모양이 되고 증폭된 자기장은 헤일로로 회피해 정상 상태가 유지되고 있다.

(b) 다이너모설 : 은하 내에 있던 약한 자기장 종種이 은하 회전에 의한 발전 효과로 증폭되었다. 이 경우 자기력선 구조는 고리 모양이 된다.

대부분의 은하에서 관측되는 쌍극 소용돌이 자기장은 원시 자기장설을 지지한다. 그러나 고리 모양의 자기장은 다이너모설로도 설명이 가능하다. 실제로는 양자가 혼재해 있다고 할 수 있다.

3.4.6 수직 자기장

은하 원반의 소용돌이 자기장 외에 헤일로로 솟아오르는 수직 자기장 구조도 관측되고 있다. 이것들은 원반의 별 생성이나 초신성 폭발에 의한 에너지가 가스 원반을 비등 상태로 만들고 있기 때문이다.

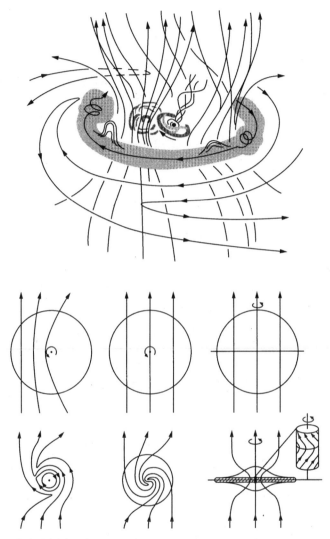

그림 3.20 은하 자기장의 모식도. 스케일은 중심일수록 확대해서 그리고 있다(위). 대국적인 자기장 구조의 기원은 형성 시에 주변의 자기력선을 끌어들였기 때문이라고 할 수 있다. 자기장에 큰 편향이 있으면 편심해서 자기력선을 바꿔 묶는 일이 일어나 고리 자기장이 만들어진다. 수직인 자기장 성분은 가스와 함께 중심으로 모아져 중심부에 강력한 수직 자기장으로 남아 우주 제트의 원인이 된다(아래).

또한 원시 자기장설에서 보면 원시 자기장 중 원반에 수직인 성분은 디스크에서 밖으로 회피할 수 없고, 가스 원반의 수축으로 중심부로 모아진다. 중심에 모아진 수직 자기장은 회피할 곳을 잃어 거의 영구적으로 은하 중심의 주위를 떠돈다(그림 3.20 (아래) 참조). 실제로 은하수은하계나 안드로메다은하의 중심부에서는 수직 자기력선이 관측되고 있다.

3.4.7 우주 제트와 중심 활동, 은하 진화에 미치는 영향

은하 중심에서는 이와 같이 수직 자기장이 탁월하다. 자기력선의 상하는 헤일로와 은하 공간 사이로 뻗어 있기 때문에 회전이 느리다. 하지만 원반부의 수직 자기력선은 은하 회전에 끌려 뒤틀린다. 이 때문에 둥근 고리 모양의 자기장 성분이 증폭되어 원반에서 위쪽의 자기장 압력 구배가 발생한다. 이 압력으로 원반의 가스는 들어 올려지고 가속되어 고속의 원통형 제트가 발생한다. 더욱이 중심부에 강력한 중력원이 있으면 가스의 낙하와 자기력선의 뒤틀림에 의한 각운동량의 수송이 상승적으로 일어나 강력한 자기장의 뒤틀림과 그에 따른 고속의 우주 제트가 발생한다.

자기장의 존재는 은하 원반의 각운동량을 헤일로로 반출하는 효과를 가지며 원반의 수축을 촉진한다. 제트에 의해 솟아오른 가스의 일부는 은하 간 공간으로 분출되어 은하를 둘러싼 환경에 영향을 미친다. 그리고 일부는 은하의 다른 장소로 낙하한다. 이렇게 자기장을 사이에 두고 은하 규모의 물질의 순환이 이루어져 화학 조성의 변질을 일으키는 등 은하 진화에 큰 영향을 미치고 있다.

제**4**장
은하의 활동 현상

제 I 부 은하의 물리

은하 중심핵은 은하 안에서 특별한 장소이다. 가까운 은하의 관측에서 대부분의 은하 중심핵에는 거대 블랙홀이 있음을 알았다. 우리들의 은하계도 예외는 아니다. 거대 블랙홀은 그 강대한 중력장으로 주위의 플라스마 등의 물질을 지배하고, 은하 본체를 능가하는 전자파를 복사하고 있다. 이것이 활동 은하 중심핵이다. 한편 은하 중심핵의 주위에서는 때때로 격렬한 별 생성 현상이 일어난다. 단기간에 다수의 대질량별이 탄생하는 현상으로 스타버스트라고 한다.

이렇게 별의 대집단으로써 온화한 모습을 보이고 있는 은하에서도 매우 활동적인 현상이 관측되고 있다. 이 장에서는 스타버스트와 활동 은하 중심핵에 대해 개략적인 설명을 하고자 한다.

4.1 스타버스트

4.1.1 스타버스트 현상의 인식

대질량별[1]이 단기간에 대규모로 생성되는 현상을 스타버스트starburst라고 한다. 원래는 폭발적인 별 생성 현상으로 언급되었지만 1981년 위드만 D.W. Weedman 등에 의해 스타버스트라는 간략화 된 명칭이 제창되어 정착되었다. 가까운 우주에서는 수%의 은하가 스타버스트 현상을 일으키고 있는데 이것들을 스타버스트 은하라고 한다.

역사적으로는 1960년대 후반 비교적 가까운 우주에서 격렬한 별 생성을 일으키고 있는 왜소 은하가 발견되면서 시작되었다. 이것들을 은하계 외 거대 전리 가스 영역extragalactic giant Hɪɪ region이라고 하며[2], 현재는 블루

| 1 3장의 각주 11 참조. OB형 별이라고 하는 경우도 있다.

콤팩트 왜소 은하(blue compact dwarf galaxy, BCD)로 분류하고 있다. 이것들은 형태적으로는 불규칙 은하에 속하고 사이즈도 수kpc 정도의 왜소 은하이다.

1970년대에 들어 가까운 원반 은하의 중심 영역에서도 활발한 별 생성 영역이 존재함을 알게 되어 주목을 받게 되었다. 그중에서도 거대 전리 가스 영역이 은하 중심 영역(반지름 수백pc에서 1kpc 이내)에 여러 개 존재하였고, 이를 핫스폿 은하 중심핵hot spot nuclei이라 하는데 역시 활발한 별 생성 현상과 관련되어 있다[3]. 원반의 소용돌이 팔에 있는 거대 전리 가스 영역에 비해 BCD나 핫스폿 은하 중심핵에서는 대체로 별 생성률이 높다. 이러한 이유로 무언가 특별한 별 생성 현상이 있다고 인식되었다.

스타버스트 은하 연구의 가속화는 1960년대 후반부터 이루어진 활동 은하 중심핵(주로 퀘이사, 4.3절)의 탐사가 커다란 계기가 되었다. 마르카리안B.E. Markarian에 의한 탐사가 가장 유명한데, 일본에서도 다카세 후미오高瀬文志郎에 의한 기소 자외초과은하탐사로 이 분야의 발전에 큰 공헌을 했다[4]. 이러한 탐사에서 주로 발견된 것은 퀘이사 등의 활동 은하 중심핵이 아니라 의외로 대부분이 스타버스트 은하였다[5]. 이러한 경위로 스타버스트 현상은 은하의 현저한 활동성의 하나로 인식하게 되었다.

여기에서 스타버스트 현상을 정량적으로 정의하면 다음의 두 가지로 정리된다.

(1) 생성되는 대질량별의 개수 : $N_* \sim 10^4$-수억 개

(2) 지속 기간 : $T_{burst} \sim 10^7 - 10^8 [y]$

---

2 이 이름의 유래는 소용돌이은하의 소용돌이 팔에 있는 거대 H$_{\text{II}}$ 영역(예를 들어 M33에 있는 NGC604)이 완전한 단일체로 우주에 존재하고 있는 것 같은 양상을 띠고 있었기 때문이다.

3 현재는 circum-nuclear starburst라는 용어로 언급되는 경우가 많다.

4 일본 도쿄대학 기소관측소의 구경 105cm의 슈미트 망원경이 사용되었다. 카탈로그명은 Kiso Ultraviolet-excess Galaxies이며 KUG로 약칭되어 있다.

5 마르카리안의 서베이에서 검출된 약 1,500천체 중 활동 은하 중심핵의 비율은 10% 정도였다.

스타버스트 현상에서 별 생성률(star formation rate, SFR)은 $SFR \sim 10 - 100$ $M_\odot y^{-1}$ 정도이다. 은하 중심 영역에 있으면서 스타버스트에 참가하는 분자 가스운의 질량은 $M_{gas} \sim 10^9 M_\odot$ 정도이다. 따라서 스타버스트 현상의 전형적인 타임 스케일은 다음과 같이 어림잡을 수 있다.

$$T_{burst} \sim M_{gas}/SFR \sim 10^7 - 10^8 \quad [y] \tag{4.1}$$

다만 여기에서는 가스가 모두 별이 되었다고 가정한다. 이 지속기간은 대질량별이 연쇄적으로 초신성 폭발을 일으켜 슈퍼 윈드라는 은하풍이 불어 주변의 분자 가스운을 가열(또는 파괴)하기 때문에 새로운 별 생성이 일어나지 않게 되는 타임 스케일이라고 생각해도 좋다(4.2절 참조).

4.1.2 스타버스트 은하의 종류

앞 절에서도 잠깐 언급했지만 여기에서 스타버스트 은하의 종류를 정리해 보자. 우선 크게 나누면 (1) 스타버스트 은하 중심핵과 (2) 블루 콤팩트 왜소 은하(BCD) 2종류가 된다. 전자는 원반은하의 중심핵 근방이나 합체은하의 중심 영역에서 스타버스트가 발생하고 있는 경우이며, 후자는 왜소 은하의 전체 영역 또는 일부 영역에서 스타버스트가 발생하고 있는 경우이다.

여기에서는 스타버스트 은하 중심핵에 주목해서 스타버스트의 진행에 따른 진화 계열을 정리해 보자.

(1) 스타버스트 은하 : 주계열인 O, B형의 대질량별이 지배적이며, 거대한 H_{II} 영역의 양상을 띠고 있다[6].

---

6 오리온성운은 은하계 안의 전형적인 전리 가스 영역이다. 스타버스트는 오리온성운을 1만 배 이상 스케일 높인 것이라고 이해하면 된다.

(2) 월프·라이에 은하 : 대질량별이 월프·라이에형 별[7]로 진화하여 지배적이 되고 있다. 이러한 별은 통상 O, B형 별과 비교해서 별의 표면 온도가 높다(약 10~20만K). 이 때문에 활동 은하 중심핵의 전리 가스 영역과 같이 고계 전리의 이온 복사가 현저해진다.

(3) 스타버스트 은하 : 대질량별의 초신성 폭발이 빈번하게 일어나 은하풍(슈퍼 윈드, 4.2절 참조)이 불고 있는 은하이다. O, B형 별에 의한 전리도 있지만 은하풍에 의한 충격파 가열에 의한 전리도 진행되어 통상의 O, B형 별에 의한 전리 가스와는 다른 성질을 보인다. 이 때문에 활동 은하 중심핵의 일종인 라이너 은하 중심핵(4.3절)의 전리 가스의 성질과 유사한 경우가 있다.

(4) 포스트 스타버스트 은하 : 별 생성이 종료되어 수명이 짧은 O, B형 별이 초신성 폭발을 일으키고 죽음을 맞이하면 O, B형 별과 비교해서 수명이 긴(~10^8y) A형 별이 스타버스트 영역을 지배한다.

이 중에서 월프·라이에형 별의 수명은 10만 년 정도밖에 되지 않기 때문에 본래대로라면 월프·라이에 은하가 될 확률은 낮을 것이다. 그럼에도 불구하고 가까운 우주에 수십 개나 존재하고 있다. 이것은 스타버스트의 별 생성이 어느 시점에서 돌연 완료되기 때문에 월프·라이에 별이 탁월한 시기에 현저하게 나타났음을 시사한다. 또한 시퍼트은하은하에 대해서는 4.2절에서 상세하게 소개하겠다.

블루 콤팩트 왜소 은하(BCD)는 불규칙 은하 중에서 별 생성률이 높은 것으로 이해할 수도 있다. 그러나 별 생성의 타임 스케일은 수억 년 정도밖에 되지 않고 중원소 존재량도 보통의 불규칙 은하에 비해 적다. 그 때

---

[7] 대질량별 진화의 최종 단계로 강한 항성풍에 의해 수소를 많이 포함한 외층을 날려 보내 고온의 중심핵이 노출되고 그 주변을 분출된 가스가 둘러싸고 있는 상태의 별.

문에 은하 간 가스운이 최근에 어떠한 메커니즘으로 스타버스트를 일으켰다고 생각하는 편이 나을 것이다. BCD 속의 중원소는 태양 중원소량의 1/100 정도만 존재한다. 중원소는 별 생성의 역사와 함께 증가하고 있기 때문에(5.2절 및 5.3절 참조) BCD는 은하 진화의 젊은 단계에 해당하는 성질을 가지게 된다. 이 때문에 BCD의 연구는 우주 초기 은하 형성기의 별 생성의 성질을 탐구하는 수단으로 주목받고 있다.

4.1.3 스타버스트 은하의 광도 분류

스타버스트 은하의 광도 폭이 넓어 광도의 관점에서도 분류되고 있다. 스타버스트 영역만의 광도를 어림잡기는 어렵기 때문에 스타버스트를 일으키고 있는 은하 전체의 광도를 지표로 사용하는 것이 보통이다. 스타버스트에서 생성된 O, B형 별은 주로 자외선에서 가시광선 대까지의 전자파를 복사한다. 그러나 별 생성 영역은 일반적으로 가스가 풍부하기 때문에 더스트의 존재량도 많다. 따라서 O, B형 별의 복사는 더스트에 흡수되어 수십K로 따뜻해진 더스트의 재복사로 변환되는 비율이 높다. 이 경우 더스트는 중간 적외선에서 원적외선까지의 전자파를 복사한다. 그래서 스타버스트의 복사광도의 지표로 적외선의 복사광도(L_{IR})를 이용하는 경우가 많다. 이러한 이유는 적외선 천문위성 IRAS(Infrared Astronomical Satellite)가 적외선의 모든 천체 서베이를 하여 만든 계외系外 은하의 적외선 데이터베이스가 큰 요인이 되었기 때문이다. 또한 IRAS 위성이 적외선 광도가 $10^{12} L_\odot$을 넘는 초고광도 적외선은하(또는 울트라 적외선은하, ultraluminous infrared galaxies, ULIRG)를 발견한 것도 스타버스트은하의 광도분류의 중요성을 인식시키기는 배경이 되었다.

적외선 광도에 의한 스타버스트 은하는 파장 8 μm에서 1,000 μm대에서의 복사 광도 L_{IR}에 따라 다음과 같이 분류된다.

(1) $L_{IR} < 10^{11} L_\odot$: 보통의 스타버스트

(2) $10^{11} L_\odot \leqq L_{IR} < 10^{12} L_\odot$: 밝은 적외선은하luminous infrared galaxies

(3) $10^{12} L_\odot \leqq L_{IR} < 10^{13} L_\odot$: 초고광도 적외선은하

(4) $L_{IR} > 10^{13} L_\odot$: 하이퍼 적외선 은하[8]hyperluminous infrared galaxies

이러한 스타버스트 은하의 광도분류는 단순히 스타버스트의 규모만 나타내고 있지는 않다. 왜냐하면 광도가 커짐에 따라 합체은하(7.4절)의 비율이 높아지기 때문이다. 이것은 스타버스트의 규모와 그 생성 메커니즘에 어떠한 상관관계가 있음을 시사하고 있다. 상세한 내용은 불분명하지만 스타버스트의 발생 메커니즘에 대한 중요한 힌트를 줄 가능성이 있다.

4.1.4 스타버스트 은하의 별 생성률

스타버스트의 광도는 별 생성률이 좋은 지표를 준다. 적외선 광도는 흡수의 영향을 받지 않기 때문에 특히 좋은 지표가 된다. SFR과 L_{IR}의 사이에는 다음과 같은 관계가 있다.

$$SFR = 4.5 \times 10^{-44} L_{IR} \qquad [M_\odot \, y^{-1}] \qquad (4.2)$$

여기에서 L_{IR}의 단위는 W가 아니라 erg s^{-1}이다. 이 관계를 도출할 때 별 생성에 관해서는 살피터E.E. Salpeter의 초기 질량함수[9]를 이용하며, 생성되는 별의 질량의 범위로는 $0.1\,M_\odot$에서 $100\,M_\odot$이 가정되어 있다.

---

8 명확한 일본어 명칭이 없기 때문에 여기에서는 하이퍼 적외선은하라고 하였다.

9 별이 탄생할 때 질량이 $[m,\ m+dm]$ 사이에 있는 별의 개수를 $N(m)dm$이라고 나타냈을 때 $N(m)$을 초기 질량함수(Initial Mass Function, IMF)라고 한다. 태양 근방의 별들 관측으로 살피터가 구한 $dN/dm \propto m^a (a = -2.35)$를 살피터의 IMF라고 한다. 스타버스트의 경우 대질량별이 선택적으로 생성되고 있을 가능성이 있어 $a = -1.35$에 가까울 가능성도 논의되고 있다. 이렇게 대질량별이 선택적으로 많이 탄생하고 있는 듯한 IMF는 톱 헤비(top heavy IMF)라고 한다.

SFR은 이 외에도 Hα, [O$_{\text{II}}$][10] 및 자외 연속광의 광도를 이용해서 다음과 같이 나타낸다. 이러한 관계의 도출에도 상기와 같이 가정되어 있다.

(1) Hα 광도의 경우 :

$$SFR = 7.9 \times 10^{-42} L_{\text{H}\alpha} \qquad [M_{\odot} \text{y}^{-1}] \qquad (4.3)$$

(2) [O$_{\text{II}}$] 광도의 경우 :

$$SFR = 1.4 \times 10^{-41} L_{[\text{O}_{\text{II}}]} \qquad [M_{\odot} \text{y}^{-1}] \qquad (4.4)$$

(3) 자외 연속광의 경우 :

$$SFR = 1.4 \times 10^{-28} L_{\nu} \qquad [M_{\odot} \text{y}^{-1}] \qquad (4.5)$$

여기에서 $L_{\text{H}\alpha}$와 $L_{[\text{O}_{\text{II}}]}$의 단위는 erg s^{-1}이지만, L_{ν}는 erg s^{-1}Hz^{-1}이다.

4.1.5 스타버스트의 발생 메커니즘

은하 원반부에 있는 소용돌이 팔에서 발생하는 별 생성 현상보다 스타버스트 현상으로 인한 별 생성률이 높다. 따라서 통상의 별 생성 메커니즘이 아닌 어떤 특별한 발생 메커니즘이 작용하고 있다고 볼 수 있다. BCD의 경우 아직 불분명한 점이 많지만, 원반은하 중심 영역에서 발생하고 있는 스타버스트의 발생 메커니즘에 대해 여러 아이디어가 제안되고 있다. 그 기본적 생각은 별 생성 원료가 되는 분자 가스운을 은하 중심 영역으로 어떻게 효율적으로 수송하는가에 관한 문제와 관련되어 있다. 은하 원반부에 분자 가스운이 많이 있는데, 이것들을 중심 영역으로 수송하기 위해서는 각운동량을 효율적으로 감소시킬 필요가 있다. 소용돌이 팔이나 막대

---

10 금지선forbidden line의 설명은 4.3절 참조.

모양 구조와 같은 비축대칭 중력 퍼텐셜이 있으면 분자 가스운계의 충돌 과정을 거쳐 각운동량을 원반 외연부에 있는 가스운계 또는 별로 주고받을 수 있다. 그러나 이러한 표준적인 메커니즘으로 스타버스트 현상을 설명하기는 어렵다. 한편 위성 은하의 합체나 원반 은하끼리의 합체에서는 상기의 메커니즘과 비교하면 보다 효율적으로 분자 가스운 중심 영역으로 수송이 가능해진다(화보 5 참조).

지금까지의 논의는 연료로써의 분자 가스운을 어떻게 은하 중심 영역으로 집적시킬 것인가에 대한 것이었다. 가령 이 집적이 실현된다고 해도 그후 어떻게 스타버스트를 발생시키는지에 대해서는 정설이 없다. 표준적으로 생각되는 중력 불안정성에 의한 별 생성 발생 메커니즘은 스타버스트에는 어울리지 않을지도 모른다. 만약 은하의 합체(위성 은하의 합체도 포함한다)가 중요한 열쇠를 쥐고 있다고 한다면 조석력에 기인하는 충격파로 인한 가스운의 압축이 유효한 메커니즘으로써 작용할 가능성이 있다. 모든 스타버스트가 같은 발생 기구에서 발생하고 있는 것조차도 불분명하다. 은하의 합체가 본질적인 메커니즘일 가능성은 있지만 향후의 계통적인 관측적 검증이 필요할 것이다.

4.2 은하풍

스타버스트 은하나 활동 은하 중심핵(AGN, 4.3절)의 중심핵 부근에서 대량의 에너지가 주위로 방출된다. 이것들은 전자파(X선, 자외선, 가시광선, 적외선 및 전파)로써 직간접적으로 복사될 뿐만 아니라 은하 중심핵의 주변 영역에 운동에너지를 공급한다. 이 대량의 운동에너지로 인한 충격파로 주위의 가스가 가열되고 고온 가스가 은하 스케일의 거품(슈퍼 버블)으로 팽창하여 최종적으로 은하 헤일로나 은하 간 공간으로까지 방출된다. 이 현상을 은하풍(슈퍼 윈드)이라고 한다. 은하풍은 은하 활동의 일시적 현상이라기보다는 은하의 진화나 은하 간 공간의 진화에까지 큰 영향을 미치는 중요한 현상이다.

가까운 우주의 매우 많은 스타버스트 은하들에서 은하풍 현상의 징조가 관측된다. 또한 최근의 관측기술 진보로 매우 먼 곳의 은하에서도 은하풍의 중력렌즈로 여겨지는 관측적인 특징을 가진 것이 발견되고 있다. 이 장에서는 이러한 은하풍의 물리 과정을 근방 은하의 관측 예를 중심으로 설명하겠다.

4.2.1 은하풍의 발생 메커니즘

스타버스트 은하의 경우 스타버스트 초기(가장 무거운 별의 수명인 $\sim10^6$y 정도 이내)에 운동에너지가 생성된 젊은 대질량별(예 : O형 별)과 그것들로부터 진화된 고온별(예 : 울프 · 라이에형 별)의 활발한 성풍에 의해 방출된다. 그 이후에는 이에 더하여 대질량별($>8M_\odot$) 진화의 최종 단계에서 일어나는 II형 초신성 폭발(제1권 및 7권 참조)로 인해 방출된다. 이러한 고속의 물질 방출 현상이 중심핵 근방에서 발생하면 주변의 가스는 충격파에 의해 $\sim10^8$K까지 가열되기도 한다.

스타버스트 은하의 중심핵 근방에서는 좁은 영역($100\sim1,000$pc)에 많은 ($\sim10^4$개에서 수억 개) 대질량별이 탄생하기 때문에 가열된 가스는 개개의 대질량별이나 초신성의 주위에만 존재하는 것이 아니라 서서히 하나의 거대한 팽창하는 거품 모양 구조를 보이게 된다. 거품의 팽창 속도와 형상은 은하핵 주위의 물질 분포에 의존한다. 즉 거품은 비교적 고밀도의 가스가 존재하는 은하면 안이 아니라 밀도가 비교적 낮은 극방향으로 선택적 팽창을 한다. 그 결과 고온 가스는 은하면의 상하 방향으로 늘어난 한 쌍의 거품 모양 구조를 이루는데 그 형상 때문에 슈퍼 버블이라고 한다.

거품 내부의 가스 온도는 팽창에 따라 서서히 내려가 $10^6 \sim 10^7$ K 정도가 된다. 슈퍼 버블이 더욱 팽창하여 그 크기가 은하 원반 물질 분포의 전형적인 높이의 수배를 초과하면 은하 헤일로로 내뿜는 원뿔면 모양의 고온 가스 흐름이 발생한다. 이 상태로 진화한 슈퍼 버블을 슈퍼 윈드 또는 은하풍이라고 한다. 여기에서 슈퍼 버블과 슈퍼 윈드는 관측된 형상(거품 모양 또는 원뿔면 모양)으로 구별하지만, 물리적으로 팽창하는 고온 가스의 진화 단계의 차이(스타버스트 개시로부터의 경과 시각이나 거품 표면에서의 불안정성의 발생 정도 등)에 지나지 않는다. 따라서 다음 장에서는 특히 슈퍼 윈드와 슈퍼 버블의 두 현상을 합하여 '은하풍'이라고 하고 동등하게 취급할 것이다.

근방의 은하에서 관측된 은하풍의 전형적인 크기는 중심으로부터의 거리(반지름)로서 $r_{SW} \sim 5\,\mathrm{kpc}$, 아웃플로outflow 속도는 $v_{SW} \sim 500\,\mathrm{km\ s^{-1}}$이다. 따라서 은하풍의 역학적 연령은 다음과 같다.

$$T_{SW} \sim r_{SW}/v_{SW} \sim 1 \times 10^7 \qquad [\mathrm{y}] \qquad (4.6)$$

물론 이러한 값은 스타버스트의 규모(운동에너지의 공급량), 주위의 가스의 밀도 등에 의존한다.

은하풍이 최종적으로 은하 간 공간까지 도달하는지 여부는 은하 질량(중력 퍼텐셜)과 은하풍의 규모(고온 가스의 팽창에너지 또는 스타버스트에 의한 대질량별의 생성량)의 대소 관계로 정해진다. 실제로 은하 간 공간의 물리 상태(예를 들어 중원소량과 그 조성비)는 은하풍의 영향을 받고 있음이 관측적으로 시사되고 있어서 적어도 일부의 은하풍은 은하 간 공간까지 도달할 가능성이 높다. 다만 모든 은하풍이 은하 간 공간에 도달할 조건을 충족하지는 않는다. 따라서 이 경우는 내뿜은 가스가 분수처럼 은하로 다시 돌아온다[11]고 본다.

　이상은 스타버스트 은하의 은하풍에 대한 메커니즘을 설명했는데 이외에도 은하핵 주변 영역에 대량의 운동에너지를 공급하는 활동성이 있는 경우에도 유사한 물리 과정에 의해 은하풍 현상이 발생한다. 실제 활동 은하 중심핵(AGN, 4.3절 참조)에서도 유사한 아웃플로 현상이 관측된 예가 있다. AGN의 경우는 은하핵 주위 공간으로 에너지 공급 방법이 다르지만, 그 후 고온 가스의 팽창과 그것과 관련된 물리 과정은 스타버스트 은하의 경우와 기본적으로 같기 때문에 아래에서는 스타버스트 은하의 은하풍에 대해서만 설명하겠다.

4.2.2 은하풍의 관측적 특징

은하풍은 전리 가스나 고온 플라스마로 특징지어진다. 예를 들어서 전리 가스는 가시광선의 분광관측으로 그 성질을 조사할 수 있다. 그러나 일반적으로 표면휘도가 낮기 때문에 상세한 관측은 근방의 은하로 한정될 수밖에 없다. 그래서 비교적 잘 조사되고 있는 근방의 스타버스트 은하인 M82(=NGC 3034)와 NGC 3079를 예로 들어 은하풍의 관측적 특징을 설명하겠다.

M82

　그림 4.1은 근방 은하풍의 전형적인 예로서 스타버스트 은하 M82의 가시광선인 Hα λ656.3 nm 휘선에 의한 영상이다. [NII]λ654.8 nm와 [NII]λ658.3 nm 휘선의 기여도 포함되어 있다. 이렇게 은하풍은 가시광선 대에서는 전리 가스가 복사하는 휘선 복사가 탁월하다. M82는 거의 옆방

---

11 이것을 은하 분수galactic fountain라고 한다.

그림 4.1 스바루 망원경에 의한 M 82 은하의 영상(화보 6 참조). 은하 원반에 대해 수직 방향으로 퍼져있는 구조가 Hα용 협대역 필터로 얻은 은하풍의 모습이다(일본 국립천문대 제공).

향의 원반 은하인데, 은하풍에 부수되어 있는 전리 가스가 은하면과 수직 방향으로 5 kpc 정도까지 퍼져 있음을 알 수 있다[12]. 상세하게 살펴보면 작고 복잡한 필라멘트 모양의 구조와 그것을 둘러싼 공간으로 매끄러운 구조가 있다. 필라멘트 모양의 성분은 은하 중심핵 근방의 별 생성 영역에서 상하 방향으로 퍼지는 한 쌍의 원뿔면 모양의 구조를 가지며, 그 양쪽 옆 부분의 원뿔면의 에지dege 부분이 특히 눈에 띈다. 전리 가스의 복사휘선이 은하면과 수직 방향으로 뻗은 원뿔면 모양의 구조 표면에서 복사되고 있는 것이 특징이다. 우리는 이것을 옆에서 보고 하늘에 투영된 것을 관측

---

[12] M 82의 X선 영상에 대해서는 그림 9.17 (오른쪽) 참조. 은하풍에 의한 수백만K의 플라스마의 모습이 보인다.

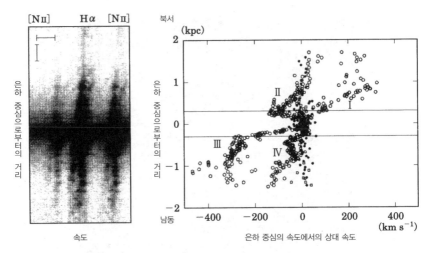

그림 4.2 M82은하풍에 부수되어 있는 전리 가스 은하면에 수직 방향의 속도장. 왼쪽 그림은 스펙트럼으로 Hα 및 [NⅡ]휘선을 나타낸다. 중간에 수평인 가는 띠 모양으로 보이는 것은 은하 중심핵의 연속광 성분. 오른쪽 그림은 왼쪽 그림에서 구한 전리 가스의 속도 구조이다. ○는 Hα 및 [NⅡ]휘선, ●는 별로부터의 CaⅡ의 흡수선, □는 흩어진 Hα 성분의 속도를 나타낸다. 슈퍼 윈드의 전리 가스는 원뿔면 모양으로 은하핵 부근에서 내뿜고 있기 때문에 슬릿을 따르는 각 점에서는 운동 상태가 다른 두 가지 가스 성분이 겹쳐서 검출되고 있다(McKeith *et al.*, 1995, *A&A*, 293, 703).

하고 있다고 이해할 수 있다[13].

그림 4.2는 분광관측으로 얻은 M82의 은하풍에 부수되어 있는 전리 가스의 속도장을 나타낸다. 왼쪽 그림은 그림 4.1에서 은하풍을 오른쪽 위에서 왼쪽 아래로 보듯이 분광기의 슬릿을 은하핵을 통해 은하 원반과 수직이 되는 방향으로 촬영한 스펙트럼이다. 그림의 중간 부근에 은하핵이 있고, 은하 본체의 연속광(별 성분)이 좌우로 뻗어 보이고, 그 위아래는 전리 가스로부터의 Hα 및 [NⅡ]휘선이 지배적이다. 은하면 바깥에서는 Hα(및 [NⅡ]) 휘선은 두 개의 피크를 보이고, 다른 속도장을 가진 두 가지 성분이

---

13 또한 공간적으로 매끄럽게 퍼져 있는 성분은 스타버스트 영역의 휘선 복사가 은하 헤일로 안의 먼지로 인해 흩어져 보이는 것이다.

시선 방향으로 겹쳐서 존재하고 있다. 오른쪽 그림은 왼쪽 그림의 스펙트럼에서 얻은 분광 결과를 2차원 그래프(가로축이 파장 또는 속도, 세로축이 공간 위치를 나타낸다)로 만든 것이다. 중심핵에서 2kpc까지의 슈퍼 윈드를 내뿜는 부분의 전리 가스의 속도장을 상세하게 알 수 있다. 속도장은 은하면의 상하에서 거의 대칭적인 구조를 갖지만, 전체적으로는 기울어 있다(남동쪽이 전체적으로 푸른 쪽의 속도를 나타내고, 북서쪽이 붉은 쪽의 속도를 나타낸다). 이러한 특징을 통해 은하풍에 부수되어 있는 전리 가스는 원뿔면 모양 구조의 표면을 따라 분포하고 있고, 전체적으로 은하 중심핵 근방에서 외부로 아웃플로하고 있으며, 그 속도는 바깥쪽일수록 고속이다. 여기에서 관측된 두 가지 속도 성분은 관측자 쪽(앞쪽) 원뿔면의 벽 부분에서 복사되는 성분(푸른 쪽)과 맞은편(뒤쪽)의 벽 부분에서 복사되는 성분(붉은 쪽)이다. 또한 속도장의 전체적인 기울기는 은하풍이 천구면에서 조금 기울어져 존재하고 있는데, 한쪽이 전체적으로 관측자 쪽의 맞은편을(멀어지는) 향하고 있기 때문이라고 이해할 수 있다.

가시 휘선 스펙트럼의 휘선 강도비를 잘 조사해 보면 발머 휘선인 Hα 나 Hβ λ486.1nm에 대해 [N$_{\rm II}$], [S$_{\rm II}$] $\lambda\lambda$671.6nm, 673.1nm, [O$_{\rm I}$] λ630.0nm의 각 금지선(4.3절)의 강도가 상대적으로 강한 특징을 보인다. 이것은 전리 가스가 충격파에 의해 가열 여기되고 있기[14] 때문이라고 할 수 있다. 속도 구조와 함께 생각하면 M82의 은하풍은 전체적으로 아웃플로하고 있고, 그 과정에서 원뿔 내부의 고온 가스와 주변부의 은하 헤일로의 가스 사이에서 충격파가 발생하여 작은 필라멘트 모양의 구조를 만들고 있다.

스타버스트 영역 근방에서 가열된 고온 가스는 스스로 은하풍을 내뿜고

---

14 실제는 스타버스트 영역에서 공급된 전리 광자로 인한 광전리(광이온화, photoionization)도 이루어지기 때문에 충격파에 의한 가열 여기와 광전리의 스펙트럼의 중간적인 특징을 가진다.

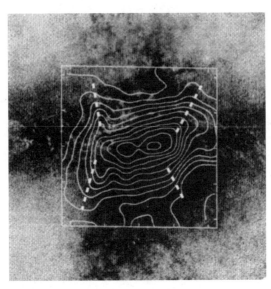

그림 4.3 M82의 스타버스트 영역 근방의 분자 가스 분포. CO $J=1-0$ 휘선의 강도 분포(전체 속도 폭에 걸쳐 적분한 것)를 $H\alpha$ 휘선 사진 위에 등강도선을 겹쳐 나타내고 있다. 그림의 중앙에 은하 중심부 가 있고, 그곳에서 좌우로 은하 원반이 뻗어 있고, 그 수직 방향(그림의 상하 방향)으로 은하풍이 불고 있 다(이 그림은 은하 원반이 수평 방향이 되도록 그린 것이기 때문에 그림 4.1과 비교할 때에는 주의가 필요하다). CO 휘선은 중심 부근의 분자 가스 고리(등강도선에서는 은하 중심부의 양 옆의 두 개의 피크로 보인다)와 그 양 옆 에서 은하면 상하 방향으로 뻗은 4개의 봉우리(파선으로 표현)를 따라 주로 분포하고 있다(Nakai et al., 1987, PASJ, 39, 685).

있을 뿐만 아니라 피스톤처럼 주변의 차가운 가스를 솟아오르게 하거나 끌고 간다. 그림 4.3은 M82의 스타버스트 영역 근방의 CO휘선(분자 가스 의 분포를 보이는 대표적 분자 휘선)의 분포이다. M82의 스타버스트 활동은 반지름 약 200pc의 고리 모양의 영역에서 주로 일어나고 있지만, CO휘선 은 정확히 $H\alpha$의 원뿔면 모양 구조의 밑부분을 둘러싸듯이 분포하고 있고, 그곳에서 은하면의 상하 방향으로 뻗은 산봉우리 모양의 구조를 보이며 500pc 정도의 높이까지 분포되어 있다. 또한 M82에서는 따뜻해진 먼지 에서 복사되는 서브밀리미터파가 은하면 안에서 뿐만 아니라 그 상하의 은하면 밖에서도 검출되고 있어 분자 가스와 분자 가스에 포함된 먼지도 은하풍과 함께 내뿜어지고 있다고 할 수 있다. 이렇게 은하풍 현상에서는 고온 가스뿐만 아니라 차가운 가스의 아웃플로가 동시에 발생하고 있다.

NGC 3079

스타버스트 주변 영역에서 성풍이나 초신성 폭발에 따른 충격파로 가열된 가스는 10^8 K 정도의 고온이 되어 열적 경X선hard X-ray을 복사한다. 가스의 거품이 팽창하면 팽창 효과로 인해 가스 온도는 $10^6 \sim 10^7$ K까지 내려가고 열적 연X선soft X-ray을 복사하게 된다. 또한 은하풍이 은하핵 주변부나 은하 헤일로의 가스와 충돌하여 발생하는 충격파로도 가스는 10^6 K 정도로 가열되며, 이것도 열적 연X선을 복사한다. 실제로 은하풍에서는 공간적으로 퍼진 연X선 복사가 잘 관측되는데, 그것이 어느 쪽 성분의 연X선 복사인지에 대해서는 최근의 고감도·고각분해의 X선 촬영관측을 통해 처음으로 알게 되었다.

그림 4.4는 NGC 3079 슈퍼 버블의 Hα와 연X선상이다. NGC 3079는 거의 옆방향의 원반은하이며, 그 중심핵 근방에서 은하원반의 위쪽 방향으로 1 kpc 정도의 전리 가스의 거품 모양 구조, 즉 슈퍼 버블이 존재한다. Hα 휘선은 은하핵 주변부에서 은하면과 수직 방향으로 뻗은 필라멘트 모양의 구조를 따라 분포하고 있고, 그 가시 스펙트럼은 충격파로 인한 가열 여기로 특유의 휘선 강도비를 보이기 때문에 M82의 경우와 마찬가지로 팽창하는 슈퍼 버블 표면에서 발생한 충격파에 기인한다. 한편 같은 구조는 찬드라 위성에 의한 연X선 영상에도 존재하며, Hα 필라멘트와 공간적으로 상당히 좋은 대응 관계를 보이는 것이 명확해졌다. 이 사실은 슈퍼 버블의 연X선 복사는 스타버스트 영역에서 가열되어 팽창한 고온 가스 기원의 연X선 복사보다 슈퍼 버블 표면에서 발생하는 충격파로 인해 발생한 성분이 강함을 나타낸다.

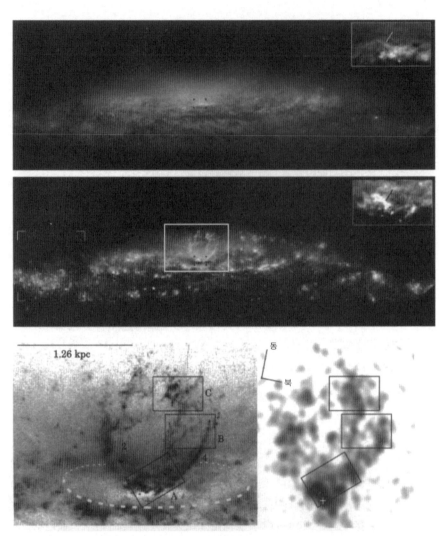

그림 4.4 NGC 3079 은하의 슈퍼 버블의 Hα휘선과 X선으로 본 구조의 비교. 위의 그림과 중간 그림은 NGC 3079 은하의 전체도이다. 위의 그림은 I 밴드 필터, 중간 그림은 Hα 필터로 얻은 것. 아래 왼쪽 그림은 중간 그림의 중앙 부근의 틀 안을 확대한 그림으로 은하 중앙부(그림 중앙 아랫부분의 십자 표시)에서 윗부분을 향해 거품 모양의 휘선 구조가 뻗어 있는데, 자세히 보면 거품은 줄무늬 모양의 구조를 보이고 있다. 아래 오른쪽 그림은 같은 영역을 연X선으로 본 것으로 Hα휘선과 같은 줄무늬 모양 구조를 보이고 있다(Cecil et al., 2001, ApJ, 555, 33; Cecil et al., 2002, ApJ, 576, 745).

4.2.3 은하풍이 미치는 영향

지금까지 살펴본 대로 은하풍 현상은 에너지와 크기 면에서 모두 대규모이기 때문에 은하 본체나 은하 간 공간의 진화에 큰 영향을 미친다. 여기에서는 그 영향이라고 여겨지는 두 가지 예에 대해 설명한다.

은하의 진화에 미치는 영향

은하풍은 우주 초기 은하의 형성기에서도 중요한 역할을 하였다. 은하는 그 형성기에 스타버스트가 발생하여 대량의 별을 만들었다고 할 수 있다. 그때 별 생성의 결과 발생한 은하풍은 강력하여 은하풍이 불면 분자가스는 모두 계외로 날아가 버리고 별 생성 활동은 강제적으로 정지된다. 별 생성이 계속되고 있는 동안 중원소는 대질량별 내부에서 만들어져 성풍이나 초신성 폭발로 외부의 별 주변 공간으로 방출된다. 외부로 방출되는 중원소의 양은 대질량별의 총생성량에 비례하는데, 그것은 단위시간당 별 생성률과 별 생성이 이루어진 기간의 곱으로 정해진다. 이 중 후자는 스타버스트 개시부터 은하풍 활동에 의해 별 생성 활동이 정지될 때까지의 시간이다. 은하풍은 팽창하는 고온 가스의 에너지가 은하의 중력 퍼텐셜을 초과한 시각에 내뿜기 때문에 별 생성이 이루어지는 기간은(별 생성률이 같은 경우에는) 은하의 중력 퍼텐셜로 결정된다. 즉 무거운 은하일수록 별 생성은 장시간 계속되고, 중원소의 합성과 그 방출은 보다 긴 시간에 걸쳐 이루어진다.

타원은하는 우주 초기의 폭발적 별 생성 활동으로 탄생하였고, 그 후에는 별 생성을 거의 일으키지 않는 것이 많다. 즉 현재의 타원 은하를 구성하는 별은 은하의 탄생기에 태어나서 그대로 현재까지 진화를 계속해온 것이 대부분이다. 따라서 타원은하 전체의 특징은 그 탄생기에 거의 결정되었다고 할 수 있다. 근방의 타원은하는 밝은 것일수록 색이 붉어지는

'색-등급 관계'를 보이며, 밝고 거대한 은하일수록 중원소량이 많은 특징을 가진다(9.1절 참조). 이 관계해석으로 가장 잘 알려진 모델이 은하풍 모델이고, 은하 형성기에 방출되는 중원소량의 총량이 별 생성 활동이 정지하는 시각 = 은하풍이 부는 시각에 의해 결정된다는 원리를 이용하고 있다. 즉 밝은 은하는 무겁고 중력 퍼텐셜이 깊기 때문에 은하풍으로 그곳에서 내뿜을 수 있을 정도의 에너지를 주기 위해서는 보다 긴 기간 동안 별 생성을 할 필요가 있고, 그 사이에 보다 많은 중원소량을 주위로 공급할 수 있다.

은하 간 공간의 진화에 미치는 영향

대질량별의 내부에서 만들어진 중원소는 성풍이나 초신성 폭발로 별 주변 공간으로 공급되고, 고온 가스의 팽창과 함께 은하 헤일로나 더욱 바깥쪽의 은하 간 공간까지 수송된다. 스타버스트 영역 주변에서 옮겨진 차가운 가스와 먼지도 마찬가지로 외주부로 운반된다. 즉 은하풍은 은하 중심부 근방에서 일어난 진화를 은하 헤일로나 은하 간 공간으로 전파하는 벨트 컨베이어로써의 역할을 하며 은하 간 공간의 화학 진화의 원동력이 된다.

X선의 관측으로 은하단에는 10^7K 정도의 고온 가스가 존재한다는 것이 널리 알려져 있다(7.3절 및 8.1절). 스펙트럼 관측 결과 고온 가스에는 태양의 약 1/3(Fe로 측정)이나 되는 중원소량이 포함되어 있음을 알 수 있었다. 그 기원은 중원소 조성비가 II형 초신성 폭발의 방출물에 가깝기 때문에 은하단에 소속된 은하의 스타버스트 영역에서 발생한 초신성 폭발로 인한 방출물이 은하풍에 의해 은하단 공간으로 수송되었을 가능성을 시사하고 있다. 또한 은하단 공간의 가열이 은하풍에 의해 초래되었을 가능성도 지적하고 있다.

4.3 활동 은하 중심핵

은하 안에는 은하 중심핵(단순히 은하핵이라고 하는 경우도 있음)이라고 하는 은하 중심부의 매우 좁은 영역에서 은하 전체를 능가하는 에너지를 복사하고 있는 곳이 있다. 게다가 그 복사는 가시광선에 머무르지 않고 적외선에서 전파와 같은 저에너지 영역, 자외선에서 X선, 경우에 따라서는 감마선에 이르는 고에너지 영역까지 상당히 넓은 파장 영역에 걸친다. 이러한 격렬한 활동성을 보이는 은하 중심부 영역은 활동 은하 중심핵(Active Galactic Nuclei, AGN) 또는 활동 은하핵이라고 하며, AGN이 일으키는 여러 가지 활동 현상을 AGN 현상이라 한다.

AGN은 그 이름 그대로 통상은 은하핵 부분만의 활동성을 말한다. AGN을 가진 은하 본체를 AGN의 모은하母銀河 또는 포스트 은하라고 한다. AGN에는 여러 가지 타입이 있지만, 기본적으로 은하핵에 존재하는 거대 블랙홀에서 유래한 활동성으로 이해되고 있다. 아직 AGN을 통일적으로 설명할 수 있는 모델은 없지만, 통일 모델에 거의 다다른 것은 확실하다. 이 절에서는 우선 여러 가지 타입의 AGN을 소개한 후 AGN의 현저한 특징 중 하나인 전파 제트와 함께 AGN의 통일 모델 현상을 설명하겠다.

4.3.1 시퍼트은하

AGN을 가진 은하 중 하나가 시퍼트은하인데, 1943년 시퍼트C. Seyfert가 밝은 핵을 가진 통상의 은하와는 밝기가 확실히 다른 가시 스펙트럼을 보이는 은하로서 발견하였다. 특징적인 점은 가시광선에서부터 자외선 영역에 걸친 푸른 연속광스펙트럼과 전리 가스(플라스마)에서 발생한 여러 가지 원자 · 이온의 휘선 스펙트럼을 볼 수 있다는 것이다. 시퍼트은하는 소용

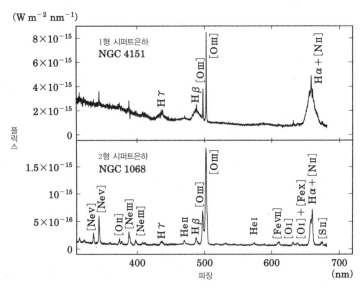

그림 4.5 1형 시퍼트은하 NGC 4151(위)과 2형 시퍼트은하 NGC 1068(아래)의 가시광선 스펙트럼(허블 우주망원경의 아카이브 데이터로 작성).

돌이은하, 특히 Sa나 Sb의 조기형 소용돌이은하인 경우가 많지만 S0은하나 타원은하도 존재한다.

시퍼트은하의 전리 가스 휘선 스펙트럼을 자세히 살펴보면 반치폭이 수천$km s^{-1}$, 때로는 1만$km s^{-1}$을 초과하는 상당히 폭넓은 휘선을 볼 수 있는 것과 수백$km s^{-1}$폭의 휘선밖에 볼 수 없는 것이 있다. 1974년 카치키안E. Khachikian과 위드먼D. Weedman은 전자를 1형 시퍼트은하, 후자를 2형 시퍼트은하로 분류했다.

1형 시퍼트은하에서 폭이 넓게 관측된 휘선은 가시광선에서의 허용선(칼럼 참조)인 수소 재결합선이나 헬륨의 재결합선이다. 특히 수소의 발머계열 휘선인 $H\alpha$ $\lambda656.3\,nm$와 $H\beta$ $\lambda486.1\,nm$가 두드러진다. 자외선 영역에서는 $Ly\alpha$ $\lambda121.6\,nm$ 등의 라이먼계열 수소 재결합선이나 전리 헬륨 재결합선 HeII $\lambda164.0\,nm$가 관측된다. 그리고 중원소 이온의 휘선으로 Nv,

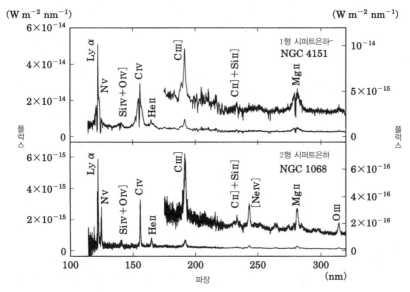

그림 4.6 1형 시퍼트은하 NGC 4151(위)과 2형 시퍼트은하 NGC 1068(아래)의 자외선 스펙트럼. 190~320 nm의 범위는 광대한 스펙트럼을 겹쳐 표시하고 있다(오른쪽의 세로축 참조)(허블우주망원경과 국제 자외선 위성의 아카이브 데이터로 작성).

C ⅳ, C ⅲ], Mg ⅱ 등의 허용선이나 반금지선(칼럼 참조)을 볼 수 있다. 이러한 가시광선·자외선 영역에서 볼 수 있는 허용선이나 반금지선은 1형 시퍼트은하에서는 폭이 넓은 데 반해 2형에서는 폭이 좁은 휘선으로 관측된다.

한편 중원소 이온의 금지선(칼럼 참조)은 1형과 2형 어느 쪽에서든 폭이 좁은 휘선으로만 관측된다. 가시 영역에서 자주 관측되는 금지선으로는 [O ⅱ] $\lambda\lambda$372.6, 372.9 nm, [O ⅲ] $\lambda\lambda$495.9, 500.7 nm, [N ⅱ] $\lambda\lambda$654.8, 658.3 nm, [N ⅱ] $\lambda\lambda$671.7, 673.1 nm 등이 있다. 그리고 중성 중원소 휘선인 [O ⅰ]이나 [N ⅰ]가 보임과 동시에 전리도가 상당히 높은 [Ne ⅴ], [Fe ⅵ], [Fe ⅹ] 등의 휘선도 관측된다.

1형과 2형의 구별은 폭이 넓은 허용선의 유무 분류가 일반적이다. 다만 허용선의 휘선 스펙트럼을 잘 살펴보면 폭이 넓은 성분과 좁은 성분이 동시에 존재한다. 이러한 시퍼트은하를 특별히 구별해서 1.5형이라고 하는 경우가 있는데, 폭이 넓은 허용선이 보이기 때문에 1형의 일종이다. 또한 폭이 넓은 성분의 강도에서 시간 변화를 종종 볼 수 있다. 이러한 변화가 큰 경우에는 1형이었던 시퍼트은하의 폭이 넓은 성분이 드물게 소실하여 거의 2형의 스펙트럼을 보이는 것 같은 변화를 보여주는 천체도 존재한다.

보다 긴 파장의 근적외선, 원적외선, 서브밀리미터파, 전파 영역에서도 원자나 이온의 휘선을 볼 수 있는데, 파장이 길어질수록 분자에서 복사되는 휘선이 눈에 띈다. 근적외선에는 수소 분자 H_2의 회전 진동 전이 휘선이 존재하고, 전파 영역에서는 일산화탄소 분자 CO의 회전 전이 휘선이 관측된다. H_2O나 OH의 메이저선도 전파 영역에서 볼 수 있다. 고에너지 영역에서는 이온의 특성 X선이 연X선이나 경X선 영역에 존재하며, 특히 6.4 keV의 Fe-Kα선이 자주 강하게 관측된다(제8권 2장). 이렇게 시퍼트은하의 스펙트럼에서는 분자, 중성 원자에서 고전리 이온까지 여러 가지 휘선을 넓은 파장 영역에 걸쳐 볼 수 있는 특징이 있다.

1형 시퍼트은하의 중심핵 연속광은 가시광선·자외선에서 X선 영역에까지 걸쳐 있어, 주로 별의 복사가 연속광을 담당하는 보통의 은하와 비교해서 매우 푸르다. 그리고 이 연속광은 수일에서 수개월 동안 그 밝기에 변화를 보이는 경우가 많다. 이 변화에는 특징적인 주기 없이 작은 변동을 빈번하게 볼 수 있는데 반해 큰 변동은 드물게 일어나는 요동의 성질을 가지고 있다. 또한 이 푸른 연속광에서는 편광된 성분이 관측되어 편광도가 높은 것이 2~3%가 된다. 1형 시퍼트은하의 중심핵은 근적외선에서 원적외선 영역에서도 강한 복사를 하고 있는데, 서브밀리미터파 영역에서 전파 영역까지는 강도가 급격히 약해져서 전파 복사가 약하다.

1형 시퍼트은하의 중심핵 연속광의 광도는 $10^{35} \sim 10^{37}$ W이며, 밝은 것에서는 은하 전체의 광도에 필적하는 에너지를 중심핵에서 복사하고 있다. 중심핵에서 복사되는 강한 자외선·X선은 주위의 가스를 전리하고, 이 광전리된 가스 영역에서 앞서 본 여러 가지 이온의 휘선이 방출된다. 2형에서는 1형과 같은 푸른 연속광이 약하여 모은하의 별 성분에 섞여 버린다. 그러나 휘선 광도로 비교하면 1형과 2형에 큰 차이는 없기 때문에 2형도 1형과 마찬가지로 큰 에너지를 방출하고 있다고 생각하는 것이 타당하다.

 칼럼 허용선과 금지선

HⅡ영역이나 행성 모양 성운, 활동 은하핵 등 전리 가스 영역에서 볼 수 있는 각양각색의 스펙트럼선을 나타내기 위해 원소 기호의 뒤에 로마 숫자로 전리도를 표시한 이온 기호가 이용된다. 1.2절에서도 서술했듯이 전리도는 ⅰ가 중성이며, ⅱ, ⅲ, ⅳ, …가 각각 1계 전리, 2계 전리, 3계 전리, … 를 나타낸다. 파장을 지정하는 경우에는 이온 기호의 뒤에 파장을 의미하는 λ에 연결해서 파장을 쓴다. 파장의 단위가 지정되지 않은 경우에 습관적으로 Å이 생략되어 있다. 예를 들어 HeⅠλ587.6 nm나 HeⅡλ4,686 nm(Å을 생략)로 나타낸다. 수소 원자의 경우는 주양자수 $n=1$과 $n=2, 3, 4, …$의 준위 간의 전이에 따른 스펙트럼선을 각각 Lyα, Lyβ, Lyγ, … (라이먼계열), $n=2$와 $n=3, 4, 5, …$의 준위 간에는 각각 Hα, Hβ, Hγ, … (발머계열)과 같은 특별한 명칭으로 부른다. 라이먼계열은 자외선 영역에서, 발머계열은 가시광선 영역에서 나타나는 스펙트럼선이다. 그리고 보다 고준위 간의 전이계열로 파셴Paschen계열, 브래킷Brackett계열, 푼트Pfund계열이 근적외선에서부터 중간적외선 영역에 존재한다.

에너지 준위 간의 전이에는 일정한 규칙, 선택률(선택 법칙)이 있는데, 전이에 따른 복사 과정과 관계가 있다. 예를 들어 전기쌍극자 복사에 대한 선택률은 전이 전후에서의 양자수 변화에 대하여 다음의 조건을 만족시켜야 한다.

(1) $\Delta l = \pm 1$ (l은 전이전자의 궤도 각운동량 양자수)

(2) $\Delta m = 0, \pm 1$ (m은 전이전자의 자기 양자수)

(3) $\Delta J = 0$, ± 1(단, $J=0$에서 $J=0$의 전이는 제외한다. J는 합성 전숓각운동량 양자수)

또한 다전자계의 스핀-궤도 상호작용이 엄밀하게 LS결합(러셀-손더스 결합Russell-Saunders coupling)을 따른다면 다음을 만족시킬 필요가 있다.

(4) $\Delta L = 0$, ± 1(L은 합성궤도 각운동량 양자수)

(5) $\Delta S = 0$(S는 합성 스핀 양자수)

이 선택률을 만족시키는 준위 간의 전이로 전기쌍극자 복사된 휘선을 허용선이라고 한다. 주요 허용선의 자연전이 확률은 $10^5 \sim 10^8 \, s^{-1}$이다.

전기쌍극자 복사로 전이가 금지된 준위 간에도 자기쌍극자 복사나 전기 4중극자 복사에 의한 전이가 가능하다. 이러한 복사에 대해서도 각각 다른 선택률이 존재하는데, 전기쌍극자 복사가 금지되어 있기 때문에 금지선 forbidden line이라고 한다. 금지선의 자연전이 확률은 허용선에 비해 작아 $10^{-4} \sim 10^{-2} \, s^{-1}$ 정도에 불과하다. 그러나 저밀도의 환경에 있는 성간가스에서 금지선은 가스 냉각에 크게 기여하는 스펙트럼선이며, 전리 가스 운의 에너지 수지에서 중요한 역할을 하고 있다(제6권 4장 및 제15권 4장 참조). 금지선을 허용선과 구별해서 나타내기 위해 이온 기호를 [ ]로 싸는데, 예를 들어 [OIII]$\lambda 500.7 \, nm$와 같이 나타낸다. 다중항을 가진 준위 간의 전이의 경우는 조금 다른 파장에 여러 스펙트럼선이 존재한다. 이럴 때에 한데 모아 [OIII]$\lambda\lambda 495.9$, $500.7 \, nm$와 같이 여러 파장을 열거해서 나타내는 경우가 있다.

허용선과 금지선의 중간적인 전이 확률로 복사되는 반¤금지선이라는 스펙트럼선도 존재한다. 반금지선은 전기쌍극자 복사인데, $\Delta S = \pm 1$의 변화를 따르는 전이에 의한 것이며, LS 결합의 토대에서 전기쌍극자 복사에 대한 선택률을 만족시키지 않고 있다. 실제 다전자 원자는 LS 결합을 엄밀하게 따르지 않고 있기 때문에 LS 결합은 근사에 불과하다. 반금지선의 전이 확률은 $10^2 \sim 10^3 \, s^{-1}$의 크기로 되어 있다. 반금지선의 경우는 이온 기호의 뒤에]를 붙여 [OIII]$\lambda\lambda 190.7$, $190.9 \, nm$와 같이 나타낸다.

4.3.2 전파은하

전파가 약한 시퍼트은하에 전파를 강하게 복사하고 있는 AGN이 전파은하이다. 같은 정도의 가시광선 광도를 가진 시퍼트은하에 비해 전파은하는 100배에서 1,000배 강한 전파를 복사하고 있다. 그러나 전파 강도 이외의 스펙트럼의 특징은 거의 시퍼트은하와 같다. 적외선에서부터 가시광선, 자외선, X선으로 넓은 파장 영역에 걸쳐 연속광을 복사하고 있고, 휘선 스펙트럼은 재결합선의 폭에서 시퍼트은하와 마찬가지로 1형과 2형으로 구분할 수 있다. 1형 전파은하를 광휘선 전파은하, 그리고 2형 전파은하를 협휘선 전파은하라고 한다. 시퍼트은하의 특징과 크게 다른 점은 전파은하의 대부분이 타원은하라는 것이다. 그리고 전파은하의 특징은 가시광선에서 보는 은하 본체의 스케일을 훨씬 초과하는 크기를 가진 전파 제트나 전파 로브라고 하는 구조를 갖는다는 것이다. 또한 중심핵에 대응한 코어라는 점 모양의 전파 구조도 있다. 이러한 구조에 대해서는 4.4절에서 상세하게 설명할 것이다.

4.3.3 퀘이사

시퍼트은하나 전파은하보다 더욱 밝은 AGN이 퀘이사이다. 퀘이사는 원래 전파원으로 발견되었다. 당시의 전파관측에서는 위치 결정 정도가 낮아 전파원의 대응 천체 결정은 어려운 작업이었다. 1962년 해저드C. Hazard는 그러한 미분류 전파원 중 하나인 3C 273에 대해 달의 엄폐occultation를 이용해서 13등의 별과 같이 보이는 천체가 전파원이라고 분류했다. 같은 해 슈미트M. Schmidt는 이 3C 273의 가시광선 분광 관측을 실시하여 폭이 넓은 수소의 발머계열의 휘선이 존재하고 보통의 별과는 다른 스펙트럼을 발견했다. 놀랍게도 휘선의 관측 파장은 긴 파장 쪽으로 이동하고 있고, 적색편이(5.1절 참조)에서 $z=0.158$이라는 큰 값을 보였다. 명백하게 은하계 안의 별이 아닌 은하계외 천체였다. 구해진 적색편이에 허블법칙을 적용하여 어림잡은 광도 거리(5.1절 참조)를 사용해서 절대등급을 구하면 −27

등에 해당하였다. 가장 밝은 은하에서도 은하 전체의 광도는 절대등급 −23등 정도이다. 3C 273은 중심핵이 매우 밝기 때문에 모은하가 보이지 않아 거의 점광원의 별같이 보였다.

그 후 이러한 전파원 대응 천체는 계속 발견되었다. 이러한 천체는 공간 분해가 불가능한 항성 모양으로 보이는 전파천체라는 의미의 Quasi-Stellar Radio Source를 간략하게 퀘이사quasar라고 부르게 되었다. 퀘이사는 전파원으로 발견되었지만, 가시광선·자외선의 탐사로 전파를 강하게 복사하지 않는 퀘이사가 그 후 다수 발견되었다. 전파가 약한 퀘이사는 Quasi-Stellar Object(QSO)라고 불렀는데, 현재는 전파 강도에 관계없이 모두 퀘이사라고 하며, 구별이 필요한 경우에는 전파가 강한 퀘이사 또는 전파가 약한 퀘이사라고 부르는 것이 일반적이다. 퀘이사 중 전파가 약한 퀘이사가 약 90%로 대부분을 차지하고 있다.

퀘이사의 스펙트럼은 1형 시퍼트은하 또는 광휘선 전파은하와 매우 비슷한데, 중심핵이 매우 밝아 모은하가 보이지 않는 차이만 있을 뿐이다. 그러나 관측기술의 진보로 고공간 분해능 촬영관측이 가능해져서 퀘이사의 모은하 검출이 가능해졌다. 특히 1990년대에 들어서면서부터 허블우주망원경의 활약으로 많은 퀘이사의 모은하 관측이 가능해지자 퀘이사가 소용돌이은하나 타원은하의 중심부에 존재하고 시퍼트은하나 전파은하와 색다르지 않음이 확실해졌다. 따라서 중심핵만 보인다는 것 자체가 퀘이사의 성질을 나타내는 본질적인 의미는 아니다. 1983년에 슈미트와 그린 R.F. Green은 모은하가 보이는 것과 관계없이 중심핵의 B밴드 절대등급이 −23등(B밴드 광도로 약 10^{37} W)보다 밝은 것을 퀘이사로 분류하도록 제안했다(다만 이 정의도 엄밀하게 적용되는 것은 아니기 때문에 주의가 필요하다). 전파의 강약에 관계없이 대부분의 퀘이사가 1형이다. 즉 대다수의 스펙트럼 안에서 폭이 넓은 휘선을 볼 수 있다. 시퍼트은하에서는 휘선 광도가 클수록 1형이 2형보다 많은 경향이고, 광도가 큰 퀘이사에서는 이 경향이 더욱 분명해진다.

퀘이사는 광도가 크기 때문에 먼 우주에 있어도 발견할 수 있어 여러 가지 탐사가 이루어져 왔다. 특히 가시광선 촬영 분광탐사인 슬론 디지털 스카이 서베이(Sloan Digital Sky Survey, SDSS)에서 적색편이 z가 6을 초과하는 퀘이사가 발견되고 있다. 이러한 탐사에서 발견한 다수의 퀘이사들은[15] 가까운 곳에서 가장 먼 곳까지 광도함수를 조사하여 퀘이사의 진화를 탐색하거나 강대한 퀘이사의 자외선을 배경으로 해서 그 앞에 있는 물질을 스펙트럼 안의 흡수선에서 찾아내기 위한 수단으로 이용할 수 있다.

퀘이사까지의 시선 상에 은하가 존재하면, 은하 안의 수소나 중원소에 의해 퀘이사의 연속광이 흡수되어 그 은하의 적색편이에 대응한 파장에서 흡수선이 발생한다. 이 흡수선에 의지하여 고적색편이의 은하를 발견할 수 있다. 또한 은하 간 공간에 중성 가스가 고르게 존재한다면 퀘이사의 연속 스펙트럼 상에 중성 수소의 $Ly\alpha$ 흡수가 연속적으로 발생한다. 따라서 퀘이사 자체가 발하는 $Ly\alpha$ 휘선의 짧은 파장 측과 긴 파장 측의 연속광 강도를 비교하여 은하 간 공간에 존재하는 중성 수소의 양을 어림잡을 수 있다. 이렇게 해서 은하 간 공간의 전리 상태를 조사하는 방법을 건−피터슨Gunn-Peterson 검정이라고 하고, 우주의 전리 상태 진화의 연구에 퀘이사가 이용되고 있다(제3권 참조).

퀘이사도 시퍼트은하와 마찬가지로 그 연속광은 변광 및 편광을 보이는 경우가 많다. 다만 변광이 보이는 타임 스케일은 시퍼트은하에 비해 길다. 적색편이 z가 큰 이유는 시간 변화가 $(1+z)$배로 확대되어 관측된 효과가

---

15 2007년에 발표된 SDSS의 퀘이사 카탈로그에는 77,429개가 수록되어 있다. 2007년 8월 시점에서 발견한 가장 먼 곳의 퀘이사는 적색편이 $z=6.42$이다.

더해지지만, 그것을 보정해도 수개월에서 수년이 걸리고 광도가 클수록 변광의 타임 스케일이 긴 경향이 있기 때문이다. 예외적으로 도마뱀자리 BL형 천체라고 하는 퀘이사 일종에서는 1일 이하의 짧은 타임 스케일에서 큰 연속광의 변광이 일어난다. 게다가 도마뱀자리 BL형 천체의 연속광에서는 편광도 수%의 강한 직선 편광 성분이 검출되어 20%를 초과하는 경우도 있다. 연속광 스펙트럼 분포가 적외선에서 X선에 걸친 폭넓은 영역에서 거듭제곱법칙과 잘 일치하고 싱크로트론 복사의 특징이 강하게 나타나고 있다. 또한 스펙트럼 안에 휘선이 거의 보이지 않는 점이 통상의 퀘이사와 크게 다르다.

도마뱀자리 BL형 천체와 아주 비슷한 천체로서 격렬한 변광을 보이는 가시격변광 퀘이사(optically violent variable quasar, OVV quasar)나 연속광의 편광이 강한 고편광 퀘이사가 있는데, 이것들은 스펙트럼 안에서 휘선이 보인다. 도마뱀자리 BL형 천체, 가시격변광 퀘이사 및 고편광 퀘이사를 한데 모아 블라자Blazar라고 한다[16].

4.3.4 라이너

퀘이사와는 반대로 중심핵의 광도가 낮고 모은하에 묻혀버린 AGN이 존재한다. 이러한 저광도 AGN은 1980년에 인식되었다. 헤크먼T.M. Heckman은 [NII]λ658.3nm나 [OI]λ630.0nm와 같은 전리도가 낮은 휘선이 통상의 별 생성 은하에 비해 강하기는 하지만 [OIII]λ500.7nm 등 전리도가 높은 휘선은 시퍼트은하에 비해 약한 스펙트럼을 보이는 은하에 주목했다. 휘선의 폭은 수백km s^{-1} 이상이며, 시퍼트은하와 같은 AGN의 특징을 보인다. 헤크먼은 이러한 은하를 저전리 중심핵 휘선 영역의 두문자를

| **16** 이 명칭은 단순히 쉽게 부르기 위해 이름 붙여진 것이며, 물리적 뜻은 없다.

따서 라이너(Low-Ionization Nuclear Emission-line Regions, LINER)라고 이름을 붙였다.

호.L.C. Ho의 분광탐사로 근방 은하의 20~30%가 라이너임을 알았다. 라이너의 대부분은 시퍼트은하에 비해 저광도 AGN이지만, 휘선 스펙트럼의 특징으로 분류되기 때문에 광도가 큰 것도 존재한다. 반대로 시퍼트은하에서도 저광도인 라이너가 다수 발견되고 있다.

4.3.5 AGN의 스펙트럼 에너지 분포

1형 시퍼트은하나 퀘이사의 연속광 스펙트럼은 보통의 은하보다 짧은 파장이 긴 파장에 비해 강한 '푸른' 연속광을 보인다. 이 연속광은 복사 강도밀도(f_ν)가 주파수(ν)의 제곱에 비례하는 파워 로 함수(power law function, 거듭제곱법칙), 즉 $f_\nu \propto \nu^a$로 근사하게 나타낼 수 있다. 제곱지수인 a를 스펙트럼 인덱스라고 하고, a가 클수록 보다 고주파에서 플럭스가 큰데 이러한 연속 스펙트럼은 '푸른', '평평한', '딱딱한' 등으로 표현된다. 한편 a가 작은 스펙트럼은 '붉은', '가파른', '부드러운' 등으로 표현된다. 근적외선에서 X선에 걸쳐 a는 평균적으로 거의 −1이다. 즉 νf_ν가 거의 일정하고 넓은 파장 영역에 걸쳐 복사에너지가 변하지 않는 연속 스펙트럼이 되고 있다.

보다 상세하게 살펴보면 근적외선에서 가시광선 그리고 자외선 영역에 걸쳐서는 가 −0.3에서 −0.7로 νf_ν가 증가하는 스펙트럼이 되고 있다. 그리고 에너지가 높은 연X선 영역에서는 감소로 변하고 관측 불가능한 극단 자외선 영역에서 피크가 있는 스펙트럼 에너지 분포를 보인다. 이 자외선 영역의 부풀림을 빅 블루 범프라고 한다. 고에너지 영역에서는 ν와 f_ν 대신에 각각 에너지($E \equiv h\nu$)와 검출 광자수($N \propto f_\nu/E$)를 이용하는 경우가 많아 거듭제곱법칙은 $N \propto E^{-\Gamma}$로 표현된다. 여기에서 $\Gamma(=1-a)$를 광자 인덱스라고 한다. 0.1~2keV의 연X선 영역에서는 고에너지 쪽을 향해서 Γ가 2에서 3으로 복사에너지가 떨어진다. 그중에는 연X선에서의 기울기가 상당히 가파르고, 경X선에 비해 연X선을 강하게 내고 있는 연X선 초과를 보이는 천체도 존재한다. 2keV를 초과하는 경X선 영역에서는 Γ가 약 1.9가 되고, νf_ν에서 조금 증가하는 스펙트럼에서 고에너지 쪽으로 늘어나 150keV에서 200keV 부근의 컷 오프로 복사가 소실된다.

긴 파장 쪽에서는 근적외선에서 극소가 된 후 원적외선을 향해 다시 증가하여 수십μm에서부터 100μm 부근에서 피크가 된다. 이 원적외선의 복사는 중심핵광으로 따뜻해진 먼지의 열복사라고 할 수 있다. 시퍼트은하나 전파가 약한 퀘이사에서는 이 피크의 긴 파장 쪽에 해당하는 서브밀리미터파 영역에서 급격하게 복사에너지가 떨어지는데, 전파은하나 전파가 강한 퀘이사에서는 이 감소가 다시 한 번 완만해져서 전파 영역까지 전자파를 강하게 복사하고 있다. 전파가 강한 퀘이사에서는 수GHz의 주파수대에서 α가 −0.5보다 작은 천체가 많다. 이것들을 가파른 스펙트럼 퀘이사라고 하고, 그 전파 복사는 로브 기원(4.4절 참조)이다. 드물게 α가 −0.5보다 평평한 스펙트럼을 가진 천체가 있고, 이것을 평평한 스펙트럼 퀘이사라고 한다. 이것들은 코어의 복사가 탁월한 블라자이다.

2형 시퍼트은하의 가시광선·자외선 스펙트럼은 중심핵 영역의 관측만 실시해도 모은하의 영향이 커서 1형에 비해 푸른 연속광 성분이 매우 약하다. 2형의 X선 스펙트럼은 경X선 영역에서는 1형의 거듭제곱법칙에 가까운 스펙트럼을 보이지만, 에너지가 낮은 연X선 영역에 가까워짐에 따라 플럭스가 급격하게 감소한다. 이 2형의 X선 스펙트럼에는 1형의 X선 스펙트럼이 바로 앞에 있는 가스로 인해 흡수되고 있다는 설명이 붙는다. 2형 시퍼트은하에서는 수소의 주밀도柱密度 $10^{23}\,cm^{-2}$ 상당의 가스로 인해 흡수되고 있다고 어림잡고 있다.

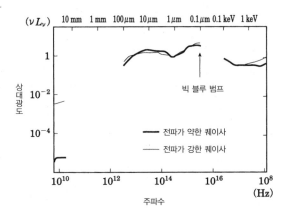

그림 4.7 전파가 강한 퀘이사와 전파가 약한 퀘이사의 스펙트럼 에너지 분포(Elvis *et al.*, 1994, *ApJS*, 95, 1의 그림을 수정).

이렇게 2형 AGN에는 시선 상에 어떠한 흡수체가 존재하고 있다는 것이 명백하여 흡수의 영향을 받기 쉬운 가시광선·자외선 영역에서는 광도가 크지 않다. 대부분의 퀘이사가 1형인 것은 가시광선·자외선의 탐사에서 먼 곳의 2형 AGN의 발견이 어렵기 때문이다. 실제로 퀘이사 광도에 필적하는 원적외선을 복사하는 초광도 원적외선 은하(4.1.3절 참조)가 존재하는데, 그중에는 AGN의 활동성을 보이는 것도 다수 발견되고 있다. 또한 X선 탐사로 퀘이사라고 부를 수 있는 X선 광도가 발견되고 있다. 이것들 중에는 폭이 좁은 휘선만 볼 수 있는 천체가 있는데 이를 2형 퀘이사라고 할 수 있다.

4.4 전파 제트와 전파 로브

전파은하에서 코어, 제트 및 로브라고 하는 구조를 볼 수 있다. 가시광선이나 자외선에서 밝은 AGN 중심부는 전파에서 코어라고 하는 거의 점 모양의 전파원으로 보인다. 이 코어를 근원으로 해서 직선 모양의 구조가 수십kpc에서 때로는 수Mpc에도 뻗어 있다. 이것은 전파 제트라고 하며, 전파은하의 AGN에서 거의 광속도로 쌍극적으로 방출되는 플라스마[17]의 분류이다. 특히 전파에서 밝게 보이기 때문에 이렇게 부르는데 실제로는 가시광선, X선이나 감마선 등 고에너지의 복사도 검출되고 있다. 전파 제트의 앞에는 플라스마 흐름이 은하 간 가스로 막혀 풍선 모양처럼 부풀어 오른 전파 로브라고 하는 구조가 존재하고 있다.

그림 4.8은 여러 가지 스케일로 본 전파은하 백조자리 A의 영상을 조합한 것이다. 전체상은 (a)에 나타나 있듯이 100kpc에 걸쳐 펼쳐진 두 개의 안구(눈알) 구조가 특징적인데 이것을 로브라고 한다. 그 두 개의 로브를 연결하는 줄무늬 모양 부분의 확대가 (b)이고 이 가늘고 긴 줄무늬가 바로 제트이다. 두 개의 제트 중간에 위치하는 점 모양 전파원이 코어이며, 양쪽의 제트는 이곳을 근원으로 분출하고 있다. 전파 제트의 다른 예로 화보 7도 참조하기 바란다.

많은 전파은하에서는 코어를 중심으로 두 개의 밝은 로브가 대칭적으로 존재하고 있는데, 로브의 형상에 따라 두 가지 타입으로 분류한다. 로브의 밑동 부분인 코어와 접속하는 부근에서 밝고 바깥쪽을 향할수록 어두워지는 FR I형 및 로브의 바깥쪽 가장자리가 밝고, 그 가장자리에서 핫스폿이라고 하는 밝게 빛나는 점을 볼 수 있는 FR II형이 있다[18]. FR I형과 FR II형에서는 전파 강도가 계통적으로 달라, 178MHz에서의 강도에 대하여 2×10^{25} W Hz^{-1}을 경계로 FR I형은 어둡고 FR II형은 밝다. 또한 전파은하와는 달리 드물게 로브보다 코어로부터의 복사가 매우 강한 전파 천

---

17 전자와 양성자로 이루어진 보통의 플라스마가 아니라 전자와 양전자로 이루어진 페어플라스마를 시사하고 있다.
18 FR이란 이 분류를 실시한 연구자 파나로프B.L. Fanaroff와 라일리J.M. Riley의 이름에서 따와 붙인 것이다.

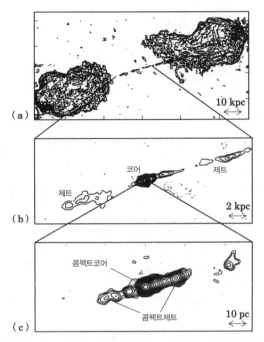

그림 4.8 전파은하 백조자리 A의 전파 제트와 전파 로브. (a)와 비교해서 (c)에서는 해상도를 1,000 배 높게 했다(Carilli & Barthel 1996, *A&AR*, 7, 1의 그림을 수정).

체가 존재한다. 이것들은 코어 탁월형 전파원이라고 하며 한 방향으로 뻗은 제트가 관측된다. 전파 스펙트럼에서는 평평한 스펙트럼 전파원으로 분류되고, 가시에서의 특징으로 가시격변광 천체나 도마뱀자리 BL형 천체로 분류한다.

로브에서 복사되는 대량의 에너지는 모두 제트에 의해 코어에서 때때로 ~1Mpc의 스케일에 걸쳐 운반되는 것도 있어, 제트는 AGN의 에너지 대동맥이라고 할 수 있다. 그림 4.8 (c)는 해상도를 단숨에 100배 이상 향상시킨 VLBI(칼럼 참조)라는 방법을 이용해서 코어 영역을 클로즈업해 본 것인데, 지금까지 보였던 코어가 더욱 콤팩트한 제트와 코어로 분해되어 마치 크기 순서대로 포개 놓은 것 같은 양상을 보이고 있다. 이 콤팩트한 제트의 방향은 보다 큰 스케일의 제트와 같은 방향이다. 이러한 방향성의 유지와 강한 추출 메커니즘에 자기장이 관련되어 있다. 한편 콤팩트한 코어의 중심부에 존재하는 태양의 100만 배에서 10억 배의 질량을 가진 거

 전파간섭계의 원리와 VLBI

　망원경의 해상도는 $\theta \sim \lambda/d$ 로 표현할 수 있다(λ는 관측 파장, d는 망원경의 구경). 전파는 가시광선에 비해 파장이 약 1만 배나 길기 때문에 가시광과 같은 해상도를 얻으려면 광학망원경보다 구경을 1만 배 크게 해야 하는데 그런 망원경은 만들 수 없다. 그런데 전파망원경의 경우는 천체의 전자파를 파로 수신하기가 쉽기 때문에 '간섭계'라는 방식의 망원경을 만들 수 있다. 즉 거리 D만큼 떨어진 두 개의 전파망원경으로 같은 천체를 동시에 관측하여 얻은 천체 전파를 간섭시켜 구경이 D에 상당하는 망원경으로 관측한 것과 같은 해상도를 얻을 수 있다(즉 $\theta \sim \lambda/D$). 이 기술을 개발한 라일 M. Ryle은 1974년 노벨 물리학상을 수상했다.

　D를 매우 크게 하기 위해 전파망원경군을 대륙 간에 걸쳐 몇 천 km나 거리를 두고 배치하여 초고해상도를 얻으려고 하는 것이 VLBIVery Long Baseline Interferometry이다. VLBI를 이용하면 가시광선의 구경 10m급의 망원경보다 100배나 높은 해상도를 얻을 수 있다. 이에 따라 현재는 전파망원경이 모든 전자파 망원경 중에서 가장 해상도가 높은 관측이 가능한 망원경이 되었다.

　이 VLBI의 최대는 스페이스 VLBI이다. 1997년에는 우주과학연구소, 국립천문대 등에서 하루카 위성과 지구와의 망원경으로 VLBI를 실시하여 구경 3만 km에 상당하는 간섭계 시스템을 실현하는 VSOPVLBI Space Observatory Program가 성공하여 제트 근원의 상세한 물결 구조와 제트를 따라 늘어선 자기장의 모습 등을 밝혀냈다. 그리고 2007년 VSOP보다 한 자릿수 높은 고해상도를 목표로 한 차기 계획 VSOP-2ASTRO-G가 시작되었다. 고해상도를 활용하여 제트의 근원에 보다 더 다가서고 있어 그 발생 메커니즘 해명에 도전하는 즐거움은 끝이 없다.

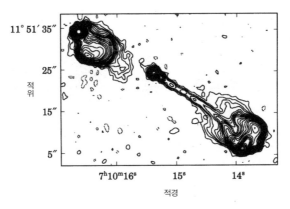

그림 4.9 퀘이사 3C 175의 전파 영상(Bridle *et al.*, 1994, *AJ*, 108, 766).

대 블랙홀이 제트나 AGN 활동성의 에너지의 근원이라고 할 수 있지만, 그 상세한 구조나 물리 매개변수는 아직 충분히 이해되지 않고 있다.

제트의 속도가 광속도의 수십%, 때로는 99% 이상에 달하고 있는 점이 매우 흥미롭다. 이것은 아인슈타인의 특수상대성이론의 영향이 강하게 작용하고 있음을 뜻한다. 이를 나타내는 대표적인 관측 증거를 들어보자. 퀘이사 3C 175(그림 4.9)의 전파 영상을 보면 코어에서 제트가 한 방향으로만 뻗어 있는 것처럼 보이지만, 로브가 양쪽에서 보이기 때문에 본질적으로 제트는 두 방향에서 나오고 있다. 이것은 상대론적 비밍(제8권 3장)이라는 효과로 인해 제트의 복사 진행 방향으로 매우 강하게 집중한 결과 우리에게 가까운 제트는 정지 시에 몇 천 배나 밝게 보이지만, 반대로 멀어지는 제트는 몇천 분의 일로 어두워지는데 이는 검출 한계를 밑돌기 때문이라고 볼 수 있다. 이 차이는 제트의 속도가 광속에 가까울수록, 그리고 우리 쪽으로 향하고 있을수록 보다 현저해진다.

또한 제트 안의 노트(knot, 덩어리)가 움직여 나아가는 모습을 통해 구한 이동속도가 광속을 초과하듯이 관측되는 현상도 특수상대론의 기본 원리

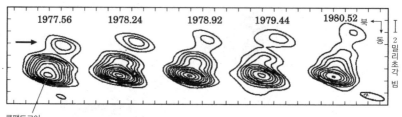

그림 4.10 VLBI로 측정된 퀘이사 3C 273의 제트 운동. 그림 안의 화살표로 표시된 노트가 시간이 지남에 따라 서서히 콤팩트 코어에서 멀어져 가는 모습을 볼 수 있다. 2밀리초각은 3C 273에서는 약 6pc에 상당한다(1밀리초각은 약 200 km 앞의 1 mm를 내다보는 각도)(Pearson *et al.*, 1981, *Nature*, 290, 365의 그림을 수정).

에서 도출된다. 그림 4.10은 퀘이사 3C 273 제트 속 노트의 고유운동을 나타내고 있다. 그림 안의 화살표로 표시된 노트는 겉보기 광속의 10배로 이동하고 있다. 이것을 초광속 운동이라고 하며 상대론적 비밍과 마찬가지로 제트의 속도가 광속에 가까우면서 제트의 방향이 우리와 정면 가까이로 향하고 있을 때 일어난다(자세한 내용은 제8권 3장 참조).

그리고 AGN의 가시광선, X선이나 감마선 등에서 수일 이하의 대단히 짧은 시간 척도time scale의 변광이 관측되는 경우가 있다. 그림 4.11은 은하銀河위성으로 관측한 퀘이사 3C 279의 X선 제트의 광도곡선이다. 불과 45분 만에 X선이 20% 증광하고 있다. 이러한 단시간에 이만큼의 증광 발생은 블랙홀 주변의 질량강착이론에 의하면 거의 있을 수 없는 일이다. 이 모순도 X선 복사가 상대론 비밍효과를 받고 있는 제트계에서 보면 X선의 증광은 가장 약한 것으로 설명이 된다.

이러한 상대론적 효과의 결과, 본질적으로 같은 제트라도 관측자가 제트를 보는 각도의 차이에 따라 그 광도나 형상 등이 크게 다르게 관측된다. 제트를 거의 정면에서 보면 비밍효과가 강하게 나타나 도마뱀자리 BL형 천체와 같이 제트만이 매우 밝아 코어 탁월형 전파원으로써 점 모양으

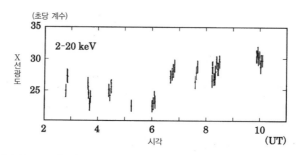

그림 4.11 퀘이사 3C 279의 X선의 강도 변동. 6시(UT)를 지나서부터 급격하게 X선 광도가 상승하고 있다(Makino *et al.*, 1989, *ApJ*, 347, L9의 그림을 수정).

로 보인다. 제트와 시선이 이루는 각도가 커짐에 따라 비밍효과가 서서히 약해져서 전파은하와 같이 제트가 상대적으로 어둡게 관측되고, 반대로 넓게 퍼진 훌륭한 로브 구조가 탁월해진다. 이러한 전파의 성질을 포함해서 AGN의 분류를 설명하려고 하는 통일이론에 대한 이해가 진행되고 있다(4.5절 참조).

　이러한 다이내믹한 현상을 보이는 전파 제트는 어떻게 해서 만들어지고 있는 것인지, 어떻게 광속도 가까이까지 가속되는 것인지에 대해서는 아직 해결되지 않았다. 이러한 물음에 답하기 위해서는 관측면에서 보다 고해상도, 고감도로 제트의 형성 영역을 상세하게 관찰하고, 거대 블랙홀이나 강착원반의 근방으로 다가갈 필요가 있다. 특히 눈부시게 발전한 우주로부터의 X선, 적외선, 자외선 등의 천문위성, 그리고 지상의 대규모 간섭계시스템(예 : Atacama Large Millimeter/submillimeter Array, ALMA)이나 스바루 망원경과 같은 거대장치 등의 힘을 결집하여 모든 주파수대에서의 제휴 관측 수행이 점점 더 중요해질 것이다.

기묘한 형태의 제트들

　　본문에서도 몇 가지 AGN 제트를 소개했는데 그중에는 상당히 불가사의한 형태를 지닌 제트도 볼 수 있다(그림 4.12). 2쌍의 제트가 묶여 있는 것, X형으로 제트를 복사하고 있는 것, 명확하게 제트의 근원이 세차 운동을 하고 있다고 생각되는 것 등 아직까지도 그 기원은 밝혀지지 않았다. 이러한 결과는 거대 블랙홀을 가진 은하끼리의 합체에 의해 2개의 블랙홀을 가진 AGN의 존재의 가능성을 시사하고 있는 것은 아닐까. 어쩌면 그러한 AGN이 우주에서는 보편적인 것일지도 모른다. 제트의 세계는 심오하다.

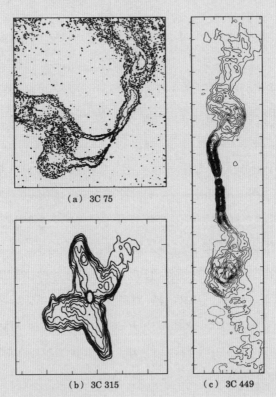

(a) 3C 75

(b) 3C 315　　　　(c) 3C 449

그림 4.12　기묘한 형태를 갖는 제트 천체. 3C 75((a) 2쌍이 얽힌 제트), 3C 315((b) X형의 형상을 갖는 제트), 3C 449((c) 제트의 방향이 세차運動하고 있는 것처럼 보이는 제트)(Owen *et al.*, 1985, *ApJ*, 294, L85, Leahy & Williams 1984, *MNRAS*, 210, 929, Perley *et al.*, 1979, *Nature*, 281, 437).

4.5 활동 은하 중심핵의 통일 모델

4.5.1 전리 가스 영역

이미 서술했듯이 AGN의 스펙트럼에는 강한 자외광에서 전리된 전리 가스 영역에서 방출되는 여러 가지 휘선이 있고, 반치폭half width이 수천 km s^{-1}의 폭넓은 휘선이 관측되는 1형과 폭이 좁은 수백km s^{-1}의 휘선만 관측되는 2형이 있다. 휘선 폭의 원인은 가스의 열운동이 아니라 역학적 운동의 속도를 반영하고 있다. 수소를 휘선 스펙트럼의 반치폭으로 500 km s^{-1}에 상당하는 열운동을 시키기 위해서는 500만K의 온도가 필요[19]한데 반해 휘선 스펙트럼을 설명할 수 있는 전리 가스 의 온도는 기껏 해야 1만K이기 때문이다. 따라서 수천km s^{-1}로 운동하는 폭이 넓은 허용선을 내는 영역과 수백km s^{-1}로 운동하는 폭이 좁은 허용선과 금지선을 내는 물리적으로 다른 2종류의 영역이 존재하게 된다. 전자를 광휘선 영역(Broad-Line Region, BLR), 후자를 협휘선 영역(Narrow-Line Region, NLR)이 라고 한다.

금지선은 자유전자와의 충돌로 여기된 이온이 자연전이에서 기저 상태로 돌아올 때에 복사된다. 따라서 금지선 강도는 충돌 여기의 빈도, 즉 이온밀도와 전자밀도의 곱에 비례한다. 완전 전리 가스에서 전자밀도는 이온밀도에 비례하기 때문에 금지선 강도는 전자밀도의 제곱에 비례한다. 밀도가 높은 환경이 되면 자유전자와의 충돌로 인한 역여기가 활발해져 충돌여기와 충돌 역여기 빈도가 거의 동일해진다. 이 경우 자연 전이수는 이온수에 비례하고, 금지선 강도는 전자밀도의 곱에 비례한다. 이 금지선

---

19 운동 온도와 운동 속도의 관계는 다음 식으로 주어진다. $kT = m_H(v_{FWHW}/2)^2/(2\ln 2)$. 여기에서 k는 볼츠만 상수, m_H는 양성자의 질량, v_{FWHW}는 휘선의 속도폭, $\ln$은 자연로그이다.

강도의 전자밀도에 대한 의존성이 변하는 밀도를 임계밀도라고 한다. 허용선 중 수소나 헬륨의 재결합선은 이온과 전자의 재결합이기 때문에 허용선 강도는 이온밀도와 전자밀도의 곱, 즉 전자밀도의 제곱에 비례한다. 따라서 금지선의 임계밀도를 크게 초과하는 환경에서는 허용선만 관측된다.

휘선 스펙트럼은 전리 가스의 온도나 밀도뿐만 아니라 전리원의 스펙트럼 에너지 분포에도 의존한다. 91.2 nm보다 짧은 파장의 광자는 수소의 전리 퍼텐셜인 13.6 eV보다 높은 에너지를 갖는 전리 광자이며, 가스운에 입사되는 전리 광자수의 가스 밀도비가 가스의 전리도를 결정한다. 이 비를 전리 매개변수(U)라고 하고 다음과 같이 정의된다.

$$U = Q/(4\pi r^2 c\, n_H) \tag{4.7}$$

여기에서 Q는 전리광원이 단위 시간에 방출하는 전리 광자수, r은 전리광원에서 가스운까지의 거리, c는 광속, n_H는 가스 수소 원자의 수밀도이다. 같은 전리원 스펙트럼이라도 U가 커질수록 가스 전리도가 높아지고 전리 퍼텐셜이 큰 이온의 휘선이 강해지는 반면에 전리도가 낮은 휘선은 상대적으로 약해진다. 그림 4.13은 시퍼트은하의 NLR과 계외 은하의 별 생성 영역이나 스타버스트 은하를 수소 발머선에 대한 금지선의 강도비 $f([O_{III}] \lambda 500.7\,\mathrm{nm})/f(H\beta)$와 $f([N_{II}] \lambda 658.3\,\mathrm{nm})/f(H\alpha)$을 각각 세로축과 가로축으로 해서 표현한 것이다. 즉 세로축은 전리도가 높은 휘선, 가로축은 전리도가 낮은 휘선의 강도를 나타내고 있다. 별 생성 영역이나 스타버스트 은하와 같은 대질량별에 의해 전리되고 있는 가스 영역은 왼쪽 위에서 오른쪽 아래로 연속된 계열을 형성하고, 주로 전리 매개변수의 차이에 따라 휘선 강도비가 변화하고 있다. 이에 대해 시퍼트은하의 NLR은 전리도가 높은 휘선이나 낮은 휘선이나 모두 별 생성 영역에 비해 강하다. 이렇게 몇 종류의 휘선 강도비를 이용해서 휘선 천체를 분류하는 방법을

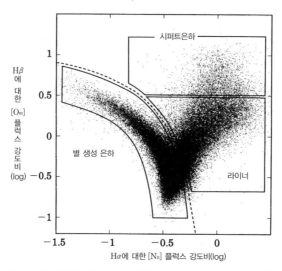

그림 4.13 세로축을 Hβ에 대한 [OⅢ]λ500.7 nm 플럭스 강도비, 가로축을 Hα에 대한 [NⅡ]λ658.3 nm 플럭스 강도비로 한 휘선 진단도. 슬론 디지털 스카이 서베이에서 분광된 22,623개의 휘선 은하(넓은 휘선이 존재하는 천체는 제외함)가 나타나 있고, 이 그림에서 시퍼트은하, 라이너 및 별 생성 은하를 분류할 수 있다. 점선은 AGN(시퍼트은하 및 라이너)과 별 생성 은하를 분리하는 선(Kauffmann *et al.*, 2003, *MNRAS*, 346, 1055의 그림을 수정).

휘선 진단법이라고 하는데, AGN과 별 생성 은하를 나누는 방법을 볼드윈J. Baldwin, 베이유S. Veilluex, 오스터브룩D. Osterbrock이 확립하였다.

시퍼트은하의 NLR에서 볼 수 있듯이 고전리 휘선과 동시에 저전리 휘선도 강하게 하기 위해서는 전리 광자의 스펙트럼이 중요하다. 원자, 이온의 전리 퍼텐셜을 초과하는 에너지를 가진 광자는 원자, 이온을 전리할 수 있지만, 전리 흡수 단면적은 전리 퍼텐셜과 같은 에너지를 가진 광자에 대해 가장 크고, 고에너지 광자일수록 전리 흡수 단면적은 감소한다. 따라서 고에너지 광자는 전리 흡수되기 어렵고, 가스 안을 멀리까지 나아가 큰 저전리 영역을 만든다. 별 생성 영역에서 표면 온도는 기껏해야 수만K인 별의 흑체 복사에 대부분 전리되고 있기 때문에 고에너지 측은 윈 법칙에 따라 전리 광자수가 지수함수적으로 감소한다.

한편 1형 시퍼트은하와 퀘이사에서는 가시광에서 자외선 그리고 X선 영역에 이르기까지 거듭제곱법칙에 따른 비열적 연속광 스펙트럼을 보인다. AGN의 전리 영역은 별 생성 영역보다 에너지가 높은 전리 광자를 많이 포함한 복사에 의해 전리되고 있기 때문에 저전리 이온의 휘선도 강하게 복사하고 있다. 이와 같이 AGN의 NLR 휘선 스펙트럼은 비열적 연속광에 의한 광전리 모델로 잘 설명할 수 있다. 모델과 비교를 통해 NLR의 온도는 약 1만K, 밀도는 $10^2 \sim 10^4 \, cm^{-3}$ 그리고 가스의 화학 조성도 알 수 있다.

라이너는 시퍼트은하에 비해 고전리 휘선의 강도가 상대적으로 약하다. 즉 휘선 진단도 상에서 별 생성 영역보다 저전리 휘선이 강하고, 시퍼트은하보다는 고전리 휘선이 약한 영역에 분포한다. 이 분포는 라이너에서 비열적 연속광의 광도가 작다고 설명하면 이해할 수 있다. 전리 매개변수 U가 작아 가스 밀도에 입사되는 광자수가 적어 전리가 진행되지 않기 때문에 전리도가 높은 휘선은 약해진다. 그러나 시퍼트은하와 마찬가지로 비열적 연속광이 큰 저전리 영역을 만들기 위해 저전리 휘선을 강하게 낼 수 있다. 라이너의 휘선 스펙트럼과 휘선의 속도폭은 광전리 모델 이외에도 앞 절에서 소개한 슈퍼 윈드 등의 가스운동으로 발생하는 충격파에 의한 가열로도 설명이 가능하다. 그러나 휘선 진단도 상에서 시퍼트은하 영역으로부터 U를 감소시키는 방향으로의 연속적인 분포나 1형 라이너 존재로부터 대부분의 라이너는 시퍼트은하와 같은 AGN이라고 할 수 있다.

시퍼트은하의 가시광선·자외선 연속광은 수일에서 수개월의 시간 동안 그 밝기가 변화하고 있다. 이 광도 변화에 따라 연속광에 의해 전리되고 있는 BLR의 휘선 광도도 변화하는데 그 변화는 연속광의 변화에 대해 수일에서 100일 정도 늦다. BLR은 연속광 광원보다 퍼져 있지만, 광속에서 약 100일의 거리 이하, 즉 0.1 pc 이하의 크기이다. 이렇게 연속광과

BLR 휘선의 광도 변화의 타임 스케일을 통해 BLR의 크기와 형상을 결정하는 방법을 반향 매핑reverberation mapping이라고 한다.

BLR 휘선 강도가 연속광을 따르고 있고, 그 뒤쳐진 쪽에서 전리도가 낮은 영역이 높은 영역보다 바깥쪽으로 퍼져있다고 추측할 수 있기 때문에 NLR과 마찬가지인 BLR도 광전리 가스 휘선 영역이라고 할 수 있다. BLR에서는 금지선을 볼 수 없기 때문에 BLR의 가스밀도는 금지선의 임계밀도보다 충분히 클 것이다. 전리 가스 모델 계산에 의하면 BLR의 밀도가 $10^{10} \sim 10^{11} \mathrm{cm}^{-3}$일 때 관측되는 휘선 스펙트럼을 잘 설명할 수 있다.

NLR 휘선에서 BLR 휘선과 같은 광도 변화는 볼 수 없다. 협대역 필터 등을 이용한 휘선만 촬영관측에 의해 NLR은 100 pc의 스케일로 퍼져 있다는 것을 알 수 있고, 그중에는 1 kpc를 초과하는 NLR을 가진 천체도 있다. NLR은 중심핵에서 원뿔 모양으로 한쪽 또는 대칭적으로 양쪽으로 퍼진 형상을 하고 있는데, 이 형상은 가스가 이러한 형태로 분포하고 있기 때문이 아니라 중심핵의 전리 자외선이 비등방적으로 가스를 비추고 있기 때문이라고 할 수 있다.

4.5.2 강착원반과 대질량 블랙홀

퀘이사 급 AGN이 되면 $10^{39} \mathrm{W}$의 에너지를 그 중심핵에서 복사한다. 연속광의 광도 변화에 비해 BLR 휘선의 광도 변화가 늦기 때문에 연속광은 BLR 크기보다 작은 영역에서 복사될 것이다. 이렇게 아주 좁은 영역에서 막대한 에너지를 방출하기 위해서는 대질량 천체로 가스가 강착(제8권 2장)되어 에너지를 효율적으로 만들어 낼 필요가 있다. 질량 강착률을 $\dot{m}$이라 하면 질량 강착으로 만들어지는 에너지 L은 다음과 같다.

$$L = \eta \dot{m} c^2 \tag{4.8}$$

여기에서 η는 해방된 중력 에너지가 복사에너지로 전환되는 효율이다. $\eta = 0.1$로 한 경우 10^{39} W의 에너지를 방출하기 위해 필요한 질량 강착률은 1년당 태양 질량의 2배 정도가 된다. 강착률이 커질수록 보다 큰 에너지를 방출하게 된다. 그러나 복사된 광자가 떨어져 들어오는 가스의 강착을 방해하기 위해 질량 강착률에는 임계치가 존재한다. 이것을 에딩턴 한계라고 한다(제8권 2.4절). 질량이 큰 천체로의 강착이라면 강한 중력에 의해 방출되는 광자를 거슬러서 질량 강착할 수 있기 위해 에딩턴 한계도 커진다. 등방적인 강착의 경우 질량 M인 대질량 천체에 대한 에딩턴 한계 $\dot{m}_e$는 (식 4.9)와 같이 된다.

$$\dot{m}_e \sim 2.2(\eta/0.1)^{-1}(M/10^8 M_\odot) \qquad [M_\odot \mathrm{y}^{-1}] \qquad (4.9)$$

$\dot{m} \sim 2 M_\odot \mathrm{y}^{-1}$의 질량 강착을 일으키기 위해서는 적어도 $10^8 M_\odot$의 대질량 천체가 존재해야 한다. 실제로 AGN의 중심에는 이렇게 큰 질량을 가진 천체가 존재하고 있다.

나카이 나오마사中井直正와 미요시 마코토三好眞는 NGC 4258이라는 라이너를 가진 은하에 대해 일본 국립천문대 노베야마 전파관측소의 45 m 전파망원경을 이용하여 H_2O 메이저로 관측을 실시한 결과 은하 중심핵의 시선속도에 대해 약 1,000 km s^{-1}의 속도로 고속 운동을 하는 성분을 발견했다. VLBI로 더욱 자세한 관측을 실시한 결과 아주 고속으로 회전하는 디스크 모양의 운동임을 밝혀냈다. 가스 원반의 회전속도와 반지름으로부터 0.1 pc 이내에 $3.7 \times 10^7 M_\odot$이나 되는 질량이 존재하게 된다. 가스나 별의 집단이 이러한 고밀도로 안정적으로 존재하기는 어려워 대질량 블랙홀이 존재할 것이라고 본다. 동시에 허블우주망원경을 이용한 가시광 휘선의 시선속도 관측으로부터 M 87라이너의 중심에도 $2.4 \times 10^9 M_\odot$의 대질량 블랙홀이 존재할 것으로 예상하고 있다.

대질량 블랙홀이 만들어 내는 거대한 중력 퍼텐셜에 가스가 떨어지면 강착원반이 형성된다. 이 강착원반이 중력에너지를 복사로 변환하여 퀘이사가 방출하는 막대한 에너지를 만들어 내고 있다. 4.3.5절에서 서술했듯이 AGN의 스펙트럼 에너지 분포에는 극단 자외선 영역에서 피크를 갖는 빅 블루 범프가 존재하는데, 이것은 강착원반의 스펙트럼 모델로 설명된다. 이러한 대질량 블랙홀과 그 주위의 강착원반에 의해 만들어진 AGN의 막대한 에너지 방출 메커니즘을 린든-벨D. Lynden-Bell과 리스M. Rees가 제창하였고, AGN 엔진이라 부르고 있다.

4.5.3 활동 은하 중심핵의 통일 모델

AGN은 대질량 블랙홀로 가스가 강착되어 형성된 강착원반의 에너지 복사로 설명할 수 있음을 알았다. 그러나 BLR이 관측되지 않는 푸른 연속광이 약한 2형 AGN에서 1형과 같은 AGN이 존재하고 있는지는 명확하지 않다. 예를 들어 2형은 1형과 전혀 다른 종류의 AGN이라는 관점에 설 수도 있다.

한편으로 2형 AGN의 NLR 휘선 스펙트럼은 1형 AGN의 NLR 스펙트럼과 거의 같고, 전리 휘선 진단으로 거듭제곱법칙에 따른 광자로 인해 전리되고 있다. 또한 연X선에서는 강항 흡수를 받고 있지만 경X선 영역에서는 거듭제곱법칙에 따른 연속광이 관측되고, 1형의 X선 스펙트럼에 수소의 주밀도 $10^{23}\,cm^{-2}$상당의 흡수체를 바로 앞에 두어 2형의 X선 스펙트럼을 재현할 수 있다.

이러한 관측적이고 간접적인 증거로 2형에도 1형과 같은 AGN 엔진이 존재하고 있지만 어떤 흡수체로 인해 관측자가 볼 수 없다는 것이 활동 은하 중심핵 통일 모델이다(제8권 2.6절 및 2.7절 참조). 이 모델에서는 AGN 엔진이나 BLR을 토러스 모양(도넛 모양)으로 둘러싸인 흡수체를 고려한

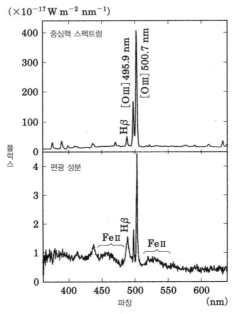

그림 4.14 2형 시퍼트은하 NGC 1068의 중심핵 스펙트럼(위)과 편광 관측으로 얻은 편광 성분의 스펙트럼(아래). 편광 성분 스펙트럼에서는 Hβ 휘선의 폭이 넓고, 1형 시퍼트은하에서 특징적인 Fe$\text{\tiny II}$ 휘선을 볼 수 있다(Antonucci 1993, *ARA & A*, 31, 473의 그림을 수정).

다. 전리 자외선은 토러스의 구멍 방향으로만 나올 수 있기 때문에 그 방향에 있는 가스가 전리되어 NLR을 형성하고, NLR이 중심핵에서 원뿔 모양으로 퍼져 있는 2형 시퍼트은하의 관측을 설명할 수 있다. 1형은 이구멍 방향에서 AGN을 보기 때문에 BLR이 관측되지만, 2형에서는 토러스를 옆 방향에서 보기 때문에 NLR만이 관측될 것이다. 이 모델은 토러스를 도입하여 1형과 2형의 차이가 보는 방향의 차이라고 간결하게 설명했기 때문에 토러스 모델이라고 한다.

이 토러스 모델을 안토누치R. Antonucci와 밀러J.S. Miller는 관측으로 확인하였다. 그들은 2형 시퍼트은하 NGC 1068의 편광 분광 관측을 실시하여 그 편광 스펙트럼 안에서 폭이 넓은 휘선을 검출했다. 2형은 토러스를 바

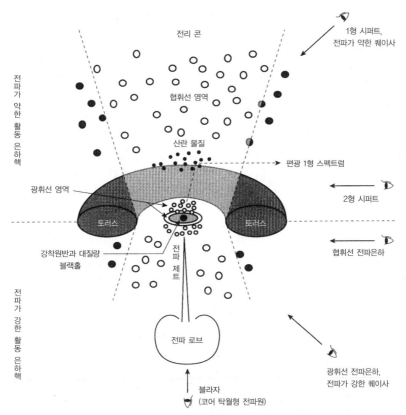

전리 콘

1형 시퍼트,
전파가 약한 퀘이사

전파가 약한 활동 은하핵

협휘선 영역

산란 물질

편광 1형 스펙트럼

2형 시퍼트

광휘선 영역

토러스

토러스

협휘선 전파은하

강착원반과 대질량 블랙홀

전파 제트

전파가 강한 활동 은하핵

전파 로브

광휘선 전파은하,
전파가 강한 퀘이사

블라자
(코어 탁월형 전파원)

그림 4.15 활동 은하핵 통일 모델의 개념도. 토러스의 존재 때문에 관측자의 시선 방향에 따라 겉보기상 1형과 2형의 차이가 발생한다.

로 옆에서 보기 때문에 본래 BLR에서의 빛은 차단되어 버리지만, 토러스의 구멍 위쪽으로 펼쳐진 자유 전자가 산란체가 되어 톰슨 산란에 의한 반사광으로 BLR을 관측할 수 있다. 즉 산란체를 거울로 이용하여 직접 볼수 없는 BLR을 검출한 것이다. 이렇게 편광 분광 관측으로 많은 2형 시퍼트은하와 라이너에 감추어져 있던 BLR이 발견되어 토러스 모델을 뒷받침하는 증거가 되고 있다.

한편 모든 2형 시퍼트은하에서 BLR이 발견되지는 않는다. 이러한 천체들에 대해서는 산란체가 존재하지 않는지, BLR이 존재하지 않는지는 아직 알 수 없다. 그리고 BLR 휘선이 충분한 편광을 받아 검출되고 있어도 마찬가지로 산란되어 닿아야 할 비열적 연속광의 편광도가 낮아 검출되지 않는 경우도 있다. BLR의 편광도도 단순히 1회 산란 모델에서는 관측되는 편광도가 너무 작다. 이와 같은 관측 설명에는 BLR과 연속광에서 산란이 되는 쪽이 다를 가능성이나 여러 차례의 산란에 대해 고려해 볼 필요가 있다는 문제점이 남아 있다. 그러나 관측자가 보는 각도에 따라 1형과 2형의 차이를 간결하게 설명할 수 있는 모델의 단순함 때문에 토러스 모델은 널리 도입되고 있다.

1형과 2형이 완전히 같은 중심핵을 가지고 그 주위를 둘러싼 토러스가 관측자로부터 무작위 각도로 분포하고 있다고 가정하면 1형과 2형의 개수 비를 통해 토러스 구멍 개구입체각 $\Delta\Omega$는 $\Delta\Omega = 4\pi n_1/(n_1+n_2)$로 어림잡을 수 있다. 여기에서 n_1, n_2는 1형, 2형의 개수 밀도이다. SDSS의 관측 결과에서 1형과 2형의 개수 밀도는 거의 같기 때문에 개구입체각은 2π st(steradian, 기호 st)로 얻을 수 있다. 광도가 클수록 1형의 비율이 높기 때문에 광도가 클수록 개구입체각이 크다. 즉 토러스가 얇아져야 한다. 실제로 퀘이사에서는 2형이라고 할 수 있는 것이 매우 적어 AGN 광도와 토러스의 관계가 어떻게 되어 있는지는 아직 잘 알지 못한다. 모든 AGN에 같은 토러스가 존재하는지에 대한 문제는 토러스 모델의 큰 의문으로 남아 있다.

지금까지 살펴봤듯이 토러스 모델을 채용하여 AGN을 관측하는 방향의 차이에 따라 여러 가지 타입의 AGN을 통일적으로 이해하는 시도는 대체로 성공하고 있다. 4.4절에서 서술했듯이 전파가 강한 AGN 전파에서의 성질도 제트를 보는 방향의 차이에 따라 마찬가지로 통일적으로 이해되고 있다. 그러나 아직 현재의 토러스 모델이 불완전하다는 것은 확실하다. 특히 전파 강도의 강약 문제, 즉 왜 전파가 강한 AGN과 전파가 약한 AGN이 존재하는지에 대한 문제는 해결되지 않은 채로 남아 있다. 아직 간과하고 있는 물리 과정이 있을지도 모르지만 향후 관측의 발전으로 최종적인 통일 모델에 도달할 수 있기를 기대해 본다.

제5장
은하의 형성과 진화

우리들은 은하계라고 하는 하나의 은하에 살고 있다(제5권). 우주에는 이러한 은하가 대략 1,000억 개 정도 있는데 은하는 언제, 어떻게 탄생해서 진화해온 것일까. 이 은하의 형성과 진화에 관한 문제는 현대 천문학의 가장 중요한 문제 중 하나이인데, 이론적 연구의 진전과 더불어 허블우주망원경이나 구경 8~10m급의 광학 적외선 망원경에 의한 관측 덕분에 그 시나리오가 어느 정도 정리되고 있다. 이 장에서는 최신의 성과에 근거해서 은하 탄생과정과 진화의 모습을 설명하겠다.

5.1 우주 진화와 적색편이

우주 초기에 가까운 원방 은하를 관측하거나 은하의 형성과 진화를 논의할 때에는 우주 진화의 틀을 이해할 필요가 있다. 우주 모델에 대해서는 제2권과 제3권에 상세하게 설명했는데 여기에서는 이 장의 이해에 필요한 우주 진화와 적색편이에 대해 정리하겠다. 적색편이(적색이동)와 우주연령, 룩백타임Look Back Time[1]의 관계 및 적색편이와 거리와의 관계를 이해하기 위해 필요한 수식을 이용하여 그 도출을 나타내는 동시에 수치적인 대응표도 게재했다.

우주 전체의 진화를 생각할 때 우주는 대국적으로 보면 똑같은 물질 분포를 보이고 있고, 어느 점에서 보더라도 등방적等方的이라는 지도 원리(우주 원리라고도 한다)를 가정한다. 같은 등방 우주를 나타내는 선소線素를 로버트슨-워커 계량이라고 하며 다음과 같이 나타낸다.

$$ds^2 = c^2dt^2 - a(t)^2[d\chi^2 + \sigma(\chi)^2(d\theta^2 + \sin^2\theta d\varphi^2)] \qquad (5.1)$$

---

[1] 어느 적색편이에 있는 천체의 빛이 현재로부터 거슬러 올라가서 몇 년 전에 발한 것인지를 나타내는 시간.

ds는 선소를 나타내고, $a(t)$는 우주의 스케일 인자, χ는 공동 좌표, θ, φ는 각도 방향의 좌표이다. $\sigma(\chi)$는 다음과 같다.

$$\sigma(\chi) = \begin{cases} \sin\chi & (k=1) \\ \chi & (k=0) \\ \sinh\chi & (k=-1) \end{cases} \tag{5.2}$$

$k=1$은 닫힌 우주, $k=0$은 평탄한 우주, $k=-1$은 열린 우주에 해당한다.

빛은 우주 공간의 제로측지선($ds=0$)을 지나오기 때문에 어떤 방향에서 오는 빛을 생각하면 $d\theta=d\varphi=0$으로 (식 5.1)로부터 다음과 같은 식이 성립한다.

$$0 = c^2dt^2 - a(t)^2d\chi^2 \tag{5.3}$$

지금 시각 t에 δt의 간격으로 보낸 광신호를 시각 t_0에 δt_0의 간격으로 받았다고 하자. 공동 좌표 χ는 불변량이라고 생각하면 (식 5.3)으로부터 다음과 같은 식이 성립한다.

$$\chi = \int_t^{t_0} \frac{cdt}{a(t)} = \int_{t+\delta t}^{t_0+\delta t_0} \frac{cdt}{a(t)} \tag{5.4}$$

여기에서 $\delta t \ll t$라면 $\dfrac{\delta t}{a(t)} = \dfrac{\delta t_0}{a(t_0)}$가 성립된다. δt를 빛의 주기라고 하면 진동수 ν와 파장 λ의 변화는 다음과 같이 주어진다.

$$\frac{\delta t_0}{\delta t} = \frac{\nu}{\nu_0} = \frac{\lambda_0}{\lambda} = \frac{a(t_0)}{a(t)} \tag{5.5}$$

파장의 변화율은 통상 $1+z$로 쓰면 다음의 식이 된다(단, $a_0 \equiv a(t_0)$).

$$1+z = \frac{\lambda_0}{\lambda} = \frac{a_0}{a} \tag{5.6}$$

(식 5.6)에서 정의된 z는 우주론적 적색편이라고 한다.

로버트슨–워커 계량은 아인슈타인 방정식[2]에 대입하여 다음과 같은 두 개의 식을 얻을 수 있다.

$$\left(\frac{\dot{a}}{a}\right)^2 + \frac{kc^2}{a^2} - \frac{\Lambda}{3}c^2 = \frac{8\pi G}{3}\rho \tag{5.7}$$

$$\frac{d}{dt}(\rho c^2 a^3) + P\frac{d}{dt}a^3 = 0 \tag{5.8}$$

이것이 팽창우주를 기술하는 프리드먼 방정식이다. 여기에서 Λ는 우주상수이다. (식 5.8)에서 물질 밀도 ρ_m, 복사밀도 ρ_r은 적색편이와 함께 아래 식과 같이 변화하는 관계가 도출된다.

$$\begin{aligned} \rho_m &\propto (1+z)^3 \\ \rho_r &\propto (1+z)^4 \end{aligned} \tag{5.9}$$

시각 t의 허블상수는

$$H(t) = \frac{\dot{a}(t)}{a(t)} \tag{5.10}$$

으로 정의되고, 이것을 사용하면 (식 5.7)은 다음의 식으로 바꿔 쓸 수 있다.

| 2 우주항을 포함하는 일반상대론의 방정식. 자세한 내용은 제3권 2장 참조.

$$\frac{8\pi G}{3H^2}\rho + \frac{\Lambda c^2}{3H^2} - \frac{kc^2}{H^2a^2} = 1 \tag{5.11}$$

여기에서 ρ_c는 다음과 같이 정의된다.

$$\rho_c = \frac{3H^2}{8\pi G} \tag{5.12}$$

ρ_c는 밀도의 차원을 가지는 양이며 임계밀도라고 한다. 또한 밀도 ρ를 임계밀도 ρ_c로 나눈 무차원량은 밀도 매개변수라고 하며 다음 식으로 표현한다.

$$\Omega \equiv \frac{\rho}{\rho_c} \tag{5.13}$$

또한 우주항 Λ를 포함하는 항은 다음과 같이 표현되며 우주항 매개변수라고 한다.

$$\Omega_\Lambda \equiv \frac{\Lambda c^2}{3H^2} \tag{5.14}$$

(식 5.13)과 (식 5.14)를 이용하면 (식 5.11)은 결국 다음의 식으로 표현된다.

$$\Omega + \Omega_\Lambda = 1 + \frac{kc^2}{H^2a^2} \tag{5.15}$$

우주항이 없는($\Lambda = 0$) 물질[3] 우세 우주에서는 현재의 허블상수 H_0와 현

---

3 이 책에서 암흑물질과 바리온을 총칭해서 물질이라고 한다. 8.2.1절 참조.

재의 물질 밀도 매개변수 Ω_{m0}을 사용하여 (식 5.11)에서 다음의 관계가 도출된다.

$$H^2 = \frac{8\pi G}{3}\rho_m - \frac{kc^2}{a^2} = H_0^2[\Omega_{m0}(1+z)^3 - (\Omega_{m0}-1)(1+z)^2] \qquad (5.16)$$

따라서 적색편이 z의 허블상수 $H(z)$와 H_0의 관계는 다음과 같다.

$$H(z) = H_0(1+z)(1+\Omega_{m0}z)^{1/2} \qquad (5.17)$$

또한 여기에서 적색편이와 시간의 관계가 다음과 같이 도출된다.

$$\frac{dz}{dt} = -H_0(1+z)^2(1+\Omega_{m0}z)^{1/2} \qquad (5.18)$$

$\Omega_{m0}=1(k=0)$인 경우는 $H(z)=H_0(1+z)^{3/2}$이기 때문에 다음 식이 성립된다.

$$\frac{\dot{a}}{a} = H_0\left(\frac{a_0}{a}\right)^{3/2} \qquad (5.19)$$

이것은 바로 적분할 수 있어 다음과 같은 식이 된다.

$$a(t) = a_0\left(\frac{3H_0}{3}\right)^{2/3}t^{2/3} \qquad (5.20)$$

또한 여기에서 적색편이와 우주 시간과의 관계가 다음과 같이 구해진다.

$$t = \frac{2}{3H_0}(1+z)^{-3/2} \qquad (5.21)$$

따라서 이 경우 현재의 우주연령은 $t_0 = (2/3)H_0^{-1}$이라는 것을 알 수 있다. $\Omega_{m0} > 1(k=1)$인 경우는 η를 매개변수로 하여 다음과 같이 된다.

$$a(t) = \frac{A}{2}(1-\cos\eta)$$

$$t = \frac{A}{2c}(\eta-\sin\eta)$$

(5.22)

여기에서 적색편이와 우주 시간과의 관계는 다음의 식과 같이 구해진다.

$$t = \frac{1}{H_0}\frac{\Omega_{m0}}{(\Omega_{m0}-1)^{3/2}}\left[\sin^{-1}\sqrt{\xi}-\sqrt{\xi(1-\xi)}\right]$$

$$\xi \equiv \frac{\Omega_{m0}-1}{\Omega_{m0}(1+z)}$$

(5.23)

$\Omega_{m0} < 1(k=-1)$인 경우는 η를 매개변수로 해서 다음과 같이 된다.

$$a(t) = \frac{A}{2}(\cosh\eta-1)$$

$$t = \frac{A}{2c}(\sinh\eta-\eta)$$

(5.24)

여기에서 적색편이와 우주 시간과의 관계가 다음과 같이 구해진다.

$$t = \frac{1}{H_0}\frac{\Omega_{m0}}{(1-\Omega_{m0})^{3/2}}\left[\sqrt{\xi(1+\xi)}-\log(\sqrt{\xi}+\sqrt{1+\xi})\right]$$

$$\xi \equiv \frac{1-\Omega_{m0}}{\Omega_{m0}(1+z)}$$

(5.25)

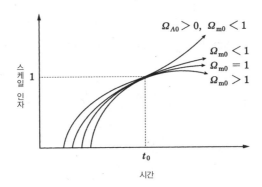

그림 5.1 우주팽창과 우주 매개변수의 관계(개략도). 우주상수가 없는 우주($\Omega_{\Lambda0}=0$: 아래의 3줄의 선)에서는 $\Omega_{m0}>1$이면 우주팽창은 미래의 어딘가에서 수축으로 변하는데, $\Omega_{m0}\leqq1$이면 팽창은 영원히 계속된다. 우주상수가 있는 경우($\Omega_{\Lambda0}>0$: 맨 위의 선)에 현재의 우주는 가속적인 팽창을 하고 있는 것이 되며 우주연령도 길어진다.

우주상수가 있는 우주($\Lambda\neq0$)의 경우에는 현재의 우주항 매개변수 $\Omega_{\Lambda0}\equiv\Lambda c^2/3H_0^2$을 사용하여 (식 5.11)에서 다음과 같은 식이 성립한다.

$$H^2 = H_0^2[\Omega_{m0}(1+z)^3+\Omega_{\Lambda0}]-\frac{kc^2}{a_0^2}(1+z)^2 \qquad (5.26)$$

여기에서 z가 큰 경우에는 우주항 Λ는 중요하지 않음을 알 수 있다. 예를 들어 $k=0$인 우주라면 $1+z<(\Omega_{\Lambda0}/\Omega_{m0})^{1/3}$이 되어 처음으로 우주항 Λ가 우세해진다. (식 5.26)에서 z의 허블상수는

$$H(z) = H_0[\Omega_{m0}(1+z)^3-(\Omega_{m0}+\Omega_{\Lambda0}-1)(1+z)^2+\Omega_{\Lambda0}]^{1/2} \quad (5.27)$$

이 되기 때문에 적색편이와 시간의 관계는 다음과 같이 구해진다.

$$\frac{dz}{dt} = -H_0(1+z)[\Omega_{m0}(1+z)^3-(\Omega_{m0}+\Omega_{\Lambda0}-1)(1+z)^2+\Omega_{\Lambda0}]^{1/2}$$

$$(5.28)$$

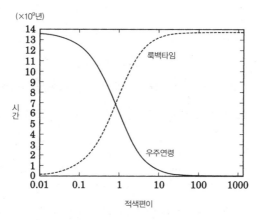

(×10⁹년)

룩백타임

우주연령

적색편이

그림 5.2 적색편이와 우주연령, 룩백타임의 관계.

이것을 $z = \infty$ 에서 z 까지 수치적으로 적분하여 $a(t)$ 의 시간 변화를 구할 수 있다. 그림 5.1에 $\Omega_{\Lambda 0} = 0$, $\Omega_{\Lambda 0} > 0$ 인 경우를 합해서 우주팽창의 개략도를 나타냈다.

2003년 미국 프린스턴 대학과 NASA는 공동으로 지구에서 거리 160 만km 되는 곳에 WMAPWilkinson Microwave Anisotropy Probe 위성을 발사하여 13분의 각도 분해능으로 우주 마이크로파 배경복사[4]의 전천全天 관측을 실시했다. 3년 동안의 관측 결과로부터 구한 우주 매개변수는 다음과 같은 값이었다.

$$\Omega_{m0} = 0.24, \ \Omega_{\Lambda 0} = 0.76, \ \Omega_{b0} = 0.04, \ H_0 = 73 \text{km s}^{-1}\text{Mpc}^{-1} \quad (5.29)$$

Ω_{b0} 는 밀도 매개변수 안의 바리온 물질의 양이다. 이 경우 현재의 우주연

---

[4] Cosmic Microwave Background Radiation(CMB)의 번역어로서 간단하게 우주배경방사(또는 우주배경복사)라고 표기하는 경우도 많다.

령은 $t_0 = 137$억 년이 된다. 한편 $\Omega_{m0} = 0.24$, $\Omega_{\Lambda0} = 0$으로 한 경우 $t_0 = 111$억 년이다. 여기에서 우주항 Λ가 있는 경우 우주연령이 길어진다. 우주 매개변수가 (식 5.29)로 표현되는 우주 모델을 표준적인 ΛCDM 모델[5]이라고 한다. 이 표준 ΛCDM 모델의 우주의 적색편이와 우주연령, 룩백타임의 관계를 그림 5.2에 나타냈다. 또한 수치적인 관계를 표 5.1에 나타냈다.

표 5.1 WMAP(3년 데이터)에 의한 표준 ΛCDM 모델의 적색편이와 우주연령, 룩백타임, 각직경 거리, 광도 거리의 관계(Gy=10억 년, Gly=10억 광년=3.06×10^8pc).

적색편이(z)	우주연령(Gy)	룩백타임(Gy)	각직경 거리(Gly)	광도 거리(Gly)
0.000	13.724	0.000	0.000	0.000
0.010	13.591	0.133	0.132	0.135
0.020	13.460	0.264	0.262	0.272
0.030	13.330	0.394	0.388	0.412
0.040	13.203	0.522	0.511	0.553
0.050	13.076	0.648	0.632	0.697
0.060	12.952	0.772	0.750	0.843
0.070	12.829	0.895	0.865	0.990
0.080	12.708	1.016	0.978	1.140
0.090	12.589	1.135	1.088	1.292
0.100	12.471	1.253	1.195	1.446
0.120	12.239	1.485	1.403	1.760
0.140	12.014	1.710	1.602	2.082
0.160	11.794	1.930	1.792	2.411
0.180	11.580	2.144	1.974	2.748
0.200	11.372	2.352	2.148	3.093
0.250	10.873	2.851	2.551	3.985
0.300	10.404	3.320	2.912	4.921
0.350	9.664	3.760	3.236	5.898
0.400	9.550	4.174	3.527	6.913

| 5 우주상수가 있는 차가운 암흑물질 모델이라는 뜻이다.

0.450	9.160	4.564	3.789	7.965
0.500	8.793	4.931	4.023	9.052
0.550	8.447	5.277	4.234	10.172
0.600	8.121	5.603	4.423	11.322
0.650	7.813	5.911	4.592	12.502
0.700	7.522	6.202	4.744	13.709
0.750	7.246	6.478	4.879	14.943
0.800	6.986	6.738	5.000	16.201
0.850	6.740	6.984	5.108	17.483
0.900	6.506	7.218	5.204	18.786
0.950	6.285	7.439	5.289	20.111
1.000	6.075	7.649	5.364	21.456
1.100	5.687	8.037	5.488	24.202
1.200	5.335	8.389	5.582	27.015
1.300	5.017	8.707	5.651	29.891
1.400	4.727	8.997	5.699	32.824
1.500	4.463	9.261	5.729	35.808
1.600	4.222	9.502	5.746	38.840
1.700	4.001	9.723	5.750	41.915
1.800	3.798	9.927	5.744	45.031
1.900	3.611	10.114	5.730	48.185
2.000	3.438	10.286	5.708	51.373
2.200	3.130	10.594	5.6490	57.846
2.400	2.865	10.859	5.5739	64.435
2.600	2.635	11.089	5.4881	71.126
2.800	2.433	11.291	5.3954	77.909
3.000	2.256	11.468	5.2985	84.776
3.500	1.895	11.829	5.0500	102.26
4.000	1.620	12.104	4.8055	120.14
4.500	1.405	12.319	4.5732	138.34
5.000	1.234	12.490	4.3560	156.82
5.500	1.095	12.629	4.1546	175.53
6.000	0.980	12.744	3.9687	194.46

7.000	0.802	12.922	3.6386	232.87
8.000	0.672	13.052	3.3567	271.89
9.000	0.573	13.151	3.1142	311.42
10.00	0.497	13.227	2.9040	351.39
20.00	0.188	13.536	1.7374	766.20
30.00	0.104	13.620	1.2448	1196.2
40.00	68.241×10^{-3}	13.656	0.9722	1634.3
50.00	48.998×10^{-3}	13.675	0.7988	2077.6
60.00	37.316×10^{-3}	13.687	0.6785	2524.7
70.00	29.607×10^{-3}	13.694	0.5901	2974.5
80.00	24.209×10^{-3}	13.700	0.5223	3426.5
90.00	20.258×10^{-3}	13.704	0.4686	3880.4
100	17.264×10^{-3}	13.707	0.4250	4335.8
200	5.952×10^{-3}	13.718	0.2213	8939.7
300	3.155×10^{-3}	13.721	0.1500	13591
400	1.997×10^{-3}	13.722	0.1136	18266
500	1.395×10^{-3}	13.723	0.0915	22955
600	1.038×10^{-3}	13.723	0.0766	27654
700	0.806×10^{-3}	13.723	0.0659	32360
800	0.646×10^{-3}	13.723	0.0578	37071
900	0.531×10^{-3}	13.724	0.0515	41786
1000	0.445×10^{-3}	13.724	0.0464	46504
1100	0.379×10^{-3}	13.724	0.0423	51225
1200	0.327×10^{-3}	13.724	0.0388	55948
1300	0.285×10^{-3}	13.724	0.0358	60673

　　은하까지의 거리를 정할 때 겉보기 크기를 사용하는 경우와 겉보기밝기를 사용하는 경우가 있는데, 근방 은하에는 어느 쪽을 사용해도 같은 거리를 얻을 수 있다. 그러나 원방 은하에 대해서는 우주팽창의 효과가 나타나이 두 개의 거리가 달라진다. 여기에서 원방 은하의 거리와 적색편이의 관계를 구해 보자. 팽창하는 우주 안을 전진해온 빛의 궤적을 현재의 우주

크기까지 늘였을 때의 거리를 고유 거리라 하고 공동좌표를 사용해서 다음과 같이 정의한다.

$$d_P = a_0 \chi \tag{5.30}$$

χ는 동경 좌표를 r로 했을 때 다음의 관계식을 만족시킨다.

$$d\chi = \frac{dr}{\sqrt{1-kr^2}} \tag{5.31}$$

고유 거리는 실제로 측정한 거리가 아니라 거리 정의의 기준이 되는 것이다. 천체의 겉보기 크기로부터 정의된 거리는 각직경 거리[6]라고 한다. 각도 좌표가 일정한 면에 크기 D인 천체가 있고, 겉보기 넓이가 각도 $\Delta\theta$에서 보였다고 하자. 이때 각직경 거리는 $d_A \equiv D/\Delta\theta$로 정의된다. 여기에서 $D = a(t)r\Delta\theta$이기 때문에 다음과 같이 된다.

$$d_A = a(t)r = \frac{a_0 r}{1+z} \tag{5.32}$$

한편 천체의 겉보기밝기로부터 정의된 거리를 광도 거리라고 한다. 시각 t에 δt의 시간 간격으로 보낸 광신호를 시각 t_0에 δt_0의 시간 간격으로 받았다고 하자. 이때 수신 간격이 적색편이하기 때문에 $\delta t_0/\delta t = 1+z$가 성립된다. 또한 송신 진동수 ν와 수신 진동수 ν_0도 적색편이에 의해 $\nu/\nu_0 = 1+z$의 관계를 만족시킨다. 천체의 광도를 L이라 하면 송수신에서 광자수를 보존하기 때문에 $L\delta t/h\nu$는 일정해야 한다. 관측되는 빛의 플럭스를 f라고 하면 광도는 $L = 4\pi(a_0 r)^2 f$로 나타낼 수 있기 때문에 광자수

---

6 각경 거리 또는 각도 거리라고 하는 경우도 있다. 영어로는 angular diameter distance.

보존은 다음과 같은 식으로 나타낸다.

$$\frac{L\delta t}{h\nu} = \frac{4\pi(a_0 r)^2 f\delta t_0}{h\nu_0} \qquad (5.33)$$

따라서 시간 간격과 진동수의 적색편이에 대한 관계를 적용하면 다음과 같다.

$$f = \frac{L}{4\pi(a_0 r)^2(1+z)^2} \qquad (5.34)$$

따라서 광도 거리 d_L은 다음과 같다.

$$d_L \equiv \left(\frac{L}{4\pi f}\right)^{1/2} = a_0 r(1+z) \qquad (5.35)$$

(식 5.32)와 비교하면 d_L과 d_A 사이에는 다음의 관계가 있음을 알 수 있다.

$$d_L = (1+z)^2 d_A \qquad (5.36)$$

그림 5.3에 우주 매개변수가 (식 5.29)인 우주의 적색편이와 각직경 거리, 광도 거리의 관계를 나타냈다. 또한 수치적인 관계를 표 5.1에 나타냈다. 그림 5.3을 통해 알 수 있듯이 각직경 거리는 대략 $z=1.7$을 경계로 해서 적색편이와 함께 감소한다. 즉 $z>1.7$에 있는 은하는 멀수록 크게 보이게 된다. 이것은 과거의 우주가 작았기 때문에 어떤 고정의 크기 D의 천체는 각도가 큰 넓이에 대응하기 때문이다. 한편 광도 거리는 적색편이의 단조 증가함수이고, 겉보기밝기는 적색편이의 증대와 함께 어두워진다.

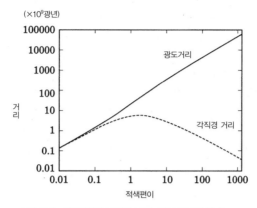

(×10⁹광년)

그림 5.3 적색편이와 각직경 거리, 광도 거리의 관계.

5.2 은하 형성론

앞 절에서 서술한 표준 우주 모델에서는 초기 우주에서 생성된 약간의 밀도 요동이 중력 비선형성에 의해 성장한 후 중력적으로 속박된 천체, 즉은하나 은하단을 형성하기에 이른다고 할 수 있다. 우주의 물질밀도 대부분은 암흑물질이 담당하고 있기 때문에 은하 형성의 전단계인 구형 또는 타원체의 거대한 암흑물질의 덩어리, '헤일로'가 형성된다. 암흑물질이 주요 중력원으로서 은하 간 가스를 모으고, 그 가스운에서 별이 탄생하여 빛나는 은하가 된다.

5.2.1 암흑물질 헤일로의 형성

은하 형성 전前단계에서 암흑물질 헤일로(이하 헤일로)가 형성되기 때문에 헤일로의 여러 가지 성질은 은하 형성과정 전체와 관련성이 크다. 특히 중요한 사항으로 다음의 4가지를 들 수 있다.

　(1) 헤일로의 질량함수(어느 질량 이상의 헤일로 개수 밀도)
　(2) 헤일로의 질량 증대율과 합체 빈도

(3) 헤일로의 내부 구조

(4) 헤일로의 공간 분포와 대역적인 밀도 분포와의 관계

헤일로의 질량함수가 은하나 은하단의 질량함수 결정에 직접적으로 연관되기 때문에 성장하기 위한 합체 이전의 작은 헤일로의 질량함수와 합체 빈도는 고적색편이에서 현재에 이르기까지 은하가 어떻게 진화했는지를 설명하는 데 도움이 된다. 또한 하나의 헤일로 내의 밀도 분포나 각운동량 분포는 은하나 은하단 내에서의 가스 운동에 크게 영향을 미치기 때문에 은하의 회전속도나 형태와 관련되어 있다고 볼 수 있다.

질량함수에 대해서는 차가운 암흑물질 모델과 같이 물체가 질량이 작은 것에서부터 계층적으로 형성되는 경우에는 크던 작던 어느 쪽의 헤일로든 구체로 근사하는 구대칭 모델이 자주 사용된다. 이 모델에 의하면 인플레이션 우주에서 예언되는 밀도장密度場에 대해 임의의 시점에서 헤일로 질량함수(보다 정확하게는 어느 영역에 있는 질량의 헤일로 안에 있는 확률)를 이론적으로 예언할 수 있다. 최근에는 헤일로의 형상을 타원체로 근사한 확장 모델이 고안되어 우주론적 N체 시뮬레이션의 결과와의 정합이 좋다고 확인되고 있다. 시뮬레이션의 예로 화보 9를 참조하기 바란다. 그림 5.4는 5.1절의 표준적 우주 모델에 대한 헤일로의 질량함수의 진화를 보여준다. 가로축은 태양 질량을 단위로 한 헤일로의 질량, 세로축은 단위체적당 헤일로의 개수를 나타내고 있다.

암흑물질 헤일로의 합체 빈도와 질량 증대율은 은하의 형성 진화에서 매우 중요한 요소가 된다. 상기의 구대칭 헤일로 모델을 확장하고, 합체에 의한 헤일로 형성률과 하나의 헤일로가 보다 큰 헤일로에 먹힐 때까지의 시간을 계산할 수 있다. 예를 들어 스타버스트나 블랙홀의 성장, 퀘이사의 활동은 수천만 년 정도의 단시간에 형성되는 헤일로 안에서의 현상이라고 가정하는 모델도 있는데, 이 모델에서는 합체 빈도 등이 진화를 결정하는

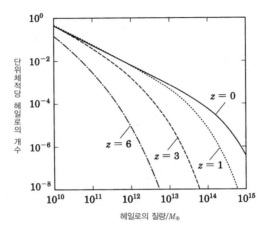

그림 5.4 암흑물질 헤일로의 질량함수. 4줄의 선은 아래부터 차례대로 $z=6$, 3, 1, 0에서의 질량함수를 나타내고 있다.

중요한 요소가 된다.

5.2.2 기체 역학과 복사 냉각

다음으로 헤일로 안에서의 가스의 움직임을 고찰하겠다. 여기에서는 가장 단순한 모델로 구 대칭인 가스운의 진화를 생각해 보자. 헤일로 안의 성간 가스는 초기의 어떠한 밀도 요동에 의한 중력 불안정성으로 수축하여, 비리얼화[7]를 거쳐 온도 $k_BT \sim GM\mu m_P/R$을 가진다고 예상된다. 여기에서 k_B는 볼츠만 상수, m_P는 양성자 질량, μ는 평균 분자량, R은 헤일로의 반지름이다. 이 온도가 충분히 높아지면($T > 10^4 \mathrm{K}$) 수소, 헬륨 또는 금속 원자의 레벨 전이에 의한 휘선 복사나 전리 가스의 제동 복사로 열에너지를 잃어(복사 냉각) 온도가 내려가기 시작한다. 물체(가스운)의 크기는 가스의 압력과 중력과의 균형으로 정해지기 때문에 다음의 두 가지 시간 스케일

▌**7** 역학적인 평형상태가 되는 것. 자세한 내용은 제5권 8장 참조.

을 비교하면 된다.

우선 온도 T, 밀도 ρ의 가스가 복사 냉각에 의한 냉각률 Λ로 내부 에너지를 잃는 경우 그 전형적인 냉각시간은 다음과 같이 주어진다.

$$t_{\text{cool}} = -\frac{E}{\dot{E}} \sim \frac{3}{2} \frac{\rho k_{\text{B}} T}{\mu m_{\text{P}} n_{\text{e}}^2 \Lambda(T)} \tag{5.37}$$

여기에서 n_{e}는 전자밀도이다. 은하 형성에서는 제동 복사나 원자 냉각이, 매우 높은 적색편이에서는 우주배경복사 광자에 의한 콤프턴 냉각이 중요한 냉각과정이 된다.

다음으로 질량 M, 반지름 R인 가스구가 중력 수축하는 역학적 시간은 다음과 같이 주어진다.

$$t_{\text{dyn}} \sim \sqrt{\frac{R^3}{GM}} \tag{5.38}$$

은하가 형성되기 위해서는 냉각시간이 역학적 시간보다 짧고, 허블 시간(이것은 팽창우주에서의 구조 형성의 진화시간을 나타낸다)보다는 짧아서 안 된다. 흥미롭게도 이 조건으로 정해지는 은하의 대략적인 질량은 $10^{10} \sim 10^{13} M_\odot$ 정도가 되는데, 이것은 거의 실제 은하의 질량에 상당한다.

은하 형성에서 복사 냉각의 역할에 대하여 리스M. Rees와 오스트라이커J. Ostriker가 기본적인 모델을 제창했다. 그리고 헤일로의 질량함수와 은하의 광도함수를 연결시키기 위해서는 헤일로의 형성도 동시에 고려한 이론이 필요하다. 1970년대 후반에는 다음 절에서 소개할 성간가스의 역학과 산일과정을 헤일로의 형성과 조합한 현재의 은하 형성의 기초가 되는 이론이 제창되었다.

5.2.3 중력 불안정성 이론

은하 형성이란 대규모 별 생성이기 때문에 우선 고밀도에 저온인 분자 가
스운 내에게 일어나는 별 생성을 고찰할 필요가 있다. 저온의 분자 가스운
에 수축을 일으켜 최종적으로 별 생성에 이르는 과정의 발단은 가스운에
서 일어나는 불안정성이다. 자기장이나 유체역학 효과를 포함한 각종 불
안정성이 알려져 있지만, 여기에서는 가장 중요한 중력 불안정성[8]에 대해
고찰하겠다.

가스운 안의 밀도 요동의 진화를 고찰하기 위해 똑같은 매질媒質($p=p_0$,
$\rho=\rho_0$, $v=v_0=0$)속을 진행하는 미소 진폭파를 생각해 보자. 밀도 요동 ρ_1
에 대해 다음과 같은 전파(파동) 방정식이 성립된다.

$$\frac{\partial^2 \rho_1}{\partial t^2} = c_s^2 \frac{\partial^2 \rho_1}{\partial x^2} \tag{5.39}$$

여기에서 c_s는 음속을 나타내며 다음과 같이 주어진다.

$$c_s^2 = \left(\frac{\partial p}{\partial \rho} \right)\Big|_{\rho_0} \tag{5.40}$$

가스가 이상理想기체인 경우에는 다음과 같은 식으로 쓸 수 있다.

$$c_s = \sqrt{\frac{\gamma RT}{\mu}} \tag{5.41}$$

파의 전파방정식 (식 5.39)에는 중력의 효과가 도입되어 있지 않기 때문에
동시에 중력장의 푸아송 방정식

---

[8] 진스J. Jeans 불안정성이라고도 한다. 제5권 8장 참조.

$$\Delta\phi = 4\pi G\rho \tag{5.42}$$

를 연립시키면 다음 식을 얻을 수 있다.

$$\frac{\partial^2 \rho_1}{\partial t^2} = 4\pi G\rho_0 \rho_1 + c_{\mathrm{s}}^2 \frac{\partial^2 \rho_1}{\partial x^2} \tag{5.43}$$

여기에서 미소 진폭의 요동 안정성을 보기 위해 다음과 같은 평면파 해의 움직임을 생각해 보자.

$$\rho_1 = A\exp[i(\omega t - kx)] \tag{5.44}$$

이 풀이를 (식 5.43)에 대입하면 파수 k와 진동수 ω 간에 다음의 분산 관계식을 얻을 수 있다.

$$\omega^2 = k^2 c_{\mathrm{s}}^2 - 4\pi G\rho_0 \tag{5.45}$$

(식 5.44)가 뜻하는 것은 ω가 허수인 경우 요동의 진폭은 시간과 함께 증대한다. 즉 미소 진폭의 요동이 성장한다는 것이기 때문에 이 중력 불안정의 조건은 다음과 같이 주어진다.

$$k^2 < k_{\mathrm{J}}^2, \qquad k_{\mathrm{J}}^2 = \frac{4\pi G\rho_0}{c_{\mathrm{s}}^2} \tag{5.46}$$

임계파수 k_{J}를 파장으로 고치면 다음과 같은 진스 길이를 얻을 수 있다.

$$\lambda_{\mathrm{J}} = c_{\mathrm{s}}\sqrt{\frac{\pi}{G\rho_0}} \tag{5.47}$$

또한 이 진스 길이에 포함된 질량은 진스 질량이라고 하며 다음과 같이 주어진다.

$$M_{\mathrm{J}} = \rho_0 \lambda_{\mathrm{J}}^3 \qquad (5.48)$$

분자 가스운 안에서 진스 질량은 온도 $T\,\mathrm{K}$, 분자수 밀도 $n\,\mathrm{cm}^{-3}$에 대해 다음과 같이 어림잡을 수 있다.

$$M_{\mathrm{J}} = \frac{25.6}{\mu^2} \sqrt{\frac{T^3}{n}} \qquad [M_{\odot}] \qquad (5.49)$$

진스 질량은 저온 가스운이 처음으로 불안정 수축할 때의 최소 질량을 주는데, 실제 별의 질량은 그 후의 가스운의 분열이나 원시별로의 강착 등 보다 복잡한 물리 과정에 의해 정해진다고 할 수 있다.

5.2.4 별 생성과 피드백 효과

은하 내의 별 생성은 일반적으로 거대 분자 가스운 내에서 무제한으로 일어나는 것이 아니라 초신성 폭발에 의한 에너지 방출을 통해 어느 정도 억제 효과도 작용하고 있다. 분자 가스운과 그 안의 별 생성 영역의 물리적 상태나 진화의 단계에 따라 별 생성이 일어나는 비율이 변화한다. 그러나 현 상황에서는 이러한 상호작용의 상세한 내용에 해명되지 않은 부분이 많이 남아 있기 때문에 경험적인 법칙 또는 현상론에 근거한 모델에 의존할 수밖에 없다.

은하계 안에서의 별 생성 법칙으로 태양계 근방의 별 생성 가스운의 관측을 통해 별 생성률 $\dot{\rho}_*$가 은하면 가스 표면밀도 $\sum_{\mathrm{gas}}$의 거듭제곱(멱지수 α)에 비례한다는 다음의 슈미트M. Schmidt 법칙이 잘 알려져 있다.

$$\dot{\rho}_* = C \sum_{\mathrm{gas}}^{\alpha} \qquad (5.50)$$

또한 근방의 별 생성 은하의 관측을 통해 평균 별 생성률(면밀도)과 가스 면밀도를 연계한 캐니컷R. Kennicutt 법칙이 잘 알려져 있다. 이것은 대역적 슈미트 법칙이라고도 한다(3.2절 참조).

은하 내에서의 별 생성을 고찰할 때에는 동시에 형성된 별이 성간가스에 미치는 여러 가지 영향을 총칭해서 '피드백'이라고 하는 효과도 고려해야 한다. 예를 들어 차가운 암흑물질에 근거한 계층적 구조 형성 모델에 상기의 이론을 적용하면 대부분 모든 가스가 우주 초기에 소천체(작은 헤일로) 안에서 별이 되어 버릴 가능성이 있다. 이 난점을 해결하기 위해 대질량별의 진화에서 마지막 초신성 폭발을 일으킬 때 주변의 가스도 날아가고 헤일로의 밖으로 내뿜어져 별 생성 효율이 전체적으로 제어된다는 모델이 제안되었다.

방출된 폭발에너지가 어떻게 주변 물질로 넘겨지고, 별 생성 그 자체가 어떻게 영향을 받는지는 중요한 문제이다. 여기에서는 간단하게 초신성 폭발로 인한 에너지 방출 후 헤일로 안에 그대로 남아 있는 가스의 비율을 f로 한다. 일반적으로 질량이 작은(중력 퍼텐셜이 낮은) 왜소 은하에서는 가스가 유출되기 쉽기 때문에 f는 작은 값일 것이다. 한편으로 초신성 폭발에 의한 에너지 방출률에도 한도가 있고, 가열된 가스는 결국 복사 냉각에 의해 에너지를 잃기 때문에 질량이 충분히 큰 은하에서 f는 1에 가깝다고 예상할 수 있다. 은하의 중력 퍼텐셜 값은 대체로 질량의 제곱근에 비례하기 때문에 가장 간단하게는 다음과 같이 근사시킬 수 있다.

$$f(M) = (1+\sqrt{M_c/M})^{-1} \qquad (5.51)$$

여기에서 M은 은하의 질량, M_c는 가스를 남길 수 있는 은하의 전형적인 질량이다. 즉 질량이 작은 은하에서는 남아 있는 가스의 비율이 중력 퍼텐셜에 비례하고, 질량이 큰 은하에서는 점근적으로 1이 된다.

별이 탄생할 때에 어떠한 질량의 별이 얼마나 탄생하는지를 나타내는 질량 분포 함수를 초기질량함수(IMF)라고 한다[9]. 어느 특정 IMF에 대해 형성된 $1M_\odot$당 ηE_{SN}의 에너지가 방출된다고 생각해 보자. 여기에서 η는 단위별 생성량당 초신성 폭발의 횟수이고, E_{SN}은 1회 폭발로 방출되는 에너지이다. 표준적인 거듭제곱법칙의 IMF를 이용하면 다음의 값을 얻을 수 있다.

$$\eta = 5.0 \times 10^{-3} \quad [M_\odot^{-1}] \tag{5.52}$$

지금까지의 논의에서는 은하 및 주변 물질을 고립계로 생각해 왔지만, 계층적 구조 모델에 의하면 은하는 다수의 합체에 의해 생겨난다고 할 수 있고, 합체 시의 가스 공급이나 유출 효과도 도입할 필요가 있다. 또한 여러 은하가 합체할 때에 폭발적 별 생성이 일어나는 경우도 있어 초신성 폭발의 영향이 한층 더 현저해진다. 이 절 서두에서 언급했듯이 암흑물질 헤일로의 합체·성장에 의한 영향도 크기 때문에 보다 상세한 모델이 필요하다.

5.2.5 화학 진화

은하 안의 성간가스에는 미량의 중원소[10] 및 먼지dust가 포함되어 있다. 빅뱅 직후의 초기 우주에는 바리온 물질로서 수소와 헬륨밖에 포함되어 있지 않았기 때문에 탄소나 산소, 마그네슘이나 철과 같은 중원소는 우주 진화과정의 별 내부에서 합성된 것이 초신성 폭발이나 성풍에 의해 방출된 것이라고 할 수 있다. 그중에서도 Ia형과 II형이라고 하는 초신성 폭발은 중요한 중원소의 공급과정이다.

---

9 4.1절 각주 9 참조.
10 1.3절 각주 29 참조.

초신성 유형은 스펙트럼선의 특징으로 분류되는데, 여기에서 각종 중원소의 합성량이 각각의 유형에 따라 매우 다르다는 것이 중요하다. 성간가스 또는 중원소량이 적은 별의 원소 조성을 조사하면 과거에 주변에서 일어났던 2종류의 초신성 폭발 비율을 추정할 수 있다. 또한 Ia형의 폭발을 일으킨 별의 수명은 II형보다 매우 길기 때문에 별 생성기로부터 시간이 경과함에 따라 Ia형 초신성에 의해 뿌려진 원소(예를 들어 철)의 비율이 높아진다. 따라서 성간물질 안의 철의 양과 마그네슘이나 산소 등 원소 양의 비는 화학 진화의 정도를 나타내는 '시계'로 이용할 수 있다.

은하 안에서의 화학 진화를 보기 위해 다음과 같은 간단한 계를 생각해 보자. 은하의 질량 중 별에 의한 것을 M_{star}, 성간가스에 의한 것을 M_{gas}라고 한다. 또한 성간가스 안의 금속량을 질량 비율로 해서 Z라고 쓴다. 성간가스에서 별이 되는 물질 중 어느 일정한 비율 β가 바로 성간가스로 방출된다고 하고, 별 안에서 합성되는 금속의 비율(yield라고 한다)을 y로 나타낸다. 또한 앞 절에서 정의한 은하 내에 남아 있는 가스의 비율 f를 이용하면 금속량의 시간 발전은 다음과 같은 화학 진화의 식으로 기술된다.

$$\frac{d(ZM_{gas})}{dM_{star}} = -\frac{Z}{1-\beta} + yf + \frac{\beta}{1-\beta}Zf \tag{5.53}$$

우변의 세 항은 순서대로 가스 안에서 별이 탄생할 때 별로 들어가는 양, 초신성 폭발에 의해 성간가스로 돌아가는 양, 별에서 본래 상태로 돌아가는 양을 나타낸다.

5.2.6 은하 안에서의 별의 진화

은하의 중요한 성질 중 하나로 은하의 스펙트럼이 있다. 은하는 전파에서 X선에 이르기까지 폭넓은 파장역(에너지 영역)에서 전자파를 방출하고 있다. 각 은하의 스펙트럼 차이는 각각의 은하 안에서의 활동, 특히 별 생성 역사의 결과로 나타난다. 질량이나 금속량이 다른 여러 가지 타입의 별에 대해서는 스펙트럼의 템플릿이 있다. 따라서 추정된 별 생성 역사에서 관측 시의 별 분포를 계산하여 은하 전체의 스펙트럼을 계산할 수 있고, 이것을 스펙트럼 합성이라고 한다. 은하의 스펙트럼을 각각의 별의 스펙트럼 '합'으로 표현하기 때문이다.

가장 간단한 모델은 수동적 진화 모델이라고 하며, 은하 형성 초기에 단 한 번 폭발적인 별 생성이 일어났다고 가정하는 모델이다. 이 경우 전체의 진화는 별이 주계열에서 이탈하는 비율로 결정된다. 이 경우에 은하의 광도 L은 시간의 함수로써 간단하게 다음의 식과 같을 것으로 예상한다.

$$L_G \propto t^{-\alpha}, \qquad \alpha \simeq 0.5 \tag{5.54}$$

수동적 진화 모델은 현재 별 생성 활동이 매우 약한 타원은하에 좋은 모델인데, 모델을 보다 일반화하여 여러 가지 형태의 은하에 대응시킬 수 있다. 별 생성률이 시간이 지남에 따라 작아지는 경우에는

$$\dot{M}_{star} \propto \exp(-t/\tau) \tag{5.55}$$

로써, 감쇠 매개변수 τ를 도입하면 아주 조기에 별 생성 활동을 끝낸 현재의 타원 은하의 스펙트럼을 $\tau \sim 10$억 년으로, 몇 가지 타입의 원반은하의 스펙트럼의 특징을 $\tau \sim 30$-100억 년으로 재현할 수 있다.

5.3 은하 진화론

은하는 크게 암흑물질과 바리온으로 구성되는데 이 절에서는 바리온으로서의 은하 진화에 대해 고찰하고자 한다.

은하의 진화를 이해하는 데 있어 여러 측면의 접근법이 있다. 5.2절에서 살펴봤듯이 은하 형성기에는 가스밖에 없었기 때문에 은하의 진화는 기본적으로 가스에서 별로의 물질전환 역사라고도 할 수 있다. 그런 의미에서 은하의 진화를 별 생성의 역사로 파악할 수도 있다. 별 생성 역사는 은하의 진화에 몇 가지 영향을 미친다. 우선 은하는 별을 만들면서 별의 진화와 함께 광도를 바꾸기 때문에 광도 진화를 한다. 또한 별의 진화와 함께 변천한 은하 내의 중원소량의 변화도가 은하의 화학 진화로서 자리매김하고 있다.

은하 형성기에 기대되는 가스운의 질량은 현재 관측되는 은하에 비해 대략 10만분의 1정도밖에 되지 않는다. 따라서 은하의 진화는 질량을 어떻게 획득해 왔는지의 관점에서 파악할 수 있다. 이것은 역학적인 진화에 해당한다. 또한 현재 관측되는 은하의 형태는 타원은하, 소용돌이은하, 불규칙 은하로 다양성에서 풍부한데, 이러한 은하의 형태 기원도 은하의 역학 진화의 중요한 과제가 된다.

이상과 같이 은하의 진화는 광도 진화, 화학 진화, 그리고 역학 진화 등으로 나누어 생각할 수 있다. 예전에는 은하의 진화를 직접 관측할 수 없어서 우주사를 거슬러 올라갈 수 없었다. 그러나 최근 10년 사이에 허블우주망원경, 지상의 $8 \sim 10\,\mathrm{m}$급의 광학 적외선망원경 등에 의한 관측으로 이러한 은하 진화의 여러 가지 모습이 급속하게 해명되어 왔다. 여기에서는 최근 명확해지고 있는 별 생성의 역사에 관한 부분에 중점을 두고 은하의 진화를 설명하겠다.

5.3.1 광도함수와 광도 진화

은하의 기본적인 관측량은 밝기이다. 은하까지의 거리를 알면 은하의 겉보기밝기에서 은하의 광도(L)를 구할 수 있다. 은하의 광도는 여러 가지인데 어떠한 광도의 은하가 어떠한 비율로 존재하고 있는지를 알면 은하의 형성이나 진화의 시나리오(모델)에 제한을 줄 수 있다. 이것을 정량화한 것이 은하의 광도함수이며, L에서 $L+dL$ 사이의 광도를 가진 은하의 공간수밀도數密度로 정의된다. 이 광도함수의 적색편이 z에 대한 의존성을 조사하여 은하의 광도 진화를 명확하게 할 수 있다.

이때 문제는 원방 은하의 거리측정이 어렵다는 것이다. 원방 은하의 거리를 관측으로 구하는 두 가지 방법이 있다(6.3절 참조). 한 가지는 분광관측에 의한 것으로 원방 은하의 휘선 또는 흡수선의 관측 파장을 통해 적색편이(분광 적색편이라고 한다)를 구하는 방법이다. 이것은 가장 신뢰성이 높은 방법이지만 대상이 되는 은하가 어두우면 관측이 어려워진다. 실제로 원방 은하의 대부분은 분광관측이 불가능할 정도로 어둡다[11].

그래서 어두운 은하의 거리를 분광이 아닌 측광으로 추정하는 방법도 사용된다. 몇 가지 광대역 측광 밴드의 등급에서 대상 은하의 스펙트럼 에너지 분포(SED, 1.2절 참조)를 구하고, 여기에 기존의 여러 타입 은하의 SED 적색편이를 바꾸면서 맞추어 보아 가장 잘 맞는 적색편이를 그 은하의 적색편이로 채용하는 방법이다. 이것을 측광 적색편이라고 한다. 촬영 데이터를 이용하기 때문에 매우 많은 어두운 은하의 적색편이를 한 번에 얻을 수 있다. 측광 적색편이는 가시역에서 근적외역까지의 측광 밴드를 이용하면 일반적으로는 10% 정도의 정확도로 분광 적색편이와 일치한다. 각각의 은하에 관해 매우 잘못된 적색편이를 산출하는 경우도 있지만, 광도함수를 이용해서 통계적인 은하 진화를 탐색하는 경우에는 심각한 문제가 되지는 않는다.

---

11 $I_{AB}\sim$25등급이 구경 8~10m급 광학 망원경의 분광 관측의 한계이다.

관측된 광도함수는 스케흐터함수로 근사할 수 있다(1.3절). (식 1.7)을 광도 L을 이용해서 나타내면 다음과 같은 식을 얻을 수 있다.

$$\phi(L)dL = \phi^*(L/L^*)^\alpha \exp(-L/L^*)dL/L^* \quad [\text{Mpc}^{-3}] \quad (5.56)$$

이 식은 광도가 작은 곳에서는 수밀도가 제곱함수적으로 변화하지만(제곱지수가 α), 광도가 큰 곳에서는 지수함수적으로 변화함을 말해준다. 이 제곱함수와 지수함수가 변천하는 부근의 광도가 특징적 광도 L^*이다(등급으로 표시할 때에는 M^*으로 나타낸다, 1.3절 참조). 이상이 광도함수의 형태를 정하는 매개변수인 데 반하여 ϕ^*는 수밀도의 절대적 수치를 결정하는 매개변수이다. 우리의 근방 우주에서의 수치는 가시역에서는 $\alpha \sim -1.2$, $M^* -20$에서 -21등급, $\phi^* \sim 0.005\,\text{Mpc}^{-3}$이다.

다음으로 광도함수의 진화를 살펴보자. 그림 5.5는 스바루 망원경의 촬영 서베이로 도출한 광도함수의 진화 예이다. 촬영관측이기 때문에 측광 적색편이로 거리를 추정해서 광도함수를 구하고 있다. 밀도를 계산할 경우, 체적은 우주팽창에 따라 커지기 때문에 통상은 현재의 우주 체적으로 환산하여 입방메가파섹(Mpc^3)의 단위로 나타낸다. 이것을 공동체적이라고 하며 이 절에서의 은하 수밀도는 모두 공동체적당 양이다.

근적외선 밴드(K밴드)에서는 적색편이 $z \sim 3$(우주의 연령이 약 20억 년경, 지금으로부터 약 120억 년 전)까지 거슬러 올라가도 아주 큰 진화는 볼 수 없지만, 가시가 푸른 밴드(B밴드)에서는 완만한 진화를 볼 수 있다. 자외선에서는 더욱 큰 진화를 볼 수 있다.

이러한 경향은 다른 분광 또는 촬영에 의한 탐사에서도 확인되고 있지만, 푸른빛의 광도함수 진화는 옛날로 거슬러 올라갈수록 L^*이 밝아지고, ϕ^*가 작아지는 경향이 된다. 붉은 밴드에서의 밝기는 은하에 포함된 별의 전체 질량의 지표라고 할 수 있다. 따라서 은하 내 별의 전체 질량은 현재

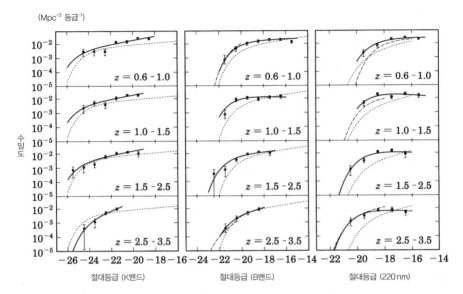

(Mpc⁻³ 등급⁻¹)

수밀도

절대등급 (K밴드) 절대등급 (B밴드) 절대등급 (220 nm)

그림 5.5 광도함수의 진화. 왼쪽부터 K밴드, B밴드, 자외선(220 nm). 맨 위의 그림은 56~76억 년 전 우주에서의 광도함수, 그 아래는 순서대로 76~93억 년 전, 93~110억 년 전, 110~118억 년 전 우주의 광도함수이다. 실선은 데이터로 최적 필터시킨 스케흐터함수이며 점선은 현재 우주에서의 광도함수이다(kashikawa *et al.*, 2003, AJ, 125, 53).

로부터 적색편이 $z \sim 2$까지 사이에서 커다란 변화는 없음을 시사한다. 한편 자외선은 질량이 큰 별이 기원이기 때문에 별 생성의 규모(별 생성률) 지표가 되고, 옛날에는 격렬한 별 생성을 했던 은하가 많았음을 나타낸다.

적색편이 $z = 3$ 이상 우주에서의 별 생성 은하탐사는 최근 10년 동안 급속하게 진전되어 왔다. 이러한 탐사에 라이먼 브레이크법이라고 하는 방법이 자주 이용된다. 이 방법은 대상이 되는 은하까지의 시선 상에 존재하는 은하 간 가스운에 의한 자외선의 흡수 산란을 이용한 일종의 측광 적색편이다(자세한 내용은 칼럼 참조). 또한 이 방법으로 발견된 은하를 라이먼 브레이크 은하Lyman break galaxies라고 한다. 라이먼 브레이크법에서 적색편이 $z \sim 3$의 은하를 검출하기 위해서는 U밴드로 어두운 은하를 탐사하게 된다. 이에 따라 현재는 $z{\sim}3$의 시대의 은하의 자외 광도함수가 자주 구해지고 있다. 보다 먼 은하를 탐사하기 위해서는 보다 긴 파장으로 어두운 은하를 탐사하면 된다. 예를 들어 적색편이 $z{\sim}5$의 은하를 탐사하여 자외 광도함수를 구하기 위해서는 V밴드(또는 R밴드)에서 어두운 은하를 탐사하면 된다. 다만 5.1절의 그림 5.3이나 표 5.1에서 알 수 있듯이 적색편이가 커지면 광도거리는 커지고 은하의 겉보기밝기는 어두워진다[12]. 또한 이에 따라 은하의 면 수밀도도 저하된다. 따라서 적색편이를 거슬러 올라가서 탐사를 하는 데에는 상당한 곤란함이 따른다. 적색편이 $z{\sim}5$나 $z{\sim}6$에서의 우주의 자외 광도함수도 얻을 수 있지만, 아직 정확도가 별로 좋지 않은 상황이다. 또한 적색편이 $z{\sim}6$을 초과하면 근적외선 촬영관측이 필요해진다. 이 파장역에서는 가시광대에 비해 하늘이 밝고[13], 넓은 시야의 관측이 가능한 검출기가 존재하지 않기 때문에 라이먼 브레이크은하 탐사의 어려움이 더욱 증대한다. 우주에서의 근적외, 중간적외 관측이 진행되고 있지만 아직 결과는 확정되지 않았다. 그러나 장래에는 보다 대형의 우주 망원경에 의한 관측이 계획되어 있어 높은 고적색편이에서의 별 생성 은하의 모습이 명확해질 것으로 기대하고 있다.

---

12 표 5.1에 의하면 적색편이 $z{=}5$는 지금으로부터 125억 년 전이다. 그 때문에 신문이나 일반용 잡지 등에서 $z{=}5$에 존재하는 은하의 거리는 125억 광년이라고 표기한다. $z{=}3$은 지금으로부터 115억 년 전이기 때문에 115억 광년으로 표기한다. 이 표기를 이용하면 $z{=}5$의 은하는 $z{=}3$의 은하보다 불과 10% 먼 은하가 된다. 그러나 표 5.1에서 알 수 있듯이 그 광도 거리는 약 2배 가까이 증가하고, 겉보기밝기는 이에 따라 어두워진다.

13 인공 빛이 없는 장소에서 달이 없는 밤에도 밤하늘은 완전한 암흑이 아니라 은은하게 빛나고 있다. 이 것을 야천광(밤하늘의 밝기)이라고 한다. 가시광선 영역에서 야천광은 황도광과 성야광(하나하나 분해되어 보이지 않는 미광성에 의한 밝기)이 중심이지만, 파장 $0.8{\sim}2.4\,\mu m$의 근적외선 영역에서는 지구 대기 상층의 OH 라디칼에서 복사되는 다수의 휘선(OH 야광)이 주성분이 되어 가시광선 영역에 비해 밤하늘이 훨씬 밝아진다. 자세한 내용은 제15권 2장 참조.

칼럼 ## 라이먼 브레이크법과 라이먼 α 휘선 천체 탐사법

라이먼 브레이크법

고적색편이에서 자외선은 관측자에 도달하기까지 은하 간 가스운을 통과한다. 이 가스운에는 수소 원자가 포함되어 있기 때문에 가스운의 정지계에서 라이먼 α선(121.6 nm)(및 그 밖에 라이먼계열과 라이먼단)의 빛을 흡수하여 산란되어 버린다. 가스운은 은하보다 앞에 있기 때문에 이 파장은 은하의 라이먼 α선보다 짧은 파장이며 지상에서는 흡수선으로 관측된다. 이러한 은하 간 가스운은 고적색편이에 다수 존재하고 있어, 대상 은하의 라이먼 α선($121.6 \text{nm} \times (1+z)$)보다 짧은 파장 쪽에서는 다른 파장에서 흡수선이 아주 많이 형성된다. 따라서 이 파장역을 커버하는 필터를 이용해서 촬영을 실시하면 은하는 상당히 어둡게 찍히거나 거의 보이지 않게 된다(드롭아웃이라고 하는 경우도 있다). 한편 은하의 라이먼 α선보다 긴 파장 쪽을 커버하는 필터로 촬영을 실시하면 연속광에 의해 은하가 밝게 보인다. 그 등급차, 즉 색을 보면 은하는 매우 붉은색을 띠는 천체로 보인다. 이러한 방법으로 은하를 골라내면 타깃이 되는 적색편이의 은하를 효율적으로 검출할 수 있다(실제로는 전경前景에 존재하는 천체의 혼입을 피하기 위해 세 가지 파장대역을 커버하는 필터를 이용해서 2색으로 식별하는 경우가 많다).

라이먼 α 천체 탐사

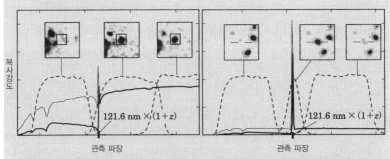

그림 5.6 라이먼 브레이크법(왼쪽)과 라이먼 α 휘선 천체 검출법(오른쪽)의 개념도. 가는 실선은 은하 간 가스운에 의한 흡수가 없는 경우의 은하 관측 스펙트럼. 굵은 실선은 흡수된 스펙트럼. 대상 은하의 라이먼 α선($121.6 \text{nm} \times (1+z)$)보다 짧은 파장 쪽(왼쪽)의 빛이 흡수되어 어두워지고 있다. 점선은 필터의 투과율을 나타낸다. 라이먼 브레이크법의 사례는 Iwata *et al.*, 2003, *PASJ*, 55, 415에서, 라이먼 α 휘선 천체의 사례는 Kodaira *et al.*, 2003, *PASJ*, 55, L17에서 각각 선발(이와타 이쿠루岩田生 제공).

휘선 강도가 강한 은하를 그 휘선을 포함한 파장역에서 협대역 촬영[14]을 실시하면 대역 안에서의 평균 강도(정확하게는 플럭스 밀도)가 인접하는 연속광의 평균 강도보다 커져 밝게 찍힌다. 휘선이 보이지 않는 천체의 경우는 협대역 촬영이든 광대역 촬영이든 연속광 강도에 따른 거의 같은 등급의 천체로 찍힌다. 따라서 협대역 촬영에서 인접한 파장에서의 광대역 촬영보다 특히 밝게 찍히는 천체를 골라내면 휘선 천체를 효율적으로 검출할 수 있다. 고적색편이 라이먼 α 휘선 은하 탐사의 경우는 휘선이 라이먼 α 휘선인지 다른 휘선인지 판별할 수 없는 경우가 있기 때문에 라이먼 브레이크법을 병용해서 후보 천체를 선택하는 경우가 많다.

5.3.2 형태별 광도함수

원방 우주 은하의 형태를 지상 망원경으로 살피는 것은 어렵다. 최근 보상광학[15]의 발전으로 근적외선 영역은 지상에서도 높은 각분해능 관측이 가능해지고 있지만, 가시광선 영역에서는 아직 우주에서의 관측이 유리하다. 우주에서 관측하는 허블우주망원경은 원방의 은하 모습을 포착하는데 적합하다. 광도함수를 도출한 천역天域에서 허블우주망원경에 의한 형태분류를 실시하여 형태별로 본 광도함수가 어떻게 진화하는지를 조사할 수 있다. 그 결과에 의하면(그림 5.7) 샘플 수는 아직 매우 적지만 현재로부터 적색편이 $z \sim 1$(우주연령 약 60억 년, 지금으로부터 약 80억 년 전)까지의 사이에서 타원은하의 큰 진화는 볼 수 없다. 즉 타원은하는 $z \sim 1$까지 돌아가도 수밀도는 2배 정도의 부정성 내에서 현재와 같다고 봐야 할 것이다. 원반

---

14 매우 좁은 파장 범위의 빛만을 투과하는 필터(협대역 필터)를 통해 촬영하는 것. 파장 범위가 10nm 정도보다 좁은 경우를 협대역, 50nm 정도보다 넓은 경우를 광대역이라고 한다. 중간의 경우는 중간대역이라고 하는 경우도 있다.
15 지구 대기의 요동에 의한 성상星像의 열화劣化를 실시간으로 보정하는 기술. 제15권 참조.

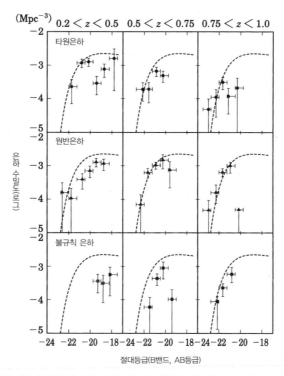

그림 5.7 형태별로 본 광도함수의 진화. 위에서부터 타원은하, 원반은하, 불규칙 은하. 왼쪽에서 오른쪽으로 적색편이가 증가하여 왼쪽부터 24~49억 년 전, 49~65억 년 전, 65~76억 년 전 우주의 형태별 광도함수. 점선은 기준으로 사용한 캐나다-프랑스 적색편이 서베이에서 얻어진 24~49억 년 전의 모든 형태 은하의 광도함수(Brinchmann *et al.*, 1998, *ApJ*, 499, 112).

은하에서는 광도함수의 완만한 진화를 볼 수 있다. 이것이 광도의 진화라고 한다면 약 1등급의 진화에 대응한다. 다른 관측에서 원반은하의 구조 (질량 분포나 스케일 길이)는 현재로부터 적색편이 $z \sim 1$까지 사이에서 큰 진화가 없다는 보고도 있어 이 진화는 실제로 광도진화라고 해도 좋을 것이다. 또한 적색편이가 0.5보다 전에는 불규칙 은하가 상당히 많았음을 알수 있다. 불규칙 은하가 현재 왜 적은가는 알 수 없지만 하나의 가능성으로 큰 은하와 합체되어 먹힌 경우가 있을 수 있다.

적색편이 $z \sim 1$의 우주에는 현재의 우주에서 볼 수 있는 원반은하나 타원은하와 같은 은하의 형태 분류를 적용할 수 있다. 그러나 더욱 옛날로 거슬러 올라가면 더 이상 이러한 분류 자체가 성립되지 않는다. 적색편이 3 정도 이상의 은하 형태에는 불규칙한 것 이외에도 타원은하와 같은 둥근 형상도 있지만, 현재의 타원은하와는 성질이 매우 다르기 때문에 단순히 형태만으로 타원은하라고 할 수 없다. 예를 들어 크기가 작은 것이 많기 때문에 결국 원반은하의 벌지로 진화할 가능성도 있다.

이렇게 우주 초기의 은하에 대해 현재의 우주에서 볼 수 있는 은하의 형태 분류를 적용하는 것은 의미가 없을지도 모른다. 또한 형태는 어떤 파장의 빛으로 보는지에 따라 다르다는 것에도 주의를 기울일 필요가 있다. 근방의 은하에서도 가시로 본 형태와 자외선으로 본 형태가 크게 다른 예도 존재한다.

5.3.3 우주의 별 생성 역사

자외선으로 탐색하는 별 생성 역사

은하의 자외선 복사 기원은 활동 은하핵을 제외하면 주로 O형 별이나 조기 B형 별 등의 자외 복사이다. 즉 막 탄생한 젊은 별의 복사가 주요 기원이다. 따라서 자외선 광도[16]는 은하의 별 생성 규모의 크기 지표가 되고 있다. 이것을 모델을 사용해서 정식화하면 별 생성률은 자외 광도와 비례하는 관계가 된다. 즉 자외선 광도를 알면 별 생성률 추정이 가능하다. 5.3.1절에서 서술한 자외선 광도함수의 진화는 별 생성률 함수의 진화이기도 하다. 그래서 자외선 광도함수를 적분하면 단위체적당 은하가 내보내는 자외선 광도를 계산할 수 있고 이것을 별 생성률로 환산할 수 있다. 이

---

16 정확하게는 단위파장당 또는 단위주파수당 광도 밀도.

렇게 단위체적당 별 생성률, 즉 별 생성률 밀도의 적색편이 진화를 조사할
수 있다.

은하는 가스를 별로 변환시키는 시스템이므로 우주의 별 생성 역사는
은하의 성장 역사라고 해도 좋을 것이다. 그림 5.8에 우주의 별 생성 역사
에 관한 최근의 연구 성과를 나타냈다. 약 80억 년 전(z~1)의 별 생성률이
현재(적색편이 $z=0$)에 비해 약 10배 높다. 즉, 이 의미는 적색편이 z~1 시
대에 현재 보다 10배 정도의 기세로 별이 우주 전체에서 활발하게 만들어
졌다는 것이다. 적색편이 $z=2$~3 부근에서 피크가 되고, 고적색편이에서
는 별 생성률이 낮아진다. 다만 $z=5$~6(우주연령 10억 년경)보다 이전의 별
생성률은 자외선 광도함수도 아직 정해지지 않아 정확하게 결정되어 있지
는 않다. 관측으로 얻은 우주의 별 생성의 역사는 암흑물질 헤일로의 합체
와 함께 어떻게 별 생성이 진행되어 가는지 이론적인 모델과의 비교 검증
이 이루어지고 있는 중이다. 이에 따라 은하의 별 생성 메커니즘이나 개별
은하의 별 생성 역사 등에 국한하지만 보다 구체적인 은하 진화의 묘사가
이루어지고 있다.

다만 별 생성 역사의 관측적인 도출에는 몇 가지 부정성이 있다. 하나는
광도함수를 적분해서 단위체적당 자외선 복사에너지(자외선 광도 밀도)를
구하려고 하면 관측으로 검출할 수 없는 매우 어두운 은하까지 외삽하여
계산할 필요가 있다는 점이다. 그림 5.8은 $0.1L^*(z=3)$[17]보다 밝은 은하의
기여만을 나타내고 있지만, 자외선 광도 밀도에 어두운 은하의 기여는 어
두운 은하가 얼마만큼 존재하는지에 의존하고 있어서 전체 자외선 광도
밀도를 추정할 때 커다란 부정 요인이 된다.

또 다른 한 가지는 별의 초기 질량함수의 부정성이다. 별이 탄생할 때에

| 17 L^*도 적색편이 z와 함께 변화한다. 이 기호는 $z=3$에 의한 L^*의 값이라는 것을 나타낸다.

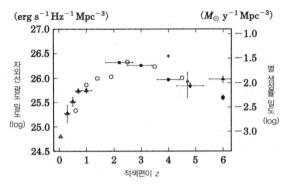

그림 5.8 단위체적당 별 생성률의 역사. 가로축은 적색편이, 왼쪽 세로축은 자외선 광도 밀도이고, 오른쪽 세로축은 이에 대응하는 별 생성률 밀도. 다른 기호는 다른 관측으로 얻은 데이터이다. $0.1L^*$ ($z=3$)보다 밝은 은하의 기여만을 나타냈다. 흡수 보정은 이루어지지 않았다(이와타 이쿠루岩田生 제공).

는 일반적으로 여러 질량의 별들이 거의 동시에 탄생한다. 무거운 별만이 자외선을 내고 있지만, 도출된 별 생성률은 동시에 탄생하고 있는 가벼운 별도 포함하고 있다. 일반적으로는 태양계 근방의 은하 원반부에서 평균적인 살피터 초기 질량함수(4.1.4절 참조)를 사용하는데, 전혀 다른 환경의 장소에도 이것을 적용할 수 있는지는 아직 알 수 없다.

게다가 자외선은 먼지에 의한 흡수가 커서 우리가 관측하고 있는 자외선은 별이 복사한 자외선의 일부에 지나지 않을 가능성이 있다. 통상은 흡수량을 추정하고 이를 보정하지만 그 부정성이 크다. 이 점에 대해서는 다음 절에서 설명하겠다.

Hα휘선을 통해 탐색하는 별 생성 역사

은하의 Hα휘선은 활동 은하핵을 제외하면 주로 별 생성 영역의 전리 가스에서 복사되고 있다. 전리는 별에서 복사된 전리 광자에 의해 일어나 전리와 재결합이 균형을 이룬 상태가 된다. 따라서 복사되는 Hα휘선의 광도는 별의 자외선 광도에 비례하고 있어 Hα휘선 광도도 별 생성률 지표로 이용할 수 있다(4.1절 참조). 자외선과 달리 가시광선 영역의 긴 파장이기 때문에 먼지에 의한 흡수가 경감되어 별 생성률 추정이라는 의미에서 자외선보다 신뢰성이 높다. 이러한 관점에서 Hα휘선 광도함수가 도출되고 있다. 은하의 분광 서베이를 실시하여 Hα휘선 강도를 측정하고 그 광도함수를 도출한다. 가시역 관측에서는 적색편이 $z{\sim}0.3$까지밖에 탐사할 수 없지만, 최근에는 근적외역 탐사도 진행되어 $z{\sim}1$ 은하에 대한 Hα휘선 광도함수, 그리고 별 생성률 밀도를 얻을 수 있게 되었다. 이 결과에 의하면 Hα휘선 강도휘선을 통해 추정된 별 생성률 밀도는 측정되고 있는 적색편이의 범위에서 자외선을 통해 추정된 수치의 3배 정도 높다. 이것은 자외선이 높은 비율로 먼지에 흡수되고 있다는 뜻이다.

먼지에 감춰진 별 생성

폭발적인 별 생성을 하고 있는 은하에는 먼지dust가 많아 흡수가 매우 클 가능성이 있다. 먼지에 의해 흡수된 에너지는 먼지가 내는 열복사로 다시 방출된다. 먼지의 온도는 흡수하는 에너지와 열복사의 균형으로 결정되고, 온도에 따른 열복사를 하고 있다. 따라서 먼지의 열복사를 포착하고, 이로부터 별 생성률 추정을 하면 먼지에 의한 흡수분을 파악할 수 있다. 먼지의 온도는 수십K 정도이기 때문에 주로 복사는 근적외선이나 서브밀리미터파이다. 위성을 이용한 중간-원적외선 관측이나 지상의 서브밀리미터파 관측으로 적색편이 $z{\sim}1$ 이상 은하의 먼지로 인해 감춰진 별 생성률을 추정하거나, 매우 많은 에너지를 복사하는 $z{\sim}2{-}3$ 이상의 은하를 적외선으로 발견하고 있다.

이러한 결과에 의하면 자외선 광도 밀도를 통해 추정된 수치는 전체 별 생성의 절반 정도라는 추정도 있어, 먼지에 감춰진 별 생성 조사의 중요성이 명확해졌다. 다만 원적외선 복사의 기원에는 별 생성 이외의 요인도 있다. 예를 들어 먼지를 포함한 가스운에 파묻힌 퀘이사가 있다면 그 에너지원은 별이 아니기 때문에 주의가 필요하다. 특히 적외선 광도가 크면 스타버스트와 퀘이사가 공존하는 경우라고 생각할 수 있고 퀘이사의 에너지 기여가 큰 경우도 많기 때문에 특히 주의가 필요하다.

5.3.4 은하 진화 모델

여기에서는 은하 진화 모델에 대해 간단하게 설명하겠다. 은하 진화 모델이라고 해도 5.2절에서 상세하게 서술한 우주에 존재하는 가스가 어떻게 차가워져서 수축하고 그 안에서 어떻게 별이 형성되는지와 같은 모델이 아니라 관측되는 스펙트럼 또는 SED[18]와의 비교를 주로 염두에 둔 스펙트럼 진화 모델이다(5.2.6절 참조).

어느 시각의 별 생성률이 주어진다면 단위시간당 얼마만큼 별이 탄생하는지를 알 수 있다. 초기 질량함수를 가정하면 얼마만큼의 질량 별이 얼마나 탄생하는지 계산할 수 있다. 탄생한 별이 영세零歲 주계열별이라고 한다면 그 후의 진화는 기존과 같다[19]. 따라서 그 후 임의의 시각에 어떠한 별이 얼마만큼 존재하는지도 알 수 있다. 한편 주계열이나 그 후의 진화 단계에서 별이 어떠한 스펙트럼을 보이는지도 기존과 같기 때문에 임의 시각에서 이러한 별의 합성 스펙트럼을 도출할 수 있다.

이제 은하의 진화를 별 생성률의 시간 변화로써 주고 어느 시각의 그 스펙트럼을 알고 싶다고 해보자. 위와 같이 각 시각에 탄생한 별의 스펙트럼 시간 변화는 알고 있기 때문에 생각하고 있는 시각보다 이전에 탄생한 별의 스펙트럼을 모두 더하면 알고 싶은 스펙트럼을 얻을 수 있다. 이것을

---

18 1.2절 각주 17 참조.
19 다만 별 일생의 마지막 진화 단계는 아직 미지의 부분이다.

관측된 스펙트럼 또는 SED와 비교하여 은하의 별 생성 연령이나 완성된 별의 질량을 추정할 수 있다. 또한 별의 금속량, 은하 내에서의 먼지에 의한 흡수량(적화량)을 모델에 넣으면 금속량의 추정이나 먼지에 의한 감광량도 추정할 수 있다.

별 생성률을 가정으로 주는 경우가 많은데, 가스의 양을 계산하여 자율적으로 별 생성률을 결정해가는 타입의 모델이나 금속량을 일정치로 주지 않고 별의 진화를 고려해서 모델 안에서 금속량 진화를 계산하는 타입의 모델도 있다. 또한 모델 스펙트럼을 커버하는 파장 범위는 자외선에서 가시, 근적외선까지가 많지만, 먼지에 흡수된 에너지를 먼지의 열복사 형태로 재복사하는 것을 반영한 모델에서는 서브밀리미터파까지 미치고 있다.

5.3.5 은하의 별 질량함수와 별 질량 밀도의 진화

우주의 별 생성률은 만들어진 별의 질량과 직접 관계하고 있을 것이다[20]. 따라서 은하의 별 질량 진화를 탐색하는 연구도 최근 수년간 급속하게 발전하고 있다. 원방 은하 안에 포함된 별 질량은 5.3.4절에서 서술한 방법으로 추정하는 경우가 많다. 즉 여러 패턴의 별 생성 역사를 생각한 모델 스펙트럼을 준비하여 이것들을 관측된 SED와 비교하여 가장 잘 일치하는 모델을 채용한다. 이러한 추정을 서베이 영역 내의 은하에 대해 실시하면 각 시대 은하의 별 질량함수를 구할 수 있다. 이러한 연구 결과의 예를 그림 5.9에 제시하였다. 적색편이가 커짐에 따라 점점 별 질량 함수가 왼쪽(또는 아래)으로 이동하는 모습을 엿볼 수 있다. 작은 질량의 은하와 큰 질량의 은하에서 진화의 모습이 다른데, 대질량 은하는 적색편이 $z \sim 2$까지 돌아가도 그다지 수밀도가 변하지 않지만 가벼운 것은 큰 차이를 보인다.

---

[20] 정확하게는 양쪽 모두 단위체적당 별 생성률 밀도와 별 질량 밀도라고 생각한다.

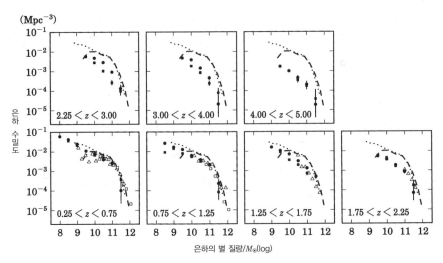

그림 5.9 별 질량함수의 진화. 파선과 점선은 적색편이 0 부근에서의 질량함수를 나타낸다(Drory *et al.*, 2005, *ApJ*, 619, L131).

무거운 쪽이 옛날에 성장을 해서 최근에는 거의 성장하지 않고 있음을 시사한다.

은하의 별 질량함수를 어느 질량까지 적분하여 우주의 단위체적당 별질량 밀도의 진화를 조사할 수 있다. 현시점에서의 결과를 보면 적색편이 $z\sim2$에서 현재의 우주에 있는 별의 질량 약 25%가 이미 완성되었고, $z\sim1$에서는 약 50%의 별이 존재함을 알 수 있다. 이 결과는 흡수 보정한 자외선 광도 밀도를 통해 추정된 별 생성의 역사와 거의 모순이 없는 결과이다. 더 이전 시대에서의 별 질량 도출에는 근적외선보다 긴 파장의 데이터가 필요한데 현재 연구가 진행되고 있는 중이다.

5.3.6 화학 진화

5.2.5절에서 서술했듯이 우주에 존재하는 중원소는 별의 내부 또는 초신성 폭발 시에 만들어졌다. 따라서 우주의 중원소량 진화는 별 생성의 역사와

직결되어 있어 우주의 별 생성 역사는 중원소의 진화 역사라고 할 수도 있다. 5.2.5절에서는 이 화학 진화의 간단한 모델을 소개했는데, 최근 관측의 진보로 적색편이 $z\sim3$에서 현재에 이르기까지 은하의 화학 진화 모습을 알게 되었다.

은하의 중원소 수소에 대한 비율은 일반적으로 은하 스펙트럼에서 볼 수 있는 흡수선 또는 휘선 스펙트럼의 해석에서 얻을 수 있다. 흡수선은 별의 대기 복사가 기원이고 휘선은 전리 가스 이다. 원방의 은하와 같은 어두운 천체의 경우 흡수선 스펙트럼을 좋은 신호대잡음비로 취득이 어렵기 때문에 휘선을 이용하는 경우가 많다. 전리된 산소나 질소의 휘선과 수소의 휘선 강도비로 추정하는 경우가 많다. 적색편이 $z\sim3$까지의 밝은 은하에서 중원소량 추정이 가능해지고 있다. 그 결과 과거로 거슬러 올라갈수록 중원소량은 적어지고 적색편이 z가 1 증가할수록 약 30%씩 감소하고 있음을 알게 되었다. 다만 어느 시대에서든 밝은 은하일수록 중원소가 많다는 상관관계도 볼 수 있기 때문에 주의가 필요하다. 최근에는 별 질량이 큰 은하가 작은 은하보다 이른 시기부터 화학 진화가 진행된다는 결과도 나오고 있어 다음 절과 같은 문제를 제기하고 있다.

5.3.7 반계층적 진화(downsizing)

이상과 같이 우주 전체를 대국적으로 본 별 생성의 역사(즉, 은하 진화)의 모습이 명확해지고 있다. 그렇다면 은하에 따른 차이는 있는 것일까? 별 생성률의 지표가 되는 자외선 광도나 휘선광도를 은하의 크기나 질량의 지표인 밝기(특히 붉은 밴드에서의 밝기)로 규격화한 수치는 은하의 성장률을 반영하고 있다. 이러한 양을 은하의 크기나 질량과 비교해 보면 적색편이 $z\sim1$에서 현재에 걸쳐 질량이 큰 은하부터 먼저 성장률이 떨어져서 현재도 높은 성장률을 보이는 것은 질량이 작은 은하뿐이다. 이 사실은 큰 은하일수록 예전에 크게 성장한 후 거의 진화하지 않고, 작은 은하일수록 최근까지 활발하게 별을 만들고 있다는 뜻이다. 이것은 그림 5.9에서도 볼 수 있었던 경향이다. 이 현상을 다운사이징 또는 반계층적 진화라고 한다.

차가운 암흑물질 모델에 의한 계층적 구조형성 이론(5.2절)에서는 과거에 작은 은하가 생겨나 그것들이 합체하면서 이윽고 큰 은하가 된다는 시나리오를 그리고 있다. 그러나 지금까지 서술한 별 생성 역사의 관측 사실을 이 시나리오만으로 설명하기가 어렵다. 이 때문에 은하 형성 진화는 우주의 밀도 요동이 높은 부분에서 선택적으로 진행된다는 바이어스 시나리오를 생각하거나, 별 생성에 수반되는 초신성 폭발이 그 후의 별 생성을 억제한다는 피드백 효과를 고려하거나(5.2.4절 참조), 활동 은하 중심핵의 복사가 별 생성을 억제할 가능성도 논의되고 있다.

5.4 고적색편이 은하

앞 절에서 살펴봤듯이 은하의 형성과 진화에 관한 연구는 최근 10년 사이에 큰 진전을 보였다. 특히 라이먼 브레이크법에 의한 원방 은하 탐사는 성공을 거두어, 많은 젊은(적색편이 $z \sim 3-6$) 은하가 발견되어 그 통계적인 성질이 연구되었다. 그러나 이러한 탐사는 아직 충분하지 않아 은하 형성에 다가서기 위해서는 더욱 먼 곳의 매우 젊은 은하(고적색편이 은하)의 탐사가 필요하다. 이 절에서는 이 분야에 있어 연구의 진보 상황을 간단하게 정리해 보겠다.

라이먼 브레이크법은 고적색편이 은하의 자외 연속광의 관측적 특색을 이용하는 방법으로 5.3절에서 서술했듯이 이 방법을 이용해서 적색편이 $z=7$ 이상의 은하를 탐사하는 노력이 이루어지고 있다. 이외에 고적색편이 은하를 탐사하는 매우 중요한 또 다른 방법이 고적색편이 은하가 복사하는 수소 원자의 라이먼휘선을 포착하는 방법이다. 1967년 파트리지R.B. Partridge와 피블스P.J.E. Peebles는 은하 형성기에 최초의 대규모 스타버스트 가 발생한 경우를 대상으로 자외선에서 적외선 영역에 걸쳐 은하가 복사 하는 스펙트럼을 계산했다. 그 결과 대질량별이 복사하는 전리광자에 의 해 은하 내의 가스가 전리되고 수소 원자를 복사하는 재결합선이 강하게 복사됨을 알게 되었다. 재결합선 안에서 라이먼 α선(정지 파장 121.6 nm) 이 가장 강하게 복사된다. 고적색편이 은하의 경우 이 라이먼 α선은 큰 적 색편이 때문에 가시광선에서 근적외선 영역에 걸쳐 관측된다. 이 라이먼 α선을 탐침(프로브)으로 이용하면 가시광선대(400~1,000 nm)에서는 적색 편이 z~3-7의 은하가, 지상관측의 근적외선 영역(1,000~2,300 nm)에서 는 적색편이 z~7-18의 고적색편이 은하의 탐사가 가능해진다.

이런 종류의 휘선은하 탐사에는 2종류 방법이 있다. 한 가지 방법은 촬 영분광관측이다. 예를 들어 슈미트 망원경에 대물 프리즘을 장착해서 실 시하는 것이다. 또 다른 한 가지는 협대역 필터를 이용해서 촬영관측을 실 시하여 목적인 휘선 천체 후보를 고른 후 통상의 분광관측으로 확인하는 방법이다(자세한 내용은 213쪽의 칼럼 참조). 라이먼 α휘선을 탐침으로 고적 색편이 은하를 탐색하는 경우 천체 그 자체가 어둡기 때문에 후자의 방법 이 이용된다[21]. 예를 들어 500 nm를 중심으로 10 nm 대역폭의 협대역 필 터를 이용해서 라이먼 α휘선 은하를 탐색하면 적색편이 z=3.0~3.2인 후 보 천체가 발견된다. 원리는 간단하지만 구경 8~10 m급의 광학 적외선망 원경이 완성되기까지 이런 종류의 서베이는 성공하지 못했다.

현재는 이 방법으로 적색편이 z~3-6.6의 라이먼 α휘선 광도함수를 얻 을 수 있게 되어, 이러한 결과에 근거하여 은하 진화의 논의가 이루어지고

---

[21] 촬영 분광 관측은 여러 방향에서 오는 하늘로부터의 복사가 노이즈가 되어 너무 깊은 서베이는 불가능 하다.

있다. 또한 적색편이 $z=7$의 라이먼 α휘선 은하가 발견되고 있다. 이 방법은 근적외선 영역에서도 이용되어 $z\sim10$의 후보 천체도 발견되고 있다.

전경에 은하단이 있으면 중력렌즈효과로 배경에 있는 고적색편이 은하가 크게 증광되는 경우가 있다(8.5절 참조). 이것을 이용하면 라이먼 브레이크법이든 라이먼 α휘선 탐사법이든 매우 먼 곳의 은하를 검출할 수 있을 것이다. 이러한 자연 증광 효과를 이용하는 방법으로 적색편이 $z\sim10$인 은하를 탐색하는 시도도 이루어지고 있고, 이미 후보 천체가 발견되고 있다.

향후 이 분야의 탐사가 진행되면 은하 형성기의 별 생성의 모습과 그 역사가 명확해질 것이다. 궁극적으로는 우주에서 탄생한 최초의 은하라고 할 수 있는 천체가 발견될지도 모른다. 그리고 이러한 연구는 은하 간 가스의 물리 상태의 진화 해명에도 중요하며 우주의 재전리가 언제, 어떻게 일어나고, 어떠한 과정을 거쳐 진행되어 왔는지를 탐색하는 단서가 될 수 있다.

그 밖에 적색편이 $z\sim7$ 이상 우주의 별 생성 역사나 은하 간 가스의 물리 상태를 탐색하는 수단으로 최근 주목받고 있는 현상이 감마선 버스트 Gamma ray burst이다[22]. 이것은 천공의 한 점에서 수초 동안 돌연 감마선이 쏟아지는 현상이다. 감마선이 관측된 후 X선이나 가시로 잔광afterglow을 볼 수 있고, 수 시간에서 수 주간에 걸쳐 서서히 어두워져 간다. 그 한 가지 타입인 긴 감마선 버스트에서는 밝은 가시 잔광을 잘 볼 수 있다. 그 광도는 매우 커서 은하의 광도를 훨씬 웃돈다. 실제로 적색편이 $z=1.6$에 출현한 감마선 버스트의 가시 잔광이 9등으로 관측된 예가 있다. 또한 적색편이 $z=6.3$의 감마선 버스트의 가시 잔광은 구경 25cm의 망원경으로도 포착할 수 있을 정도이다.

| **22** 감마선 버스트의 상세한 설명은 제8권 5장 참조.

이런 타입의 감마선 버스트는 매우 무거운 별의 최후 폭발 현상이라고 최근의 연구에서 밝혀지고 있다. 따라서 감마선 버스트를 탐침으로 초기 우주의 별 생성 역사를 탐색할 수 있다. 어느 적색편이에서 감마선 버스트가 출현하면 적어도 그 시대에는 이미 별 생성이 있었다는 증거가 된다. 예를 들어 만약 적색편이 $z=15$ 이하에서 감마선 버스트가 관측되는데, 그보다 오래된 우주에서 출현하지 않는 경우가 있다면 초대의 별이 $z \sim 15$ 에서 탄생했을 가능성을 시사하는 것이다.

감마선 버스트는 우주 초기에 은하가 아직 아주 작고 어두운 단계에 있었다고 해도 그 안에서 폭발하면 매우 밝은 빛을 내뿜기 때문에 이것을 포착할 가능성이 있다. 이러한 관점에서 매우 먼 곳의 감마선 버스트를 검출해서 초기 우주의 별 생성의 역사, 은하 간 가스의 물리, 재전리, 중원소의 기원 등에 다가서려고 하는 연구가 시작되고 있다. 현 시점에서는 스바루 망원경이 그 적색편이를 결정한 $z=6.3$의 감마선 버스트가 가장 멀지만 향후 연구의 발전이 기대된다.

제**6**장
은하의 거리측정

이 장에서는 별이나 은하 등 천체까지의 거리를 정하는 방법을 설명하겠다. 천체의 많은 성질에 관해 그 '진짜 양'을 알기 위해서는 천체까지의 거리를 알 필요가 있다. 천체관측을 통해 '겉보기 양'을 직접 구할 수 있다. 예를 들어 겉보기밝기나 천구 상의 겉보기 속도(각속도) 등이 있다. 천체까지의 거리를 알면 이러한 '겉보기 양'을 '진짜 양'으로 환산할 수 있게 되어 천체의 물리적 성질을 정확하게 알 수 있다. 또한 원방 은하의 거리측정은 허블의 법칙을 통해 우주의 크기나 연령을 결정하는 허블상수의 측정으로도 연결된다. 게다가 먼 곳의 천체까지의 거리를 알 수 있는 것만큼 인류가 인식할 수 있는 우주의 크기도 확대되고 있다는 것과 같다. 즉 인류의 우주관 확대로도 연결된다.

이상과 같이 천체의 거리측정은 매우 중요한 천문학의 관측연구 분야이다. 이 장에서는 우리에게 가까운 천체로부터 시작해서 순서대로 먼 천체로의 거리측정방법을 설명하겠다.

6.1 은하계 내의 별과 성단의 거리 결정

별이나 은하 등 천체까지의 거리 결정은 천체의 진짜 밝기나 운동 속도를 알기 위해 중요하지만 거리측정은 천문학의 난제 중 하나이다. 우주에 있는 천체까지의 거리는 광범위하게 펼쳐져 있기 때문에 모든 천체에 응용할 수 있는 거리측정법은 없다. 그래서 천체까지의 거리와 나아가서는 천체의 종류에 따라 다른 방법을 이용한다. 실제로는 근방 천체까지의 거리측정 결과를 이용하여 더욱 먼 곳까지의 거리를 도출한다. 이와 같이 근방에서 원방으로 기법을 연결해 가는 방법을 '우주의 거리 사다리'라고 한다(제1권 2.4.3절 참조). 먼저 거리 사다리의 토대가 되는 은하계 내 천체까지의 거리측정법에 관해 설명하겠다.

6.1.1 연주시차법

지구에서 태양까지의 거리는 1천문단위(AU)라고 하며 천문학의 거리 단위 중 하나이다. 즉 태양 주위의 지구 타원 궤도의 긴반지름[1]인 1천문단위는 $1\,\text{AU} = 1.49597870 \times 10^8\,\text{km}$라는 매우 높은 정밀도로 측정되고 있다(측정 방법에 대해서는 제1권 2.4.3절 참조).

별까지의 거리를 직접 측정하는 방법 중 연주시차를 이용한 방법이 가장 단순한 원리에 근거하고 있다. 이 방법의 원리는 잘 알려진 삼각측량이다. 즉 지구가 태양의 주위를 공전하며 지구가 크게 장소를 바꾸는 것을 이용하여 다른 시기별 별의 위치 변동을 측정한다. 그러면 별을 보는 위치가 변하기 때문에 천구 상의 별의 위치가 일반적으로는 타원을 그리며 변동해간다(실제로는 별이 독자적으로 운동하고 있기 때문에 이 타원운동에 별의 운동이 더해진다). 이 타원의 긴반지름을 연주시차라고 하며(그림 6.1 참조), 연주시차의 크기로 거리를 측정하는 방법이 연주시차법이다.

별의 연주시차를 P 라디안, 태양과 지구의 거리를 a라고 하면 별까지의 거리 d는 다음과 같이 주어진다(그림 6.1 참조).

$$d = a/P \qquad (6.1)$$

더불어 이 연주시차가 1초각이 되는 경우 별까지의 거리를 1 pc(파섹)으로 정의한다. 따라서 a에 1천문단위의 길이(km 단위), P에 $1''$(초각)에 상당하는 $\pi/(180 \times 3{,}600)$ 라디안을 (식 6.1)에 넣어 계산하면 1 pc은 약 $3.09 \times 10^{13}\,\text{km}$ ($= 3.26$ 광년 $= 2.06 \times 10^5$ 천문단위)에 상당한다[2]. 또한 연주시차가

---

[1] 천문단위는 국제천문학연합(IAU)에 의해 별도의 정의로 정해졌다. 그 정의에서는 질량을 무시할 수 있을 정도의 입자가 섭동을 받지 않고 태양의 주위를 완전한 원궤도로 주기 $2\pi/k(k$는 가우스의 인력상수로, $k = 0.01720209895$)일≈ 365.2568983일로 회전하는 반지름이다. 그리고 태양 주위의 지구 타원 궤도의 긴반지름 a와의 관계는 $a = 1.000001018\,\text{AU}$이다.

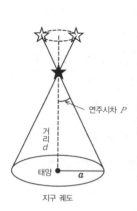

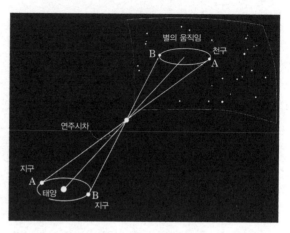

그림 6.1 (왼쪽) 연주시차 P, 별까지의 거리 d, 천문단위 a와의 기하학적 관계를 나타낸다(왼쪽). 지구에서 별을 바라보면(가령 별이 정지해 있다고 한다면) 지구의 공전 운동으로 인해 별은 천구 상을 타원운동하는 것처럼 보인다. 이 타원의 긴반지름에 상당하는 각도가 연주시차이다(오른쪽).

P초각인 천체까지의 거리 r은 $r=1/P$ [pc]으로 주어진다. 이 연주시차법을 이용해서 태양계 근방 별들까지의 거리를 측정할 수 있다.

유럽우주기관ESA은 1989년 세계 최초 위치천문관측위성인 히파르코스위성을 발사했다(1993년에 관측 종료). 종래 지상에서의 관측에 비해 정밀도가 월등히 향상되어 겉보기 등급에서 9등급보다 밝은 별에 대해 연주시차오차 $0''.001$을 달성했다. 그런데 연주시차를 이용해서 신뢰할 수 있는 거리를 구하기 위해서는 연주시차의 오차가 약 10% 이내 이어야 한다. 오차가 이것보다 크면 거리를 구할 때 여러 가지 계통오차가 들어가기 때문에 연주시차로 그럴듯하게 추정한 거리의 수치를 통계 분포상 단순하게는 알수 없게 된다. 따라서 히파르코스의 경우 약 100 pc 이내(연주시차가 $0''.01$이상)의 별의 거리를 정확하게 구할 수 있다. 그러나 은하계 전체(30 kpc 정

---

2 다른 문헌에서 1 pc이 3.08×10^{13} km라는 표기도 볼 수 있지만, 좀 더 정확하게 기술하면 1 pc ≈ 3.086 $\times 10^{13}$ km이다. 소수점 셋째자리를 버리면 3.08, 반올림하면 3.09가 된다.

도)와 비교하면 연주시차법으로 거리를 정확하게 측정할 수 있는 것은 아직 우리의 근방 별들뿐이다. 향후 더욱 높은 정밀도를 갖는 위치천문관측에 의한 연주시차 측정이 기대되고 있다.

연주시차법 이외에도 태양계 근방 별의 거리를 측정하는 방법이 있다. 별의 고유운동(별이 천구 상을 횡단하는 각속도)의 측정 결과를 이용하는 운동성단의 수렴점법이나 통계시차법과 같은 방법이 있고 연주시차법과 병용되는 경우도 있다. 다만 이러한 방법에서는 은하계의 운동 모델 등에 대한 가정이 필요하기 때문에 연주시차법과 비교하면 직접적이지 않은 점에 주의해야 할 것이다. 또한 분광시차법이라고 하는 항성의 특징을 이용한 방법도 자주 이용된다. 아래에서는 이들 방법들에 대해 설명하겠다.

6.1.2 수렴점법

막 탄생한 성단에 속한 별은 공간 안을 집단으로 합쳐 운동하고 있다. 이러한 공통적인 공간운동을 갖는 별들의 집단을 운동성단이라고 한다. 이 성단의 고유운동 벡터는 천구 상의 한 점에 수렴하듯이 보여 이 점을 수렴점이라고 한다. 수렴점의 위치를 알면 각 별의 고유운동과 시선속도의 측정치를 통해 기하학적 관계를 근거로 계산해서 별까지의 거리를 구할 수 있다. 최종적으로는 여러 별의 거리를 평균해서 성단의 거리를 구할 수 있다. 이 방법을 수렴점법이라고 하면 실제의 자세한 설명은 다음과 같다.

어느 별의 속도를 벡터 v로 나타내고, 속도 방향과 시선이 이루는 각도를 θ로 한다(θ는 천구 상에서 그 별과 수렴점 사이의 각거리라는 것에 주의). 그러면 시선속도 v_r과 시선에 수직 방향인 속도 성분 v_t와의 관계는 $v_t = v_r \tan\theta$로 주어진다(그림 6.2의 왼쪽 그림 참조). 한편 이 별의 고유운동을 μ, 별까지의 거리를 d라고 하면 $v_t = \kappa\mu d$가 된다. 여기에서 κ는 상수이고, 거리를 pc, 고유운동을 $''\mathrm{y}^{-1}$, 속도를 $\mathrm{km\,s}^{-1}$로 나타내는 단위계를 이

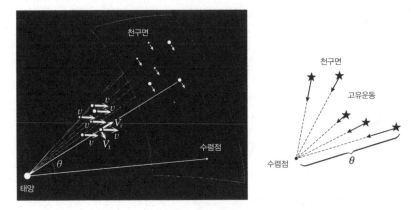

그림 6.2 운동성단의 수렴점법. 왼쪽 그림은 별의 속도 방향과 수렴점의 방향의 관계를 나타낸다. 오른쪽 그림은 천구 상에서의 운동성단 별들의 고유운동 방향(화살표)과 수렴점을 나타낸다.

용할 때는 $\kappa=4.74$가 된다. 이 식에서 별까지의 거리는 다음과 같다.

$$d = v_\mathrm{r}\tan\theta/4.74\,\mu \quad [\mathrm{pc}] \tag{6.2}$$

각도 θ는 천구 상에서 수렴점의 위치와 별의 위치를 통해 알 수 있다(그림 6.2 오른쪽 그림 참조). 따라서 시선속도와 고유운동을 측정할 수 있으면 (식 6.2)에서 별까지의 거리를 구할 수 있다. 이것이 수렴점법의 원리이다. 실제로는 θ를 정밀하게 구하기 위해 성단에 속한 별들을 다수 골라내어 그것들의 고유운동 방향에 대해 최소제곱법을 이용하여 수렴점의 방향을 결정할 필요가 있다. 최종적으로는 이용한 별들의 거리 평균값으로 성단의 거리를 구할 수 있다.

6.1.3 통계시차법

태양은 비교적 근방의 별들에 비해 독자적으로 이동하고 있다. 이 때문에 우리들 쪽에서 본 별들의 천구 상의 위치는 시간과 함께 태양 운동 방향의

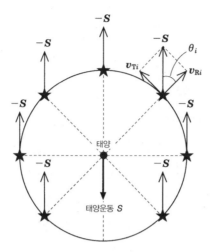

그림 6.3 태양이 은하계 안에서 주위의 성단에 대해 이동한 결과 우리 쪽에서 본 주위 별들의 천구 상의 위치가 시간이 지남에 따라 태양운동 방향의 반대 방향으로 계통적으로 변화한다.

반대 방향으로 계통적으로 변화한다. 그 변화량(고유운동)은 별의 태양으로 부터의 거리에 반비례한다. 이 현상을 이용해서 각각의 별들의 고유운동 효과를 고려하면서 겉보기밝기나 스펙트럼형이 유사한 별들 그룹의 고유 운동 데이터를 통계적으로 해석하면 별의 거리나 절대등급을 추정할 수 있다. 이 방법을 통계시차법이라고 한다.

우선 간단한 경우로 별은 독자적으로는 운동하지 않고 태양 운동의 영향만으로 겉보기 운동하고 있다고 가정한다. 즉 모든 별이 태양 운동(속도 S)의 반대 방향에서 속도 $(-S)$로 겉보기 운동하고 있다고 한다(그림 6.3 참조). i번째 별의 겉보기 운동 방향과 시선 방향이 이루는 각도를 θ_i라고 하면 시선속도에 수직인 속도 성분 v_{Ti}와 시선속도 v_{Ri}는 $v_{Ti}=-S\sin\theta_i$, $v_{Ri}=-S\cos\theta_i$가 된다. 한편 이 별의 고유운동 $\mu_i''\,y^{-1}$과 $v_{Ti}\,\mathrm{km\,s^{-1}}$은 별 까지의 거리를 $d\,\mathrm{pc}$, $\kappa=4.74$라고 하면 $v_{Ti}=4.74\mu_i d\,\mathrm{km\,s^{-1}}$의 관계에 있 기 때문에 다음과 같은 2개의 식을 얻을 수 있다.

$$\mu_i = -\frac{S}{4.74d}\sin\theta_i \tag{6.3}$$

$$v_{Ri} = -S\cos\theta_i \tag{6.4}$$

θ_i는 i번째 별의 위치와 태양운동 반대 방향(태양 반향점)의 천구 상 위치의 함수로 주어진다는 것을 기하학적 고찰로 알 수 있다. 또한 스펙트럼형이 같고 겉보기 등급이 같은 별의 그룹을 가능한 한 많이 고르면 거리 d는 우선 공통으로 해도 좋다(6.1.4절의 분광시차 참조). 따라서 이 그룹에 대해 고유운동을 관측한다. 그것을 (식 6.3)의 좌변에 대입하고 각각의 별의 위치 정보도 θ_i에 대입하면 최소제곱법으로 관측 결과를 가장 잘 설명할 수 있는 $S/4.74d$와(θ_i 안에 미지의 매개변수로 포함된) 태양 반향점의 위치를 구할 수 있다. 다음으로 이렇게 해서 구한 태양 반향점의 위치 정도를 (식 6.4)의 θ_i에 대입하고, 좌변에 시선속도의 측정치를 대입하면 S를 구할 수 있다. 앞서 구한 $S/4.74d$와 조합하면 별까지의 거리 d를 구할 수 있다. 이상이 통계시차법의 원리이다.

실제로는 별이 계통적인 운동(은하 회전 등에 의한 것)뿐만 아니라 그 계통적 운동과 더불어 어느 종의 속도 분포함수에 따른 고유 속도를 가지고 있다. 이러한 운동에는 미지의 경우가 많기 때문에 운동을 모델화할 필요가 있다. 골라낸 그룹의 별에 대해 통계학에서 자주 이용되는 최우추정법 Maximum likelihood method으로 거리와 운동 모델의 매개변수를 동시에 풀어 거리를 구할 수 있는데, 모델에 매개변수가 들어가 있음에 주의할 필요가 있다.

6.1.4 분광시차법

연주시차로 거리를 알게 된 항성의 데이터로부터 주계열별에서 진짜 밝기

(절대등급)와 별의 색(정확히 스펙트럼형)이 밀접한 관계가 있음을 알게 되었다(제1권 2.4.3절 참조). 따라서 별의 색(스펙트럼형)을 알면 진짜 밝기를 추정할 수 있고, 그것을 겉보기밝기와 비교하면 거리를 알 수 있다. 이 방법을 분광시차법[3]이라고 한다. 겉보기 등급을 m, 스펙트럼형에서 추정된 절대등급을 M이라고 하면[4] 그 별까지의 거리 d pc은 절대등급과 겉보기 등급의 관계(제1권 2.4.1절 참조) 정의를 이용하면 $\log d = 1 + (m - M)/5$으로 주어진다.

이상과 같은 몇 가지 시차법을 이용해서 비교적 근방 별의 거리를 구할 수 있다. 또한 향후 관측의 진전으로 더욱 높은 정밀도의 연주시차나 고유운동을 측정할 수 있게 되어 보다 먼 곳의 별의 거리나 운동 속도를 신뢰할 수 있을 정도로 직접 평가할 수 있게 될 것이다.

6.2 표준광원에 의한 거리측정 원리

6.2.1 원리

천체의 거리를 측정할 때 6.1절에서 살펴봤듯이 순수하게 기하학적인 삼각측량의 원리를 사용할 수 있는 것은 히파르코스 위성에 의한 관측에서도 거리 100 pc 정도까지의 근방 천체로 한정된다. 그것보다 먼 곳은 표준광원이라고 하는 천문학 특유의 방법이 이용된다. 이 방법에서 진짜 밝기 또는 크기를 이미 알고 있는 천체(이 천체의 것을 표준광원이라고 함)가 있다고 한다면 우주론적인 효과가 없는 거리에서는 그 겉보기의 밝기는 거리

---

3 천문학에서는 각도뿐만 아니라 천체의 거리측정의 지표가 되는 양은 모두 시차라고 한다.
4 스펙트럼에서 그 별이 주계열성인지 거성인지 등의 정보도 얻을 수 있기 때문에 분광시차법은 주계열성 이외에도 적용할 수 있다.

의 2제곱에 반비례해서 어두워지고, 겉보기의 크기는 거리에 반비례해서 작아지는 성질을 이용하여 거리를 추정한다. 표준광원 및 은하의 거리를 알기 위해 사용할 수 있는 것을 넓은 의미에서 거리지표라고 한다. 이 절에서는 '우주의 거리 사다리'를 은하계 내에서 계외 은하로 늘려가도록 하겠다.

6.2.2 1차 거리지표

변광성 세페이드와 거문고자리 RR형 변광성은 가장 정밀도가 높은 기본적인 거리지표이기 때문에 1차 거리지표라고 한다[5]. 세페이드는 종족 I의 맥동 변광성이고(제7권 참조), 변광주기가 길수록 진짜 밝기가 밝은 주기−광도관계를 가지고 있다(그림 6.4). 세페이드는 매우 밝은 별이기 때문에 $(-6 < M_V < -2)$, 은하계 안에서뿐만 아니라 근방의 은하에서도 관측할 수 있다. 이 때문에 세페이드의 주기−광도관계에 절대등급의 눈금을 넣는 절대교정[6] 확립은 은하계 안과 은하계 밖의 거리를 연결하는 매우 중요한 단계이다. 한편 종족 II에서 세페이드에 대응하는 역할을 하는 변광성은 거문고자리 RR형 변광성 $(M_V \sim 0)$이다. 구상 성단의 거리 결정과 그 연령 추정에서 중요한 역할을 한다.

세페이드의 주기−광도 관계의 절대교정은 과거에는 아래의 순서대로 이루어져 왔다. 연주시차 등의 방법으로 거리를 구할 수 있었던 태양 근방의 별이나 산개 성단에서 각각의 별의 절대등급을 구하여 색−절대등급도를 작성하고 주계열을 결정해둔다. 은하계 내의 세페이드를 포함한 산개

---

[5] 세페이드와 세페우스자리 δ(별)형 변광성, 거문고자리 RR형 변광성은 RR 라일리Lyrae라고도 한다.
[6] 여기에서 이용하고 있는 '교정'이라는 단어의 영어는 calibration이다. calibration은 '(온도계 등의)계기의 눈금을 올바르게 붙이다'라는 의미이다. 이 의미는 '교정'이라는 언어의 통상적 의미와는 다르기 때문에 천문학 분야에서는 오랫동안 calibration에 대해서는 '교정校正'이라고 써 왔다. 그러나 최근에는 '교정校正'이 널리 사용되어 왔기 때문에 이 권에서도 이 단어를 사용하도록 한다.

성단의 측광 관측을 통해 성간 흡수를 보정한 색-등급도를 작성하고 그 주계열과 태양 근방의 별에서 구한 주계열의 등급차로부터 성단의 거리를 구한다. 이 방법을 주계열 피트라고 하며 성단의 주계열을 일종의 표준광원으로 간주한다(제1권 2.4.3절 참조).

이 주계열 피트를 세페이드를 포함한 산개 성단별로 실시하여 개개의 세페이드의 절대등급을 구하고, 그것을 변광 주기에 대해 플롯하여 주기-

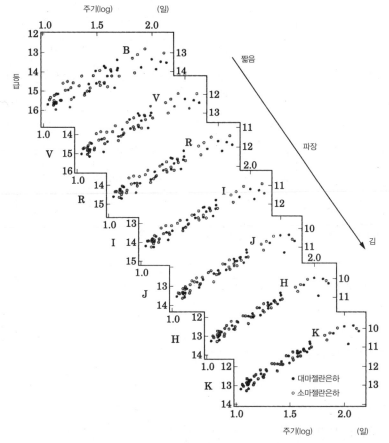

그림 6.4 마젤란은하의 세페이드의 가시에서 근적외에 걸친 7개 밴드에서의 주기-광도 관계. 파장이 길수록 분산이 작아지고 기울기가 커진다(Madore and Freedman 1991, *PASP*, 103, 933).

광도 관계를 결정할 수 있다. 최근에는 이미 다른 방법으로 알고 있는 마
젤란은하 거리(대마젤란은하의 거리 지수[7]는 18.57 ± 0.10)를 참조하여 마젤란
은하 속의 다수의 세페이드 관측에서 절대교정을 실시하고 있다.

히파르코스 위성 이전에는 연주시차법으로 측정할 수 있는 거리에는 세
페이드가 없었기 때문에 이러한 간접적인 방법으로 절대등급을 구했다.
히파르코스 위성의 연주시차로 결정한 세페이드의 주기-광도 관계의 영
점zero point은 아주 잘 확립되었다고 생각되는 종래의 거리 척도를 평균적
으로 약 10% 길게 해야 한다고 시사하고 있으나 금속량 차이의 영향 등은
아직도 충분히 조사되지 않았다. 거문고자리 RR형 변광성의 거리 척도도
히파르코스 위성의 교정 결과를 포함해도 연구자 간의 완전한 일치에는
이르지 못하고 있다[8].

근방 은하 속의 세페이드가 발견되면 절대 교정된 주기-광도 관계를 이
용해서 그 은하까지의 거리를 결정할 수 있다. 세페이드에 의해 거리가 결
정된 근방 은하는 보다 먼 은하의 거리 결정의 기준이 되기 때문에 교정은
하local calibrator라고 한다. 지상에서의 세페이드 관측은 약 4Mpc의 은하
까지밖에 닿지 않기 때문에 1990년대 전반까지는 교정 은하가 10개도 채
되지 않았다. 그러나 허블우주망원경에 의해 약 20Mpc까지 세페이드가
관측 가능해졌기 때문에 현재는 30개 이상의 근방 은하의 거리가 세페이
드로 결정되고 있다.

6.2.3 2차 거리지표

세페이드를 단독 별로 관측할 수 없을 정도로 먼 은하에서는 H$_{\text{II}}$영역, 구

---

7 천체의 절대등급 M, 겉보기의 등급 m, 거리 r[pc] 사이에는 $m - M = 5 \log r - 5$의 관계가 있다.
$m - M$을 거리지수라고 한다. 단위는 등급 [mag]이다. 겉보기의 등급 m에는 성간 흡수의 보정을 해
둘 필요가 있다.
8 다만 이러한 1차 거리지표의 부정성은 10% 정도로 추정되고 있다.

상 성단, 신성, 초신성 등 세페이드보다 밝은 천체를 표준광원으로 해서 거리를 추정한다. 이것들을 2차 거리지표라고 한다. 초신성은 출현이 예측되지 않는다는 어려움이 있지만 은하 본체에 필적할 정도로 밝아지기 때문에 유용한 표준광원이다.

게다가 원방 은하 안의 각각의 천체는 아무것도 보이지 않기 때문에 은하 전체를 표준광원으로 할 수밖에 없다. 이 때문에 1,000배 이상 규모가 다른 은하의 진짜 밝기나 크기를 알기 위한 수단이 필요해진다. 이것이 거리지표 관계이다. 1980년대 말에는 관측기술의 진보로 행성상 성운이나 면 휘도 요동을 이용하는 등 몇 가지 새로운 거리 결정법이 개척되었다. 이러한 몇 가지 방법에 대해서는 6.3절에서 상세하게 설명하겠다.

6.2.4 거리지표 관계

은하를 표준광원으로 사용하기 위해서는 진짜 밝기나 크기를 추정할 필요가 있다. 이를 위해 사용할 수 있는 경험적인 상관관계가 거리지표 관계이다. 거리에 의존해서 변하는 관측량 y(겉보기밝기, 크기 등)와 거리에 의존하지 않는 관측량 x(회전속도, 색 등) 사이에 강한 상관관계가 발견되면 그것을 거리지표 관계로 사용할 수 있다. 거리를 알고 있는 교정은하에서 상관관계 $y=f(x)$를 조사해 보자. 거리를 알고 싶은 은하의 x_1과 y_1(y의 겉보기 값)을 측정하여 교정은하에 대한 관계로부터 $x=x_1$에 대응하는 $Y_1=f(x_1)$를 구한다(Y_1은 y의 진짜 수치). 거리에 의존하는 양 y의 차 $\Delta y=y_1-Y_1$에서 그 은하까지의 거리를 알 수 있다(그림 6.5 참조).

소용돌이은하의 밝기와 HI휘선(중성 수소가 내는 파장 21 cm의 전파 휘선)의 속도폭 사이에는 강한 상관관계가 있고, 이것을 툴리-피셔Tully-Fisher 관계라고 한다. 타원 은하의 경우는 광도와 중심의 속도분산 사이에 상관관계가 있는데, 이것을 페이버-잭슨Faber-Jackson 관계라고 한다. 또한 그

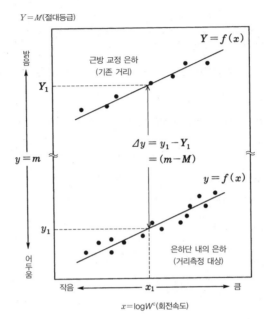

그림 6.5 거리지표 관계의 개념도. 툴리-피셔 관계의 예.

개정판인 타원 은하의 크기와 속도분산 사이의 $D_n-\sigma$관계도 유명하다(2.3
절 참조).

6.3 가까운 은하의 거리 결정

1980년대 말부터 새로운 방법이 개척되어 은하의 거리 결정은 크게 발전
했다. 여기에서 그 몇 가지 방법을 소개하겠다.

6.3.1 행성상 성운 광도함수법

하나의 은하 안에 있는 행성상 성운 밝기의 빈도 분포(광도함수)를 조사하면
그림 6.6과 같이 밝은 행성상 성운의 개수가 급격하게 감소하는 특징적인

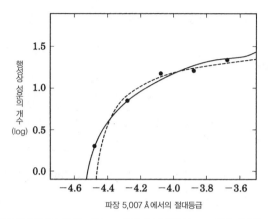

그림 6.6 M81의 행성상 성운의 광도함수. 가로축은 절대등급으로 고쳤다. 실선은 이론 계산에 의한 예상. 점선은 경험적으로 구해진 해석적 표현($N(M) \propto e^{0.307M} [1 - e^{3(M^*-M)}]$, $M^* = -4.48$)(Jacoby et al., 1989, ApJ, 344, 704).

형태를 보인다. 이 광도함수의 형태가 어느 은하에서든 거의 일정하다는 점을 이용해서 은하의 거리를 측정하는 방법을 행성상 성운 광도함수(Planetary nebula luminosity function, PNLF)법이라고 한다. 행성상 성운의 광도함수에 이용되는 광도는 [OⅢ] λ5,007Å휘선 강도이다. 행성상 성운을 만드는 중심별의 질량은 극히 좁은 범위에 있고, 성운의 밝기가 가스의 금속량에 그다지 의존하지 않기 때문에 여러 은하에 공통적으로 이용할 수 있다.

이 방법의 이점은 세페이드 등의 변광성 관측과 같이 여러 번의 관측이 필요 없고 1회의 관측으로 완결된다는 것, 행성상 성운의 경우는 밝은 쪽의 가장자리가 표준광원이 되기 때문에 너무 어두운 곳까지 관측하지 않아도 된다는 것 등이다[9]. 또한 행성상 성운은 [OⅢ]의 휘선을 내고 있는 천체로써 협대역 필터로 쉽게 촬영 관측할 수 있다. 실제 HⅡ영역이나 배경

---

[9] 은하에 부수되는 구상 성단의 광도함수도 거리측정에 이용되는데(GCLF법), 구상 성단의 경우에는 광도함수의 형태가 거의 정규분포이다. 표준광원으로 사용할 수 있는 것은 그 평균 밝기이기 때문에 가장 밝은 것에서부터 2등급 이상 어두운 것까지 관측할 필요가 있다.

의 은하 등이 혼입될 가능성도 있기 때문에 주의할 필요가 있다.

6.3.2 면 휘도 요동법

은하의 면 휘도의 매끄러움을 거리의 지표로 하는 방법을 면 휘도 요동 (surface brightness fluctuation, SBF) 법이라고 한다. 간단하게 완전히 같은 절대 등급의 별로만 이루어진 은하를 생각해 보자. 면 휘도는 어느 단위입체각 (예를 들어 1제곱초)에 들어가는 별의 광도 f의 총합이다. 평균적으로 N개의 별이 들어간다고 하면 평균 면 휘도는 $I=Nf$가 된다. 별의 개수가 푸아송 분포를 따른다고 하면 면 휘도의 요동은 $\Delta I = N^{1/2}f$가 된다. 여기에서 N은 거리의 2제곱에 비례하고 f는 거리의 2제곱에 반비례하기 때문에 평균 면 휘도는 거리에 의하지 않지만, 요동은 거리에 반비례한다. 즉 먼 은하일수록 매끄럽게 보이게 된다. 요동의 2제곱과 평균 면 휘도의 비는 $(\Delta I)^2/I = f$가 된다. 실제 은하에서는 적색거성 분지[10]의 최상단에 있는 별이 광도에 대부분 기여하고 있다. 따라서 어떠한 형에서 그런 종의 별 광도 f를 교정하면 $(\Delta I)^2/I$을 사용해서 은하의 거리를 측정할 수 있다. 실제 해석은 조금 복잡하여 푸리에 변환을 사용한 파워 스펙트럼 해석이 이용되고 있는데, 실제로 개개의 별 f를 측정하는 것은 아니다.

6.3.3 적색거성 분지 선단법

적색거성 분지의 밝은 쪽 선단은 별의 진화 과정에서 코어 헬륨 플래시[11]가 발생하는 단계에 대응하고 있다. 이때의 별의 밝기는 코어의 질량에 대응하고 있고, 그 질량에는 한계치가 있다. 이 한계치는 금속량의 함수인데,

---

[10] H–R 그림 상에서 주계열별보다 진화가 진행된 적색거성이 분포하는 띠 모양 영역.
[11] 탄소, 산소로 완성된 중심핵(코어)의 주위를 둘러싼 얇은 헬륨 껍질에서 불안정한 헬륨 핵연료가 발생하는 현상.

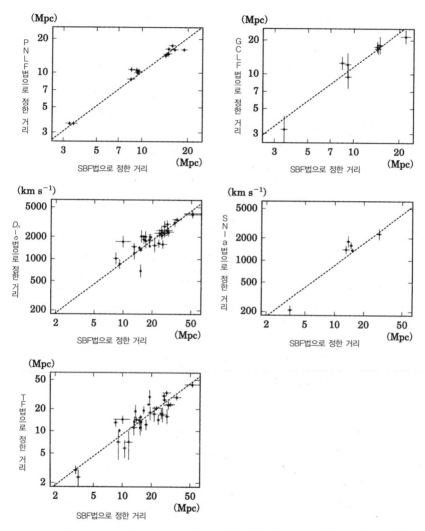

그림 6.7 SBF법으로 구한 근방 은하의 거리를 다른 2차 거리지표나 거리지표 관계로 구한 근방 은하의 거리와 비교했다. 상단 왼쪽부터 PNLF법, GCLF법, 중간 왼쪽부터 $D_n-\sigma$관계, SNIa법, 하단 툴리-피셔(TF) 관계(Jacoby *et al.*, 1992, *PASP*, 104, 599).

금속량이 [Fe/H] < −0.7인 종족 II의 별을 I밴드에서 봤을 때 밝기는 금속량이나 연령에 의하지 않고 $M_I \approx -0.4 \pm 0.1$로 일정하다. 이 밝기를 표

준광원으로 이용하는 것이 적색거성 분지 선단(tip of the red giant branch, TRGB)법이다. 실제로는 색-등급도 상에서 적색 거성 분지의 천체를 골라내어 그 광도함수가 밝은 쪽의 끝을 검출한다. 이 방법으로 알 수 있듯이 각각의 별이 분해되어야 하기 때문에 근방의 은하에만 적용할 수 있다.

지금까지 서술한 각 방법(PNLF, SBF, TRGB)으로 정해진 근방 은하의 거리는 서로 잘 일치하고, 세페이드나 거문고자리 RR형 변광성을 사용해서 정한 거리와도 일치한다(차이는 거리지수로 0.1등 정도). 따라서 이들 방법의 신뢰성은 상당히 높다고 할 수 있다(그림 6.7 참조).

6.3.4 II형 초신성의 팽창광구법

II형 초신성은 태양 질량의 8배 이상의 질량을 가진 별의 중력이 붕괴해서 발생하는 폭발 현상이다. 팽창광구법은 폭발해서 팽창하는 가스의 시선 방향의 속도를 관측하여 밝기 관측으로 추정한 광구의 넓이와 비교해서 시차를 직접 측정하는 것으로 표준광원과는 다른 원리에 근거한 방법으로 주목받고 있다.

거리 r의 위치에 있는 반지름 R인 II형 초신성을 생각해 보자. 이 초신성의 광도는 다음과 같이 쓸 수 있다.

$$f_\nu = \frac{\pi R^2 B_\nu(T) \zeta^2(T)}{r^2} \tag{6.5}$$

여기에서 $B_\nu(T)$는 온도 T의 플랑크함수, $\zeta^2(T)$는 II형 초신성의 복사와 흑체복사의 차이를 나타내는 인자이다. II형 초신성의 복사가 완전한 흑체복사라면 $\zeta^2(T)=1$이다. 시차 θ는 직접 측정하는 것이 아니라 관측할 수 있는 양 (f_ν, T)와 $\zeta^2(T)$를 이용해서 다음의 식으로 계산한다.

$$\theta = \frac{R}{r} = \left[\frac{f_\nu}{\pi B_\nu(T)\zeta^2(T)} \right]^{1/2} \tag{6.6}$$

여기에서 f_ν와 T는 다색 측광 관측으로 얻을 수 있고, $\zeta^2(T)$는 이론 모델로 얻을 수 있다. 광구가 자유팽창하고 있다고 가정하면 시각 t의 함수로 다음과 같이 쓸 수 있다.

$$R = v(t-t_0) + R_0 \tag{6.7}$$

여기에서 t_0는 폭발이 일어난 시각이며, $R_0 = R(t_0)$이다. $R \gg R_0$라고 가정하면 다음의 식을 얻는다.

$$t = r\left(\frac{\theta}{v} \right) + t_0 \tag{6.8}$$

팽창 속도 v는 스펙트럼에서 얻을 수 있다. 몇 가지 시각의 관측 데이터를 이용해서 t를 (θ/v)의 함수로 플롯하면 거의 직선이 된다. 이 직선의 기울기가 거리 r을 주고, 절편이 t_0를 준다. 이 방법의 신뢰성은 $\zeta^2(T)$를 추정하는 모델의 양부良否에 달려 있다. 각각 특징이 다른 II형 초신성에 대해 적절한 모델을 만들기는 쉽지 않다.

6.4 먼 은하 · 은하단의 거리측정

앞에서는 우주론적인 효과가 무시되는 비교적 가까이에 있는 천체나 은하의 거리측정에 대해 서술하였다. 여기에서는 우주론적인 효과가 있는 먼 곳에 있는 은하의 거리측정에 대해 서술하고자 한다. 먼 곳의 은하나 은하단까지의 거리를 구하는 경우에 각각의 천체까지의 거리를 결정하기보다 우주팽창 모델의 결정이 보다 중요한 경우가 많다. 우주팽창 모델만 잘 정해지면 적색편이를 구하여 거리를 측정할 수 있기 때문이다. 여기서는 대표적인 방법을 설명하겠다.

6.4.1 Ia형 초신성에 의한 방법

초신성은 그 가시광대의 스펙트럼에서 수소 스펙트럼선을 볼 수 없는 I형과 볼 수 있는 II형으로 크게 나뉜다. I형은 규소의 스펙트럼선을 볼 수 있는 Ia형, 헬륨의 스펙트럼선을 볼 수 있는 Ib형, 규소 및 헬륨의 스펙트럼선 모두 볼 수 없는 Ic형으로 분류된다. Ia형 이외의 초신성은 질량이 큰 항성의 종말에서 일어나는 중력 붕괴에 의한 폭발 현상이지만, Ia형 초신성만은 백색왜성의 열핵 폭주로 인한 폭발로 만들어지기 때문에 그 기원이 다르다. 중소 질량의 항성이 진화하여 만들어지는 백색왜성은 태양 질량의 약 1.4배에 가까워지면 전자 축퇴압으로 중력을 막아낼 수 없어 폭발한다. 이 한계 질량을 찬드라세카르 질량이라고 한다. 단독 별의 진화에서는 Ia형 초신성의 폭발을 설명하기 어렵지만, 연성계의 경우는 반성伴星으로부터 질량을 천천히 얻거나 백색왜성끼리 합체하여 찬드라세카르 질량에 가까워져 Ia형 초신성 현상이 발생한다. 초신성에 대해서는 제1권 및 제7권 7장에 상세한 해설이 있다.

Ia형 초신성의 특징은 스펙트럼이나 광도곡선이 서로 매우 비슷하다는 점이다. 특히 가시의 광도곡선은 그림 6.8에서 볼 수 있듯이 시간 방향에 상수를 걸어 스케일링하는 것만으로 서로 매우 잘 일치한다. 또한 최대 광도(피크) 시의 절대광도를 조사하면 빠르게 어두워지는 초신성은 어둡고, 천천히 어두워지는 초신성은 밝다는 관계가 있다.

피크 시의 절대광도에서는 세페이드 등으로 거리가 정확하게 측정된 은하에서 출현한 Ia형 초신성이 적기 때문에 아직 부정성이 있다. 그러나 절

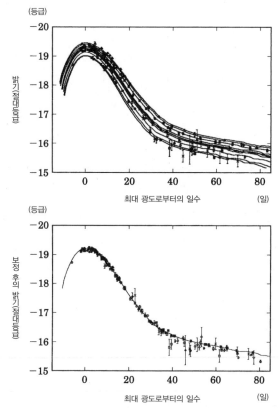

그림 6.8 Ia형 초신성의 광도곡선. 천천히 어두워질수록 밝다는 관계가 있다(위). 어두워지는 속도와 밝기의 관계를 보정한 후의 광도 곡선. 밝기의 불규칙성이 매우 작아진다(아래)(다카나시 나오히로高梨直紘 제공).

대광도의 원점을 다르게 하여 상기와 같은 광도곡선의 형태를 사용해서 밝기를 보정하면 피크 시의 광도의 불규칙함은 15~20% 정도로 안정된다. 또한 Ia형 초신성은 초신성 중에서도 가장 밝은 부류로 피크 시에는 절대등급에서 $(V \sim -19)$보다 밝아진다. 따라서 적색편이 z가 1을 초과하는 먼 곳에서도 관측이 가능하다.

Ia형 초신성의 이러한 특징을 잘 이용하여 비교적 가까운 먼 은하에서 발생한 Ia형 초신성의 관측을 조합하면 우주팽창의 모델로 제한을 줄 수 있다. 특히 먼 곳의 초신성을 관측하고 있던 두 팀은 먼 곳의 Ia형 초신성은 적색편이 $z=0.5$ 전후에서는 예상보다 어둡게 보여 우주팽창이 가속되고 있을지도 모른다는 가능성을 1998년에 독립적으로 발견했다. 이러한 결과를 통해 현재는 가까운 곳에서 먼 곳까지 적색편이가 넓은 범위에 걸친 관측이 여러 그룹에 의해 이루어지고 있다. 다만 밝은 Ia형 초신성이라고 해도 관측에는 한계가 있기 때문에 허블우주망원경이나 지상의 구경 8m급 망원경을 이용해도 적색편이 $z \sim 1.4$ 정도가 한계이다.

Ia형 초신성의 밝기 결정의 정밀도를 결정하는 큰 요소가 모은하의 먼지에 의한 감광이다. 현재 먼지에 의한 감광의 영향은 초신성의 색 정보를 사용하여 보정되고 있다. 그러나 Ia형 초신성 모은하의 먼지 성질에 불규칙성이 있을 가능성도 보고되고 있어, 보다 정밀도가 높은 측정을 실시하기 위해서는 먼지가 적은 타원은하에서 발생하는 Ia형 초신성만 이용하는 등의 방안을 만들 필요가 있다.

또한 Ia형 초신성 출현율의 최근 관측 결과로부터 Ia형 초신성은 종래 생각되어온 타원은하 등의 오래된 항성계에 출현하는 것과 소용돌이은하나 불규칙 은하 등 별 생성 활동이 활발한 은하에서 별 생성 활동에 따라 출현하는 것 2종류가 있다는 것을 알게 되었다. 일반적으로 타원은하 등에 출현하는 것은 조금 어둡고 광도 감쇠가 빠른 것이 많은데, 거리지표로써 성질이 다른지 등의 상세한 내용에 대해서는 현재 연구가 진행되고 있다.

6.4.2 은하단 플라스마의 수냐예프-젤도비치 효과를 이용한 방법

은하단에는 고온플라스마가 대량으로 존재하고 있는데, 이 고온플라스마가 우주 마이크로파 배경복사(이하 우주배경복사로 표기)와 상호작용하는 수냐예프-젤도비치 효과(S-Z 효과)라고 하는 현상을 이용해서 은하단까지의 거리를 추정할 수 있다. 이것은 우주배경복사의 스펙트럼이 은하단의 고온플라스마에 의한 역 콤프턴 산란 때문에 흑체복사에서 벗어나는 현상이다. 상세한 내용은 9.3절에 있으므로 여기서는 거리지표라는 관점에서 설명하겠다.

전자밀도 n_e 및 전자온도 T_e의 플라스마가 은하단 안에서 직경 L의 구상 영역에 분포되어 있다고 하자. 이때 우주배경복사의 스펙트럼이 시선방향의 S−Z 효과로 은하단 중심에서 온도가 $\varDelta T$ 겉보기만큼 떨어진다고 하면 다음과 같이 된다.

$$\varDelta T \propto n_e T_e L \tag{6.9}$$

한편 플라스마의 X선 강도 F는 은하단까지의 광도거리를 r_L이라고 할 때 다음의 식으로 나타낼 수 있다.

$$F \propto \frac{n_e^{2} T_e^{1/2} L^{3}}{r_L^{2}} \tag{6.10}$$

여기에서 플라스마의 공간 분포가 구 대칭이라고 가정하고 있기 때문에 플라스마의 겉보기 넓이 θ와 각직경 거리 r_A 사이에는 다음과 같은 관계가 있다[12].

$$L = \theta r_A \tag{6.11}$$

위의 세 식에서 n_e를 제거하면 다음의 식을 얻을 수 있다.

$$\frac{r_L^{2}}{r_A} \propto \frac{\theta \varDelta T^{2}}{T_e^{3/2} F} \tag{6.12}$$

12 광도 거리와 각직경 거리에 대해서는 5.1절 참조.

이 식의 좌변은 우주모델 매개변수 H_0와 Ω_0 및 적색편이 z를 사용해서 나타내면 $r_L=r_A(1+z)^2$이다. 한편 우변은 모두 관측으로 구할 수 있다. 따라서 우주모델을 정하면 거리(광도 거리와 각직경 거리)를 구할 수 있다. 또는 반대로 관측 결과에서 허블상수 H_0 등을 구하는 것도 가능하다.

이 방법의 장점은 거리 사다리를 사용하지 않고 원리가 잘 이해되는 물리 현상을 토대로 거리나 허블상수를 구할 수 있다는 것이다. 한편 단점으로는 현실의 은하단 플라스마 가스의 비대칭성이나 비일양성non-uniformity에서 기인하는 오차가 반드시 들어간다는 점이다. 또한 ΔT를 정밀하게 측정하는 것도 간단하지 않다. 지금까지 이 방법은 조금 작은 허블상수를 주고 있는 경우가 많다.

6.4.3 중력렌즈 상의 시간차를 이용하는 방법

은하단이나 은하의 중력 퍼텐셜에 의한 일반상대론의 효과로 빛이 구부러지는 현상을 중력렌즈 현상이라고 한다. 이 중력렌즈 현상으로 배후에 있는 천체가 두 개 이상으로 나눠져 보이는 경우에 빛이 가는 행로가 다름을 이용하여 중력렌즈까지의 거리를 측정할 수 있다.

그림 6.9에서 볼 수 있듯이 중력렌즈 배후의 천체(예를 들어 퀘이사)의 빛이 다른 방향에서 지구에 닿는 것 같이 보인다고 하자. 여기에서 θ_A와 θ_B는 각각 상이 실제와 조금 벗어나 보이는 겉보기의 각도, D_S, D_L, D_{LS}는 각각 지구로부터 중력렌즈효과를 받은 천체까지의 거리, 지구로부터 중력렌즈원까지의 거리, 중력렌즈원과 중력렌즈효과를 받은 천체까지의 거리이다.

그림과 같이 각도 α_A와 α_B를 재면 A와 B로부터 빛이 지구까지 닿는 시간차 Δt는 다음의 식으로 표현된다.

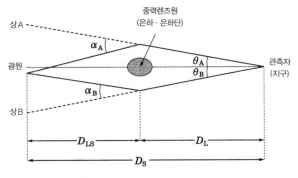

그림 6.9 중력렌즈 상과 시간차의 관계.

$$\Delta t = -\varepsilon(1+z_L)(\theta_A - \theta_B)\frac{(\alpha_A + \alpha_B)}{2c}\left(\frac{D_L D_S}{D_{LS}}\right) \tag{6.13}$$

여기에서 $\varepsilon(0 < \varepsilon < 1)$은 렌즈의 형상에 의존하는 매개변수이고, z_L은 렌즈의 적색편이다.

여기에서 우변 마지막의 $D_L D_S / D_{LS}$ 항은 H_0 및 Ω_0의 우주모델 매개변수를 포함하고 있지만, 그 외에는 모두 관측으로 결정할 수 있는 양이다. 긴 시간(1년의 오더)의 모니터 관측으로 Δt가 구해지면 그림에 표시한 전체의 스케일을 정할 수 있고, 우주모델 매개변수가 결정되면 중력렌즈까지의 거리가 결정된다. 또는 반대로 관측 결과로부터 허블상수 H_0를 구할 수 있다.

이 방법도 기본적으로는 거리 사다리와 독립된 거리 추정 방법이지만, 아쉽게도 ε부분의 부정성이 많고, 관측 예도 적기 때문에 정밀도가 충분히 높은 측정 결과는 나오지 않는다. 그러나 서베이 관측부터 중력렌즈 현상도 점점 더 발견되고 있어 향후의 진전이 기대된다.

6.4.4 허블상수

허블 이래 여러 가지 방법을 이용한 허블상수 측정이 시도되어 왔다. 역사적인 측정에 대해서는 제1권 1.5절에 상세하게 기록하였다. 1960년대 무렵부터 1990년대까지는 50에서 $100\,\mathrm{km\,s^{-1}Mpc^{-1}}$ 사이의 여러 가지 수치가 보고되어 긴 논쟁이 있었다. 그러나 허블우주망원경으로 세페이드를 이용한 관측 결과와 우주배경복사의 요동 측정으로 얻은 결과가 $73\,\mathrm{km\,s^{-1}}$ $\mathrm{Mpc^{-1}}$ 전후에서 거의 일치하였기 때문에 논쟁은 일단락되었다. 세페이드를 이용한 측정에 대해서는 6.2절에서 이미 서술했기 때문에 여기에서는 은하 거리측정의 마지막으로 우주배경복사의 요동 측정으로부터 우주론 매개변수를 구하는 방법을 서술하겠다.

우주배경복사는 우리의 우주가 옛날에 고온·고밀도로 태양의 안과 같은 플라스마 상태에 있었다는 흔적이다. 플라스마 상태에서 전자와 양성자는 뿔뿔이 흩어져 있고, 전자파는 전자에 산란되어 나아갈 수 없는, 말하자면 안개 속에 있는 듯한 상태로 보인다. 우주가 팽창하면서 양성자와 전자가 속박 상태가 될 때까지 밀도와 온도가 떨어지면 우주는 중성이 되고 플라스마 안개는 맑게 갠다. 그 맑게 갠 순간 보이는 것이 우주배경복사이다. 우주 스케일이 현재의 약 천분의 일이었을 무렵 이 맑게 개는 현상이 일어났다. 맑게 개는 현상은 우주의 어디에서든 거의 동시에 일어났다고 생각되며, 실제로 어느 방향을 봐도 거의 같은 온도의 우주배경복사가 관측된다.

우주배경복사는 매우 일정하며, 온도 요동의 크기는 10만분의 1 정도에 불과하다. 이 요동에는 많은 정보가 포함되어 있다. 플라스마로 만들어진 태양도 자세히 관측해보면 밝기가 장소에 따라 시간 변화를 하고 있는데, 우주배경복사를 포함한 우주 플라스마도 복사, 물질(전자 상호작용을 하지 않는 암흑물질도 포함한다)이 섞인 유체로 역시 흔들흔들 진동한다. 우주배

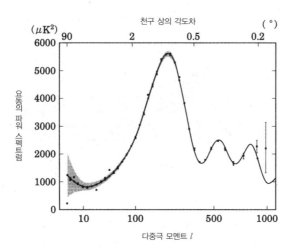

그림 6.10 WMAP 위성으로 측정한 우주배경복사의 요동 파워 스펙트럼. 가로축은 요동의 분포를 다중극 전개했을 때의 다중극 모멘트 l이며, 이것은 푸리에 성분의 천구 상에서의 파장(겉보기 각도, 위의 가로축 눈금)에 대응한다. 오른쪽으로 갈수록 파장이 짧은(작은) 요동이다. 세로축은 진폭이며, 단위는 $l(l+1)C_l/2\pi(\mu K^2)$(Hinshaw et al., 2007, ApJS, 170, 288).

경복사로는 팽창하는 우주 안에서 요동의 성장을 계산하게 된다(제3권 4장에 상세하게 기록되어 있다).

2003년에 미국의 WMAP 위성(5.1절 참조)에 의한 최초 1년 동안의 관측에서 매우 정밀한 요동의 측정 결과가 발표되었다. 그림 6.10에 2007년 발표된 3년 동안의 관측 결과를 나타냈다. 그림에서 가장 높은 피크의 가로축 위치는 전자파가 어느 정도 구부러져 우리에게 도착하는 것인지의 우주 곡률을 주로 반영하는데, 안쪽으로의 길이를 정한다는 의미에서 허블상수에도 의존한다. 또한 가장 높은 피크의 높이는 물질의 양이 많을수록, 허블상수가 클수록 높아진다. 후자는 물질과 복사의 밀도가 균형을 이루는 시기가 물질의 양과 허블상수(우주팽창 속도)에 의존한다. 이것들을 합하면 '거리 사다리'를 오르지 않아도 우주배경복사만으로 허블상수를 측정할 수 있다.

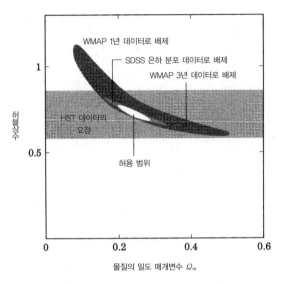

그림 6.11 WMAP 위성의 우주배경복사의 요동과 슬론 디지털 스카이 서베이(SDSS)의 은하 분포로 구한 허블상수의 제한. 가로축이 물질의 밀도 매개변수 Ω_m, 세로축이 $100\,\mathrm{km\,s^{-1}\,Mpc^{-1}}$을 단위로 하는 허블상수. 바깥쪽에서부터 WMAP 위성 1년째 데이터만, 3년까지의 데이터, 그리고 SDSS 은하 분포를 더함으로써 각 영역이 배제된 흰색 범위가 허용 범위로 구해졌다(Tegmark *et al.*, 2006, *Physical Review* D, 74, 123507).

실제로는 우주배경복사의 요동의 경우에만 안쪽으로의 방향 정보가 한정되기 때문에 정밀한 허블상수가 쉽게 결정되지 않는다. 그러나 우주배경복사의 요동이 성장해서 만들어진 은하 분포를 측정한 결과를 합하여 보다 정밀하게 허블상수를 구할 수 있다. 그림 6.11은 WMAP의 3년째 결과와 슬론 디지털 스카이 서베이의 은하 분포를 합해서 해석했을 때의 허블상수에 대한 제한의 결과이다. 이 결과에서는 $74.4\,\mathrm{km\,s^{-1}\,Mpc^{-1}}$을 얻을 수 있다.

또한 허블상수를 둘러싼 논쟁의 배후에는 우주연령의 문제가 있었다. 비교적 큰 허블상수에서 그 나름의 속도 팽창우주모델을 생각하면 우주연령이 구상 성단의 연령보다 짧아져 버리는 문제가 발생했다. 이것에 대해

WMAP 위성에 의한 우주배경복사의 요동 측정이나 Ia형 초신성을 이용한 우주팽창 측정 등의 결과, 우주팽창을 가속시키는 수수께끼인 암흑에너지 존재가 시사되었고 우주연령이 가속 팽창으로 조금 늘어나게 되어 (137~141억 년) 명백한 모순을 일으키는 사태는 없어졌다.

제**7**장
우주의 계층구조와 은하의 상호작용

은하는 우주 안에서 균일하게 분포하고 있지 않고 여러 가지 집단(은하집단)을 만들어 계층구조를 이루고 있다. 예를 들어 가까운 우주의 약 70%은하는 어떠한 집단에 속해 있다. 이러한 계층구조 속에서 은하를 둘러싼 환경(은하 환경)은 여러 가지이다. 은하가 그 환경으로부터 받는 영향은 주로 다른 은하와의 중력 상호작용과 은하단 가스와의 상호작용이다. 그 결과 은하의 형성과 진화는 은하 환경과 밀접한 관계를 가지게 된다. 이 장에서는 계층구조를 이루는 여러 가지 은하집단의 종류와 특징을 정리하여 은하의 상호작용을 설명하겠다.

7.1 우주의 계층구조

7.1.1 계층구조의 개관

단독으로 존재하고 있는 은하를 고립은하, 2개의 은하가 중력적으로 연결된 계를 쌍은하라고 한다. 그리고 구성 은하수가 3개 이상 10개 이하의 은하집단을 은하군이라고 하며, 이것보다 거대한 은하집단을 은하단이라고 한다(2.7절, 8장, 9장 참조).

은하군이나 은하단은 서로 더욱 연결되어 필라멘트 모양으로 분포하며, 크기는 약 수십 Mpc에서 100 Mpc 이상의 구조를 만들고 있다. 그중에서 여러 은하단을 포함하는 거대 집단을 초은하단이라고 한다. 한편 초은하단과 같은 스케일로 은하가 거의 존재하지 않는 보이드라고 하는 공동空洞 영역이 있다. 초은하단, 보이드, 필라멘트가 서로 얽혀 만들어 내는 수십 Mpc을 초과하는 은하의 분포를 우주의 대규모 구조라고 한다(10장 참조). 이렇게 은하는 여러 가지 스케일의 집단을 계층적으로 형성하고 있다. 표 7.1에 계층구조를 이루는 이러한 은하집단의 전형적인 규모를 나타내는 여

표 7.1 계층구조의 전형적인 규모.

계층구조	은하의 개수	스케일	질량	속도분산
독립 은하	1	50 kpc	$10^{11} M_\odot$	—
쌍은하	2	200 kpc	$10^{11} M_\odot$	$50 \, \mathrm{km\,s^{-1}}$
은하군	10	500 kpc	$10^{12} M_\odot$	$100 \, \mathrm{km\,s^{-1}}$
은하단	500	5 Mpc	$10^{14} M_\odot$	$1{,}000 \, \mathrm{km\,s^{-1}}$
초은하단	1,000	50 Mpc	$10^{15} M_\odot$	—

러 가지 양을 게재하였다[1]. 은하단, 초은하단이나 보이드 등 은하의 집중이나 결핍 정도가 강한 영역 이외에 은하가 거의 균일하게 분포되어 있다고 간주하는 영역을 필드라고 한다[2]. 필드는 은하단에 비해 은하의 개수 밀도가 낮다.

7.1.2 은하집단의 역학적 물리량

이 장에서는 여러 가지 계층구조를 설명할 텐데 이때 각 계층구조를 만드는 은하집단의 역학적 성질을 알고 있다면 예측이 좋다. 그래서 여기에서는 비리얼 질량, 횡단시간 및 붕괴시간을 도입한다. 또한 간단하도록 은하집단의 3차원적인 형상이 구 대칭이면서 구성 은하의 질량이 거의 동등하고, 은하집단 전체의 중력과 구성 은하의 무작위 운동이 역학적으로 균형을 이루고 있다고 가정한다.

비리얼 질량 M_V는 비리얼 평형조건[3]으로부터 다음의 식으로 표현된다.

$$M_V = \frac{3\pi}{2G} \sigma_r^2 R \tag{7.1}$$

---

1 여기에 게재한 수치는 어디까지나 기준이며, 실제로는 상당한 폭이 있음에 주의.
2 다만 우주에는 보편적으로 계층구조가 존재하기 때문에 필드의 정의에는 어느 정도의 부정성이 수반된다.
3 역학적인 평형상태에 있는 조건. 자세한 내용은 제5권 8장 참조.

여기에서 R은 은하집단의 반지름, σ_r은 구성 은하 속도분산의 평균적인 시선 방향 성분, G는 만유인력상수이다. 비리얼 질량은 은하집단 내에 존재하는 암흑물질을 포함한 모든 물질의 질량을 반영하고 있어, 전형적인 은하군에서는 $10^{12}{\sim}10^{13}M_\odot$, 은하단에서는 $10^{14}M_\odot$ 정도가 된다.

횡단시간은 구성 은하가 은하집단을 횡단하는 데 필요한 평균적인 시간이다. 은하집단 내에서 은하의 평균적인 운동속도는 통계적으로 $\sqrt{3}\sigma_r$, 직경은 $2R$이기 때문에 횡단시간 t_x는 다음과 같이 표현된다.

$$t_x = \frac{2R}{\sqrt{3}\sigma_r} \qquad (7.2)$$

횡단시간이 짧으면 구성 은하가 은하집단 안을 이동하는 데 그다지 시간을 요하지 않기 때문에 은하끼리의 충돌이나 은하와 은하단 가스의 상호작용을 일으킬 기회가 빈번해진다.

속도분산이 제로이고, 평형상태가 아닌 은하집단은 중력수축을 한다. 붕괴시간 t_c는 이 중력수축에 필요한 시간을 나타낸다. 은하집단 전체의 질량에 따라 구성 은하에서 발생하는 중력가속도는 $GM_V R^{-2}$으로 표시된다. 초속初速 제로의 은하는 이 가속도에 의해 은하집단 중심까지의 거리 R을 줄어들게 하기 때문에 붕괴 시간은 다음과 같이 된다.

$$t_c = \sqrt{\frac{2R^3}{GM_V}} \qquad (7.3)$$

이러한 계에서는 붕괴 후 $1.5\,t_c$ 정도의 시간에 비리얼 평형에 도달한다.

비리얼 질량, 횡단시간 및 붕괴시간은 모두 가시광역의 촬영관측으로 은하집단의 크기를, 그리고 분광관측으로 구성 은하의 시선속도를 측정하여 도출할 수 있다. 또한 이것들과 별도로 X선 파장역의 관측으로 은하집단의 중력 퍼텐셜에 포착된 고온플라스마(1,000만~1억K)의 온도와 공간 분포를 알면 정수압 평형조건 하에서 은하집단의 질량을 산출할 수 있다(8장 참조). 이렇게 해서 구해진 은하군이나 은하단의 비리얼 질량은 앞에서 서술했듯이 은하집단의 전체 질량을 나타낸다. 일반적으로 이 수치는 가시광으로 확인할 수 있는 은하 내 항성의 전체 질량의 수배에서 10배 정도 되어 은하집단에 암흑물질이 가득 차 있다고 볼 수 있다.

7.1.3 고립은하

은하가 단독으로 존재하고 있는 경우가 은하로 이루어진 계층구조 중 가장 규모가 작은 것이라고 할 수 있다. 이러한 은하를 고립은하(또는 필드 은하)라고 한다. 은하끼리 근접해서 존재하고 있으면 많든 적든 조석작용이 작용하여 은하의 진화에 영향을 미치기 때문에 고립은하는 단체單體로서의 은하의 진화에 대한 귀중한 정보를 준다. 다만 우리의 은하계에 대마젤란은하나 소마젤란은하[4]와 같은 왜소 은하가 부수되어 있어 고립은하와 같이 보여도 실제로는 그 주변에 왜소 은하가 분포되어 있거나 예전에 주변부에 존재했던 왜소 은하가 떨어져 나갔을 가능성이 있기 때문에 주의가 필요하다.

고립은하의 카탈로그로는 카라첸체바V.E. Karachentseva가 1973년에 발표한 「고립은하 카탈로그」와 그 개정판(1997년), 슬론 디지털 스카이 서베이(SDSS, 10.2절 참조)의 데이터를 이용한 알람S.S. Allam의 카탈로그 등이 있다.

7.1.4 쌍은하

은하 2개로 이루어진 계를 쌍은하(또는 페어 은하)라고 한다. 쌍은하는 주로 두 가지 관점에서 우리에게 유익한 정보를 준다. 우선 쌍은하를 역학적으

---

[4] 대마젤란운이나 소마젤란운이라고도 한다.

그림 7.1 쌍은하 M51의 가시광 영상. M51은 쌍은하 전체에 대한 명칭이며, 부모은하는 NGC 5194, 동반은하는 NGC 5195라고 한다(도쿄대학 기소관측소).

로 균형을 이룬 2개의 은하의 계로 포착하여 은하의 질량을 추정할 수 있다. 이 경우에는 천구 상에 투영된 은하 사이의 거리와 시선속도밖에 측정할 수 없다는 것에 주의할 필요가 있다(은하의 고유운동은 측정할 수 없을 정도로 작다). 다음으로 조석작용이 은하의 형태나 성질에 어떠한 영향을 미치는지를 조사할 수 있다. 은하까리의 중력 상호작용은 은하의 형태뿐만 아니라 은하 안의 가스운 충돌이나 중력적 소란을 유발해서 별 생성을 활성화시키는 경우도 있지만, 반대로 가스운을 빼앗아 별 생성을 억제하는 효과를 발생하는 경우도 있다.

그러나 천구면 상에서 2개의 은하가 접근해 있는 것만으로는 쌍은하라할 수 없다. 이는 물리적으로 전혀 관계가 없는 2개의 은하가 우연히 같은 방향에서 보였을 가능성이 있기 때문이다. 한편 쌍은하 중에서도 아이 동반 은하라는 통칭으로 유명한 M 51(그림 7.1)은 은하끼리의 중력 상호작용에 의해 조석 팔이라고 하는 팔 모양의 구조가 형성되어 있어 명확하게 중력적으로 연결된 쌍은하임을 알 수 있는 예이다.

일반적으로 2개의 은하가 중력적으로 연결된 쌍은하임을 확인하기 위해서는 분광관측으로 각각의 은하의 시선속도를 측정하여 그 차이가 그다지 크지 않음을 조사할 필요가 있다. 2개 은하의 시선속도의 차가 너무 큰 경우(예를 들어 $1,000 \mathrm{km\,s^{-1}}$을 초과하는 경우)에는 쌍은하가 아니라고 판단해야 할 것이다. 이 문제는 쌍은하뿐만 아니라 뒤에서 서술할 은하군이나 은하단의 경우에도 해당된다.

쌍은하의 카탈로그는 카라첸체프I.D. Karachentsev가 1972년에 발표한 「북반구 고립 쌍은하 카탈로그」가 유명한데, 레듀지L. Reduzzi와 람파조R. Rampazzo는 1995년에 이 카탈로그의 남천 확대판을 발표했다. 또한 1997년에는 멜로D. de Mello, 2005년에는 프로프리스R. de Propris가 쌍은하 카탈로그를 발표하였다.

7.1.5 다중은하와 은하군

은하 3개가 비교적 접근하여 존재하고 있는 경우, 이것을 3중 은하라고 한다. 마찬가지로 4개의 은하라면 4중 은하, 5개라면 5중 은하라고 한다. 이와 같이 여러 개의 은하가 천구 상에 모여 있는 것처럼 보일 때 이것들을 합해서 다중은하라고 한다. 다중은하는 구성 은하가 중력적으로 연결된 은하집단인 경우가 많다[5]. 3개에서 수십 개 정도의 은하가 중력적으로 연결된

---

[5] 더욱 정확하게는 하늘 북극 가까이에 있고 일주운동으로 지평선 아래로 저물지 않는 주극성의 최대고도와 최저고도를 측정해서 평균을 낸다.

은하집단을 일반적으로 은하군이라고 한다. 은하군보다 큰 중력으로 연결된 은하집단을 은하단이라고 하지만 은하군과 은하단의 경계는 애매하다. 그림 7.2는 대표적인 사자자리 은하군의 가시광 영상이다.

은하군 카탈로그는 다수 존재해, 1975년 보클레르G. de Vaucouleurs, 1979년 마테르네J. Materne, 1982년, 1983년 허츠라J. Huchra와 겔러M.J. Geller, 1987년 툴리R. B. Tully, 1989년 마이아M.A.G. Maia, 1993년 가르시아 A.M. Garcia와 그의 연구 그룹에 의한 것, 같은 해 노서니우스R. Nolthenius, 1997년과 1999년 라멜라M. Ramella의 것 등이 있다.

은하군 중에서도 특히 은하끼리 서로 맞닿은 듯 근접해 있는 것을 콤팩트 은하군이라고 한다. 콤팩트 은하군은 집단으로서도 주변의 은하로부터 고립되어 있고, 그 은하 수가 적기는 하지만 국소적인 은하 수밀도는 은하단 중심부에 준할 만큼 높다. 그림 7.3이 전형적인 콤팩트 은하군 HCG 40의 근적외선 영상이다. 평균적인 콤팩트 은하군은 반지름이 약 40 kpc, 시선 방향의 속도분산이 약 $200 \, km\, s^{-1}$이며, 그 횡단시간은 수억 년의 타임스케일이다. 이 횡단시간으로부터도 알 수 있듯이 콤팩트 은하군에서는 빈번한 은하 충돌이 일어나고 있다. 이 때문에 콤팩트 은하군은 고립은하와 은하단의 특징을 겸비한 은하 충돌계로서 은하의 성질과 은하 환경의 관련성을 조사할 수 있는 알맞은 연구 대상이다.

콤팩트 은하군의 카탈로그로는 1973년 샤크바즈얀R.K. Shakhbazyan, 1977년 로즈J.A. Rose, 1982년 힉슨P. Hickson의 것이 유명하다. 이것들은 모두 팔로마 천문대의 전숲북천 촬영관측으로 얻은 사진 건판에서 육안으로 선발되었다. 최근에는 디지털 스캔된 사진건판 데이터나 대규모 서베이 관측 데이터베이스를 사용해서 콤팩트 은하군을 골라내는 경우가 많은데, 1994년에는 프란도니I. Prandoni 등이 UK 슈미트 남천 은하 카탈로그의 디지털 데이터를, 1996년에는 바튼E. Barton이 제2차 CfA 서베이(10.2절 참

그림 7.2 사자자리 은하군의 가시광 영상(도쿄대학 기소관측소).

그림 7.3 콤팩트 은하군 HCG 40의 근적외선 영상(커버 뒤표지 참조, 일본 국립천문대).

조)와 SSRS2 적색편이 서베이의 데이터를, 2002년에는 알람과 터커D.L. Tucker가 라스 캄파나스Las Campanas 적색편이 서베이(10.2절 참조)의 데이터를, 그리고 2004년에는 리B.C. Lee 등이 SDSS의 데이터베이스를 이용한 콤팩트 은하군의 카탈로그를 발표했다. 이 중에서도 힉슨에 의한 콤팩트 은하군은 합리적이고 정량적인 정의에 의해 카탈로그에 수록된 것으로, 이후의 콤팩트 은하군 선출의 참고가 되고 있다[6].

한편 천구 상에서의 은하 사이 이각離角이 그만큼 작지 않은 은하군을 루스 은하군이라 한다. 그림 7.2의 사자자리 은하군을 루스 은하군으로 분류한다. 루스 은하군의 평균 사이즈는 수백kpc, 속도분산은 수백$\mathrm{km\,s^{-1}}$이기 때문에 횡단시간은 수억 년의 오더가 된다. 이것들을 콤팩트 은하군과 비교하면 루스 은하군은 콤팩트 운하군에 비해 은하충돌의 빈도가 낮다. 일반적으로 은하충돌이 일어나면 은하 안의 가스가 떨어져 나가거나 활발한 별 생성에 소비되어 그 양이 감소한다. 실제로 21 cm 전파 휘선에 의한 연구를 통해 콤팩트 은하군 안의 소용돌이은하의 중성 수소 가스 함유율이 루스 은하군 안의 소용돌이은하의 절반 정도라고 보고되고 있다.

그러나 격렬한 은하충돌의 흔적을 남긴 루스 은하군도 존재한다. M 81 은하군에서는 은하 간 상호작용의 주요 구성 은하인 M 81, M 82 그리고 NGC 3077의 3개 은하를 하나로 묶는 고리 모양의 중성 수소가스의 분포가 발견되고 있다. 또한 M 82는 격렬한 스타버스트 활동성을 보이고 있어 (4.2절 참조) 은하 충돌의 영향을 크게 받고 있다고 할 수 있다.

루스 은하군에 주목해서 작성된 카탈로그는 존재하지 않지만, 이 절 처

---

6 힉슨에 의한 콤팩트 은하군의 선출 조건이 반드시 중력적 속박을 만족시키는 것은 아니다. 이 때문에 우연히 같은 방향으로 겹쳐져 보이는 가짜 은하군이 포함되어 있을 가능성에 주의할 필요가 있다. 중력적으로 속박된 콤팩트 은하군의 선출에는 뒤에서 서술할 넓게 펼쳐진 고온플라스마나 중성 수소 가스를 이용한다.

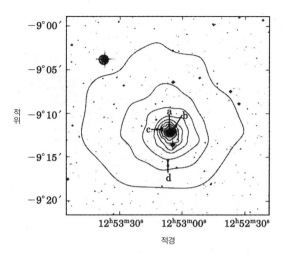

그림 7.4 콤팩트 은하군 HCG 62. 회색 영역은 가시광 강도, 컨투어(등휘도선)는 X선 강도, 알파벳은 구성 은하를 나타낸다(Ponman & Bertram 1993, *Nature*, 363, 51).

음에 제시한 은하군 카탈로그에 수록된 은하군 대부분은 실제 루스 은하군이다(일부 은하단도 포함되어 있다).

7.1.6 은하군과 은하단

이 절의 마지막으로 은하군과 은하단의 관련성에 대해 설명하겠다. 앞에서 서술했듯이 은하군이나 은하단 등의 은하집단은 거대한 중력 퍼텐셜로 고온플라스마를 붙잡고 있다. 이 고온플라스마에서는 열 제동 복사로 인하여 X선이 복사되고 있기 때문에 X선 관측을 실시하여 은하집단의 중력 퍼텐셜을 직접 관측할 수 있다(8.1절 참조). 그림 7.4는 콤팩트 은하군 HCG 62의 X선 관측의 예이다. 은하단의 경우 고온 플라스마의 온도는 1억K에 달하지만, 그보다 규모가 작은 은하군에서는 수천만K 정도 이하가 되며, X선 광도도 은하단보다 낮아진다.

또한 은하군의 X선 광도와 X선 온도(X선의 관측으로 평가한 고온플라스마

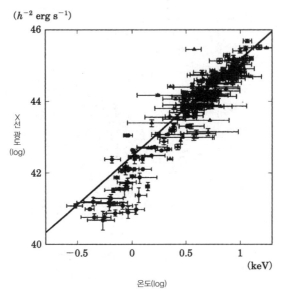

그림 7.5 은하군과 은하단의 X선 광도–온도 관계. 세모는 은하단, 동그라미는 은하군을 나타낸다. 직선은 은하단 데이터를 피팅해서 얻은 것(Mulchaey 2000, *ARA&A*, 38, 289).

의 온도) 또는 구성 은하의 속도분산 사이에는 은하단에서 볼 수 있는 정의 상관관계가 있다. 그림 7.5는 은하군과 은하단에 대한 X선 광도와 X선 온도의 상관관계이다. 이러한 상관관계는 은하집단의 중력 퍼텐셜 진화와 깊이 관련되어 있어, 상관관계를 거듭제곱법칙으로 나타냈을 때의 제곱지수의 수치는 중요한 의미를 가진다. 콤팩트 은하군과 루스 은하군의 X선 광도–X선 온도–속도분산은 거의 같은 상관관계를 보이고 있어, 이 2종류 은하군의 중력 퍼텐셜은 본질적으로 차이가 없다. 더욱이 X선 광도 L_X와 X선 온도 T_X의 상관관계를 은하군과 은하단으로 비교해보면 양자의 데이터가 서로 겹치는 고온측($T_X > 1\,\mathrm{keV}$)에서는 $L_X \propto T_X^n$로 나타냈을 때의 제곱지수 n(기울기)이 거의 같은 $n \sim 3$이 됨을 알 수 있다. 그러나 저온측($T_X < 1\,\mathrm{keV}$)의 은하군에 대한 상관관계에서는 $n \sim 4.9$가 되어 은하단의 수

치보다 커진다. 이것은 은하군의 은하집단 형성 초기에 구성 은하 안에서 초신성 폭발 등에 의해 고온플라스마가 가열되었음을 시사한다.

또한 콤팩트 은하군의 형성과 진화 사이에는 흥미로운 문제가 있다. 전형적인 콤팩트 은하군은 수십억 년의 타임 스케일로 은하 합체를 반복하여 타원은하로 진화하는 경우가 많음을 컴퓨터 시뮬레이션 분석으로 알게 되었다. 그런데 관측에서는 현재의 우주에서도 다수의 콤팩트 은하군의 존재가 확인되고 있다.

이 모순에 대한 두 가지 해석이 있다. 우선 우주 초기에 형성된 콤팩트 은하군이 은하 합체에 이르는 궤도나 은하군 안의 암흑물질 분포 영향으로 그 은하 합체까지의 시간이 우주연령 정도나 그 이상으로까지 늘어났다. 또 한 가지는 본래 고립계로 선출된 힉슨의 콤팩트 은하군 7할 가까이가 실제로는 루스 은하군이나 은하단의 끝에 부수되어 있어서 콤팩트 은하군의 일부가 은하단보다 큰 구조의 주변부에서 형성되고, 그 안에서 은하 충돌로 은하와 은하군의 역학진화가 진행되었다. 후자의 해석에 따르면 콤팩트 은하군이 현재도 새롭게 생성되고 있다는 것이 된다.

7.2 은하단

7.2.1 은하단이란 무엇인가

은하단은 우주에서 역학적 평형에 도달한 천체 중 최대이며, 그 크기가 직경 $10\,\mathrm{Mpc}$에 이르는 것도 있다[7]. 현재 우주의 은하단 수밀도는 대략 10^{-5}

---

[7] 은하단에 속하는 은하의 대부분은 은하단의 중심에서 에이벨G.O. Abell 반지름이라고 하는 $1.5h^{-1}\mathrm{Mpc}$ 안쪽에 존재한다. 여기에서 h는 허블상수를 $100\,\mathrm{km\,s^{-1}\,Mpc^{-1}}$을 단위로 해서 측정한 무차원량이다. 표준적인 허블상수의 수치인 $h = 0.7$을 채용하면 에이벨 반지름은 약 $2\,\mathrm{Mpc}$이 된다.

그림 7.6 머리털자리 은하단 중심부의 가시영상. 중심에 있는 밝은 은하는 NGC 4889, 그 오른쪽에 있는 밝은 은하는 NGC 4874이며, 모두 거대한 타원은하이다. 그 밖의 어두운 천체도 별보다 퍼져 있는 것은 대부분이 머리털자리 은하단에 속한 은하이다(도쿄대학 기소관측소).

개 Mpc^{-3}이다. 그림 7.6에서 볼 수 있듯이 하나의 은하단에는 밝은 은하가 100개 이상 포함된다. 그러나 어두운 은하의 개수 견적에는 아직 부정성이 크기 때문에 하나의 은하단에 존재하는 은하의 총수는 알 수 없다. 예를 들어 우리와 가장 가까운 처녀자리 은하단에서는 $M_B \sim -11$보다 밝은 은하가 약 2,000개가 발견되었는데, 좀 더 어두운 등급까지 관측 한계를 늘리면 새롭게 다수의 은하가 발견될지도 모른다.

은하단의 규모를 나타내는 가장 명쾌하고 정량적인 지표는 역학 질량[8]이다. 은하단의 역학 질량은 $10^{14} M_\odot$에서 $10^{15} M_\odot$의 범위에 있다. 이것은 은

---

8 1.3절 각주 30에서도 서술했듯이 중력 질량이라고도 하는데, 여기에서는 역학 질량이라는 용어를 이용한다.

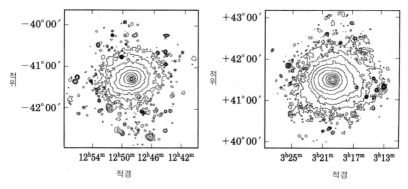

적위

−40°00′
−41°00′
−42°00′

12ʰ54ᵐ 12ʰ50ᵐ 12ʰ46ᵐ 12ʰ42ᵐ

적경

적위

+43°00′
+42°00′
+41°00′
+40°00′

3ʰ25ᵐ 3ʰ21ᵐ 3ʰ17ᵐ 3ʰ13ᵐ

적경

그림 7.7 로사트 위성에 의한 은하단의 X선 영상. 왼쪽은 켄타우루스자리 은하단(Abell 3526, 적색편이 $z=0.0114$)으로 고온 가스의 온도는 약 $3.5×10^7$ K, 중심에 cD 은하 NGC 4696이 있다. 고온 가스에 포함된 철이 은하단 중심에서는 태양 조성의 2배 정도로 강하게 집중되어 있는 것이 '아스카' 위성에 의해 발견되었다. 오른쪽은 페르세우스자리 은하단(Abell 426, 적색편이 $z=0.0179$)으로 중심에는 cD 은하 NGC 1275가 있다. X선에서는 전천에서 가장 밝은 은하단이지만 철의 중심 집중은 켄타우루스자리 은하단만큼 강하지 않다. 고온 가스의 온도는 평균적으로 약 $6×10^7$ K이지만, 장소에 따라 1.5배 정도 변화하고 있어 은하단이 충돌·합체에 의해 성장해 온 흔적이라 할 수 있다(후루쇼 타에古庄多惠 제공).

하계의 역학 질량의 10^2배에서 10^3배이다. 은하단보다 소규모의 계는 은하군이라고 하는데, 앞 절에서 살펴봤듯이 은하단과 은하군은 물리적으로 연속된 천체이기 때문에 양자의 엄밀한 한계 설정은 불가능하다.

은하단은 질량 기여가 큰 순서대로 암흑물질, X선을 복사하는 고온 가스, 별이라는 세 가지 요소로 이루어져 있으며, 이것들의 비율은 약 85%, 13%, 2%로 추정된다. 별의 대부분(약 90%)은 은하 안에 존재한다. 나머지는 개별 은하에는 속하지 않고 은하단의 중심 부근에 엷게 퍼져 분포해 있다. 개별 은하에 속하지 않은 별은 어떠한 원인으로 은하에서 떨어져 나갔을 가능성이 높다. 암흑물질도 개개의 은하에 속하는 성분과 은하단 안에 매끄럽게 분포하는 성분이 있다고 할 수 있는데, 양자의 비율은 알 수 없다. 한편 그림 7.7에서 볼 수 있듯이 고온 가스의 대부분은 은하단 안에 매끄럽게 분포해 있다. 가스의 온도는 수천만K 나 되기 때문에 원자는 모두 이온화되어 플라스마 상태가 되어 X선을 복사하고 있다. 고온 가스가 은하단 전체를 채우고 있음이 처음으로 발사된 X선 망원경에 의해 밝혀졌다.

은하단 내부의 물질 밀도는 우주의 평균보다 두 자릿수 이상 높다. 은하단에는 현재도 주위의 공간에서 가스나 은하가 빠져들고 있기 때문에 은하단은 엄밀하게는 고립계가 아니다. 우리 우주와 같은 차가운 암흑물질로 지배된 우주에서 은하단은 상향(bottom-up)적으로 만들어진다. 즉 10개 이하의 소수 은하로 이루어진 은하군이 먼저 탄생하고, 그것이 주위의 은하를 거두어들이거나 가까운 은하군과 합체하여 소규모 은하단이 된다. 그리고 같은 과정을 거쳐 보다 큰 은하단으로 성장해 나간다. 큰 은하단의 형성에는 100억 년이라는 우주연령에 필적하는 시간이 걸린다. 뒤에서 서술하겠지만 은하단끼리의 충돌이나 합체의 증거를 X선이나 전파 관측으로 얻을 수 있다. 은하단 안에서 은하 자체도 진화한다. 은하의 진화가 고온 가스의 진화 등에 영향을 미친다. 이러한 과정 전체를 은하단의 진화라고 하는 경우가 많다.

7.2.2 은하단의 카탈로그

은하단 연구에 카탈로그가 큰 역할을 한다. 은하단 카탈로그의 대부분은 넓은 천역의 촬영이 가능한 가시광과 X선 관측에 근거해서 만들어진다.

가시광에 근거하여 통계적으로 연구할 만한 최초의 카탈로그는 1958년 에이벨이 발표한 북반구 은하단 카탈로그이다. 이 카탈로그에는 팔로마 산 천문대의 슈미트 망원경으로 촬영된 879장의 사진 건판을 육안 검사로 발견한 적위 −27°이북의 2,712개 은하단이 게재되어 있다. 육안 검사이기는 하지만 에이벨은 몇 가지 객관적인 기준을 설정해서 은하단 검출을 시행하였다. 이 카탈로그가 나오기 전에는 수십 개의 은하단밖에 알려져 있지 않았고, 은하단의 정의도 가지각색이었다. 따라서 은하단의 본격적인 연구는 에이벨의 카탈로그에서 시작되었다고 할 수 있다. 1968년에는 같은 사진 건판의 육안 검사로 만든 카탈로그가 츠비키F. Zwicky에 의해 발표되었다[9]. 다만 츠비키의 카탈로그는 은하단 분류기준의 타당성과 카탈로그의 완전성 면에서 에이벨 카탈로그에 비해 약간 뒤떨어진다. 1989년에는 에이벨과 공동 연구자에 의해 에이벨 카탈로그에 남천의 1,364개를 추가한 합계 4,076개의 은하단 카탈로그(ACO 카탈로그)가 출판되었다.

에이벨과 츠비키의 카탈로그는 오랫동안 은하단 연구의 기초가 되어 왔다. 그러나 이 카탈로그들은 한계 등급이 밝은 사진 건판에 근거해 만들어졌기 때문에 카탈로그 안의 은하단 대부분은 근방 은하단이다. 또한 은하단 검출을 육안에 근거하였기 때문에 카탈로그의 객관성이나 일관성의 평가가 곤란하며, 통계적인 연구에 이용하는 데 한계가 있다. 이러한 문제를 극복하기 위해 최근 은하단 카탈로그의 대부분은 사진 건판보다 두 자릿수 정도 감도가 높은 CCD 카메라 영상으로 은하단을 자동적으로 검출하는 소프트웨어를 적용하여 만들고 있다. 예를 들어 2006년에 완료된 슬론 디지털 스카이 서베이SDSS는 약 8,000평방도의 CCD 카메라로 실시된 가장 넓은 소천掃天 관측이다. 많은 그룹이 SDSS의 데이터를 이용해서 은하단 검출을 실시하여, 이미 1만 개 이상의 은하단이 카탈로그화되어 있다.

은하단의 자동 검출에는 여러 가지 방법이 있지만, 기본적인 아이디어는 천구면 상에서 은하가 밀집해 있는 장소를 탐색하여 밀집 정도를 정량화하여 은하단 여부를 판정하는 것이다. 조사 대상을 붉은 은하로 한정하여 은하단의 검출률을 높일 수 있다. 타원은하나 S0은하 등의 붉은 은하는 대부분이 은하단 안에 존재하기 때문이다.

---

[9] Catalogue of Galaxies and Clusters of Galaxies. 총 6권으로 이루어져 있으며, CGCG라고 생략해서 부른다.

좁은 천역을 CCD로 자세히 관측하여 적색편이 $z\sim1$까지의 먼 곳 은하단을 탐사하는 연구도 이루어지고 있다. 그러한 먼 곳의 은하단을 SDSS 등으로 발견한 비교적 근방의 은하단과 비교하면 은하단의 진화를 연구할 수 있다.

이미 서술했듯이 은하단 관측에 X선 관측도 매우 유용하다. 실제로 에이벨 카탈로그에 있는 은하단 대부분은 X선원이기 때문에 개별 은하단을 X선으로 조사하는 경우 이 카탈로그를 지침으로 관측 대상을 고르는 경우가 많다. 여기에서 X선 관측으로 은하단 분류가 가능한 이유에 대해 서술하겠다. 은하단의 X선 복사의 첫 번째 특징은 광도가 $10^{43}\sim10^{45}\,\mathrm{erg\,s}^{-1}$로 매우 크다는 점이다. 이 수치는 또 하나의 밝은 X선 천체인 활동 은하(4.3절)와 거의 같은 레벨이다. 두 번째 특징은 은하단의 X선 복사는 공간적으로 퍼져 있다는 점이다. 이 때문에 점원인 활동 은하와의 구별이 쉽다. 세 번째는 활동 은하의 복사는 수백keV까지 뻗은 제곱함수형 에너지 스펙트럼을 가진데 반해 은하단은 $10\,\mathrm{keV}$ 정도까지의 열적인 복사이며, 철 이외에 규소, 마그네슘, 네온 등의 원소가 나오는 특성 X선을 많이 포함하고 있다.

이러한 특징을 기초로 X선 서베이 데이터에서 은하단 후보를 골라내고, 그것을 가시광으로 조사하여 최종적으로 은하단을 분류하고 있다. X선 망원경의 각분해능은 예를 들어 찬드라Chandra 위성의 경우 0.5초각으로 높다. 이것은 지상에 있는 가시광 대망원경의 각분해능에 필적한다. 그러나 수광면受光面의 유효면적은 XMM-뉴턴XMM-Newton 위성에서도 4,000 cm² 정도밖에 되지 않아 가시광 대망원경에 훨씬 못 미친다. 따라서 데이터의 광자수가 적기 때문에 접근한 두 개의 점원을 1개의 은하단으로 오인하는 등의 문제를 피할 수 없어 가시광에 의한 추가 관측은 은하단의 분류에 있어 꼭 필요하다. 그럼에도 불구하고 X선 탐사로 다수의 은하단이 발견되고 있고, 은하단의 광도함수나 그 진화와 같은 통계적인 연구도 이루어지고 있다.

X선 독자의 은하단 카탈로그로는 지금까지 유일한 X선 망원경으로 전천 서베이 관측을 실시한 로사트ROSAT 위성에 의한 것이 가장 잘 완비되어 있다. 로사트의 전천 서베이는 약 19,000개의 X선원을 검출했다. 이것들을 가시광으로 추가 관측하여 X선 은하단 카탈로그를 만들고 있다. 대표적인 것이 REFLEX라고 하는 447개의 은하단 카탈로그이다. 이것은 남천의 4.2스테라디안(sr)의 천역에 대한 어느 검출 한계까지의 완전 샘플이기 때문에 이것을 기초로 은하단의 통계적인 성질이나 진화를 조사할 수 있다. 또한 전천 서베이 외에 찬드라 위성이나 XMM-뉴턴 위성에서는 조금 좁은 하늘 영역을 깊이 관측해서 모든 어두운 천체를 골라내는 서베이 관측을 실시하고 있다. 이것들을 기초로 적색편이 $z=1$을 초과하는 은하단도 발견되고 있다. 다만 그 수는 아직 10개 정도로 적다.

마지막으로 은하단의 명칭에 대해 서술하겠다. 통상의 은하단은 그것이 수록되어 있는 카탈로그의 약칭에 일련번호나 좌표의 수치를 붙여서 부른다[10]. 예를 들어 에이벨 카탈로그의 1,656번째 은하단은 Abell 1656(또는 A 1656) 또는 ACO 1656이라고 한다. 츠비키 카탈로그의 은하단은 ZwCl 1257.1+2806과 같이 ZwCl 뒤에 그 은하단의 적경·적위의 좌표가 이어진다. 자주 사용되는 가시광 카탈로그의 약칭에는 북반구의 대규모 은하단 서베이 The Northern Sky Optical Cluster Survey(2004년 디지털화된 사진 건판의 데이터를 사용하고 있다)를 가리키는 NSCS, 건J.E. Gunn의 원방 은하단 카탈로그(1986년)를 가리키는 GHO, 포스트먼M. Postman의 원방 은하단 카탈로그(1996년)를 가리키는 PDCS 등이 있다.

---

10 예전부터 알고 있는 처녀자리 은하단이나 머리털자리 은하단 등은 예외이다.

하나의 은하단이 여러 카탈로그에 포함되어 있는 경우도 많다. 예를 들어 Abell 851은 ZwCl 0939.8+4714, GHO 0939+4713과 같다. 또한 CL(또는 Cl)로 시작되는 이름의 은하단이 다수 존재하는데, CL(Cl)은 그 천체가 은하단Cluster of galaxies이라는 것을 나타내는 기호일 뿐이지[11] CL(Cl)이라는 이름의 서베이가 있는 것은 아니다. 예를 들어 ZwCl 0024.0+1652, GHO 0939+4713은 각각 CL 0024+1652, CL 0939+4713이라고도 한다.

X선 은하단에 자주 이용되는 이름은 RXC(로사트의 전천 서베이에서 발견된 은하단을 의미하며, REFLEX 은하단이 포함된다), RDCS(ROSAT Deep Cluster Survey)라는 심(深)탐사에서 발견된 은하단), MS(아인슈타인Einstein 위성의 Medium Deep Survey라는 탐사에서 발견된 은하단) 등이 있다. 또한 AX로 시작되는 이름의 은하단은 아스카ASCA 위성이 발견한 은하단이다[12].

7.2.3 은하단의 분류

은하단에는 여러 가지 광도와 형태의 은하가 분포해 있다. 그 분포한 모습을 특징짓는 것이 가시광에 의한 은하단의 형태 분류이다. 여기에서는 대표적인 두 가지 분류를 소개하고자 한다. 바우츠L.P. Bautz와 모건W.W. Morgan에 의한 B-M 분류는 가장 밝은 은하와 그 이외의 은하와의 밝기 대비에 근거하고 있다. 루드H.J. Rood와 사스트리G.N. Sastry에 의한 R-S 분류는 밝은 10개 정도의 은하 공간 분포 방법에 주목한 분류이다. 은하단의 형태는 은하단의 진화 단계를 나타내고 있는 것일지도 모르지만, 대부

---

11 같은 목적의 CIG라는 기호도 있다.
12 AX라는 기호는 아스카로 발견된 천체 전반을 가리킨다. 따라서 AX로 시작되는 천체가 모두 은하단은 아니다. 마찬가지로 RX도 로사트로 발견된 천체 전반을 가리킨다.

그림 7.8 처녀자리 은하단의 중심부에 있는 타원은하 M 87(NGC 4486)의 가시영상(약 8폭)(Anglo Australian Observatory).

분의 은하단은 아직 역학적으로 진화하는 도중에 있기 때문에 상세한 분류와는 융합되지 않는다. 이 때문에 현재는 B–M 분류와 R–S 분류로 언급되는 것은 거의 없다.

 그러나 은하단의 분류가 역학적 진화 단계에 들어맞는 것이라면 유용할 것이다. 이 관점에서 cD 은하의 유무가 주목받고 있다. 여기에서 cD 은하란 매우 밝은 거대 타원은하를 말하는데, 은하단의 중심에 많이 존재한다 (그림 7.8). 사실 cD 은하가 존재하는 은하단은 상기의 어느 분류법에서든 하나의 타입으로 분류된다. 즉 가시광으로 본 은하단의 형태는 cD 은하의 유무에 따라 다르다.

은하단에서 복사되는 X선의 성질도 cD 은하의 유무에 따라 계통적으로 다르다. 중심 은하 부근이 X선에서 매우 밝은 은하단을 종종 XD 은하단이라 한다. 이러한 은하단의 중심 은하는 대부분 cD 은하이다. XD 은하단에서 고온 가스의 분포는 구 대칭에 가깝고, 철이나 규소가 은하단의 중심부에 모여 있는 모습을 볼 수 있다. 중심에서 $200 \sim 300\,kpc$ 이내의 코어 영역에서는 복사에 의한 냉각으로 가스 온도가 주위의 절반 정도까지 저하되는 경우가 많다.

X선에서 밝은 중심 은하를 갖지 않은 은하단을 nXD[13] 은하단이라 한다. nXD 은하단에서는 X선의 휘도 분포와 중원소의 분포 어디에서도 강한 중심 집중을 거의 볼 수 없다. 또한 온도도 중심과 주위에서 거의 차이가 없다. 이러한 은하단 안에는 불규칙 형상을 한 것도 많다.

가시광과 X선 성질의 이러한 특징을 통해 cD 은하가 없는 은하단(또는 nXD 은하단)은 젊은 진화 단계에 있어서 아직 성장하고 있는 은하단이라고 할 수 있다. 충돌이나 합체를 하여 오랜 시간이 지나면 은하단은 매끄러운 형상이 되는 동시에 중심에 cD 은하가 형성되고 그곳에서 만들어진 중원소가 중심에 축적되어 갈 것이다.

7.3 은하단의 다파장 관측

7.3.1 가시광에 의한 관측

가시광이라는 파장은 은하단의 탐사와 더불어 이미 알려진 은하단의 상세한 관측에서도 불가결하다(그림 7.8, 그림 7.9). 이미 알려진 은하단 관측에

| 13 non XD를 뜻함.

그림 7.9 적색편이 $z=0.83$에 있는 은하단 RXJ0152.7-1357 중심부의 스바루 망원경에 의한 가시 영상(약 3'사방)(색에 대해서는 화보 8 참조). 황색이나 불그스름하게 보이는 천체의 대부분은 이 은하단에 속한 은하. 이 은하들은 북동(영상의 왼쪽 위)에서 남서(오른쪽 아래)로 사슬 모양으로 늘어서 있는 것을 알 수 있다. 중심의 불그스름한 은하집단의 주위에서 볼 수 있는 푸르고 가늘며 길게 뻗은 천체는 이 은하 단의 중력렌즈효과에 의해 상이 뒤틀린 배후 은하이다(일본 국립천문대).

서 여러 가지 파장대(밴드)의 촬영이나 개개의 은하의 분광이 이루어진다. 다파장의 촬영 데이터로부터 은하의 광도, 색, 형태를 알 수 있다. 은하의 광도와 색을 통해서는 그 은하를 구성하는 별의 전체 질량, 연령, 중원소량 등을 추정할 수 있다. 색에 근거해서 은하의 적색편이를 어림셈할 수도 있 다. 이것을 측광적색편이라고 한다(5.3절 참조). 분광관측에서 얻은 스펙트 럼을 통해 정확한 적색편이가 구해지는 등 그 은하의 별 생성률이나 내부 운동을 조사할 수 있다. 대부분의 경우 은하의 연령이나 중원소량은 측광 적으로 구하기보다 스펙트럼을 통해 구하는 것이 정확하다.

촬영관측과 분광관측을 조합하면 은하단에 속한 은하의 상세한 연구가 가능하다. 예를 들어 그 은하단에는 어떤 광도나 형태의 은하가 어떻게 분포되어 있는지, 그러한 은하가 어떠한 진화를 거쳐 왔는지를 조사할 수 있다. 은하의 진화는 은하단이라는 환경에 큰 영향을 받는다. 은하단 안에서는 은하끼리의 상호작용이나 합체, 은하단 내부에 충만해 있는 고온 가스에 의한 은하 가스의 벗겨짐, 은하단의 조석력에 의한 은하의 파괴 등이 일어난다. 한편, 고온 가스는 은하의 운동이나 별 생성 활동의 영향을 받는다. 따라서 은하단과 은하의 진화는 분리해서 생각할 수 없다. 최근 관측 대상을 은하단 주위 영역으로까지 확대하여 은하단의 중심에서 우주의 평균적인 영역까지의 변화로 가득한 환경 속에서 은하의 성질이 어떻게 다른지에 대한 문제(은하의 환경 효과 문제)가 근방뿐만 아니라 원방의 은하단에서도 연구되고 있다(9.1절 참조).

은하단 안에서의 은하 분포 및 속도분산으로부터 은하단의 역학 질량을 어림잡을 수 있다. 다만 비리얼 평형을 가정할 필요가 있다. 은하단의 역학 질량은 은하단 배경은하의 중력렌즈 현상(그림 7.10)을 통해서도 추정할 수 있다. 가시광에 의한 은하단 관측에서 중력렌즈 현상을 이용한 연구가 현저하게 발전하고 있다(8.5절 참조). 은하단은 그 막대한 질량에 의해 빛을 구부리는 거대한 렌즈로서 행동한다. 은하단 배후의 은하에서 나온 빛이 은하단 가까이를 지날 때 은하단의 중력에 의해 그 진행 방향이 변한다. 그 결과 우리는 뒤틀리거나 확대된 은하의 상을 관측하게 된다. 은하단을 높은 공간 분해능으로 촬영하여 배경은하의 뒤틀림 정도를 측정하면 은하단의 질량 분포를 알 수 있다. 이 방법은 은하의 속도분산이나 X선 가스로 질량을 구하는 방법과는 달리 은하단의 비리얼 평형을 가정할 필요가 없다는 이점이 있다.

통상적으로 어두워서 거의 보이지 않는 원방 은하라도 바로 앞에 은하단이 있으면 그 중력렌즈효과로 인해 밝아지거나 상이 확대된다. 그런 의미

그림 7.10 $z=0.175$에 있는 은하단 Abell 2218 중심부의 허블망원경에 의한 가시영상(약 3′×1.′5). 퍼진 타원형 천체는 이 은하단에 속한 은하이다. 한편 다수의 활 모양 천체는 이 은하단의 중력렌즈효과로 상이 뒤틀린 배후 은하이다(NASA).

에서 은하단은 자연이 준비한 거대한 망원경이다.

최근에는 적외선 관측도 가시광과 마찬가지로 은하단 연구에서 중요한 역할을 하고 있다. 근적외선을 사용하면 은하의 별 질량을 정확하게 구할 수 있다. 중간 적외나 원적외선은 더스트에 가려진 별 생성 활동을 탐색하는데 없어서는 안 된다. 또한 적색편이에 의한 파장 퍼짐이 큰 원방 은하단에서 정지계의 가시파장 빛은 근적외선으로 관측된다. 원방 은하단의 관측이 진행됨에 따라 적외선의 중요성은 점점 더 커질 것이다.

7.3.2 X선에 의한 관측

은하단이 비교적 강한 X선을 내는 것을 1970년경의 우후루UHURU위성에 의한 관측으로 알게 되었는데, X선의 발생 원인은 당초에는 알 수 없었다. 은하단 안의 활동 은하가 내는 X선이나 하전 입자에 의한 역 콤프턴 산란 등도 생각했었다. 은하단의 X선이 수천만K의 고온플라스마의 열복사라고 확립된 것은 1970년대 중반 OSO-8 위성과 Ariel-5 위성으로 에너지 스펙트럼 안에서 철이 복사하는 휘선이 발견되면서부터이다. 이것은 은하의 질량을 웃도는 대량의 고온 가스가 은하단에 존재하고 있다는 것이며, 은하단의 X선 복사는 X선 천문학이 가져온 발견 중에서도 특히 중요한 것이라고 생각하기에 이르렀다. 은하단의 연구를 더욱 크게 진전시킨 것이 1978년에 등장한 최초 X선 망원경위성 아인슈타인이다. 아인슈타인 위성으로 많은 은하단의 X선 상을 얻어, 고온 가스가 수Mpc의 범위에 걸쳐 은하단을 채우고 있는 모습이 처음으로 밝혀졌다. 그 후 아스카, 찬드라, XMM-뉴턴 등 일본, 미국, 유럽의 X선 천문위성에 의해 은하단이 자세히 조사되어 고온플라스마의 온도 분포, 중원소 분포 등을 정밀하게 구하였다.

개별 은하단의 X선 관측은 아인슈타인 위성, 로사트 위성에 의한 촬영을 주체로 한 관측이 우선적으로 이루어졌고, 이어서 아스카 위성이 에너지 스펙트럼의 능력을 강화하여 현재 찬드라, XMM-뉴턴, 스자쿠Suzaku 위성으로 계승되고 있다. 은하단의 고온 가스는 광학적으로 얇고, 그곳에서 복사되는 X선은 희박한 플라스마로부터의 열복사로 아주 잘 설명할 수 있다. 또한 은하단 형성에 100억 년 정도의 시간이 걸리기 때문에 일반적으로는 전리 평형에 잘 도달하고 있다. 복사되는 에너지 스펙트럼은 열 제동 복사, 전자의 재결합에 의한 복사, 그리고 휘선 스펙트럼으로 이루어져 있다. 그것을 이론적인 모델과 비교하면 플라스마의 물리적인 성질이 구해진다. 은하단의 X선 관측으로 얻은 정보를 열거해 보면 아래와 같다.

(1) 고온 가스의 휘도 분포(주로 여기에 근거한 가스의 밀도 분포)

(2) 고온 가스의 온도 분포

(3) 중원소 존재량의 분포

(4) 역학 질량 분포(가스의 밀도 분포, 온도 분포에서)

이것들에 대해서는 8.1절과 9.2절 등에서 자세하게 설명하겠다.

7.3.3 전파에 의한 관측

퍼진 전파 복사를 보이는 은하단이 10개 정도 발견되고 있다. 퍼진 전파 복사 중 은하단 중심에서 나오는 것은 전파 헤일로, 은하단 외연부에서 나오는 것을 전파 리릭이라 한다. 전파 광도는 $1.4\,GHz$에서 $10^{31}\sim10^{32}\,ergs^{-1}$ Hz^{-1}의 범위에 많이 분포해 있어 주파수로 적분해도 X선 광도($10^{43}\sim$ $10^{45}ergs^{-1}$)보다 훨씬 어둡다고 할 수 있다. 전파의 복사 기구는 편광의 존재 등으로 싱크로트론 복사라고 할 수 있어, 전자가 은하단의 넓은 영역에서 상대론적 에너지로까지 가속한다고 생각해야 한다. 다만 가속된 고에너지 전자의 총수는 고온플라스마 전체의 전자수에 비해 훨씬 적다.

우주 마이크로파 배경복사의 광자는 은하단의 고온 가스를 통과할 때 고온플라스마의 전자에 역 콤프턴 산란이 되어 전자로부터 에너지를 받는다. 그 결과 은하단 방향의 우주 마이크로파 배경복사의 강도(겉보기의 온도)는 어느 파장을 경계로 긴 파장 측에서는 낮아지고, 짧은 파장 측에서는 높아진다. 이 현상을 수냐예프-젤도비치 효과(S-Z 효과)라고 한다(9.3절 참조).

7.4 은하의 상호작용

앞에서 살펴보았듯이 은하는 고립계로 존재하고 있기보다 쌍은하, 은하군 및 은하단에 속한 경우가 많다. 이와 같은 환경에서 은하의 진화는 은하 상호작용의 영향을 받는 경우가 많다. 그러므로 여기에서는 은하 상호작용의 물리 과정에 대해 서술하고자 한다. 은하군이나 은하단 등의 은하집단 안에서 일어나는 넓은 의미에서의 상호작용은 복잡하다. 은하집단에는 은하뿐만 아니라 은하단 가스(고온플라스마)도 존재하기 때문이다[14]. 즉 은하는

| 14 은하군 안에도 고온플라스마가 많이 있는데, 여기서는 그것까지 포함해 은하단 가스라고 한다.

은하단 가스 등 주위의 환경과도 상호작용을 한다. 그러나 은하끼리의 중력 상호작용은 가장 기본적인 상호작용이기 때문에 여기에서 자세하게 설명한다. 또한 은하단 가스 등과의 상호작용을 구별하기 위해 중력 상호작용을 특히 은하 간 상호작용이라고 한다.

은하는 우주팽창을 타고 운동하고 있기 때문에 그 대부분은 서로 멀어지고 있다고 해도 좋다. 그러나 개개의 은하는 우주팽창 이외에 그 자체로 특이 운동을 가지고 있기 때문에 2개 또는 그 이상의 은하가 서로 접근한다. 천구 상에서 접근되게 관측되는 은하(쌍은하 또는 페어 은하)는 단순히 겉보기상 같은 방향에서 보일뿐만 아니라 실제로 접근하고 있을 가능성이 있다. 2개 이상의 은하가 접근하면 서로 조석력을 미쳐 형태가 변화한다고 예상된다. 실제로 쌍pair은하의 대부분은 정상 은하와는 다른 이상한 형태를 보인다.

카라첸체프I.D. Karachentsev의 1999년 통계에 의하면 이상한 형태로 다른 은하와 상호작용하고 있다고 추정되는 은하는 전체 은하의 5∼6%이다. 또한 이상한 형태를 가진 은하(특이 은하)의 계통적인 카탈로그로는 압H. Arp이 1966년에 출판한 사진집 『Atlas of Peculiar Galaxies』가 유명하며, 거기에는 338개의 다양한 특이 은하가 수록되어 있다. 그림 7.11에 몇 가지 예를 나타내었다.

그림 7.11 (a)에서는 아래의 은하에서 위의 은하를 향해 가늘고 긴 다리(브리지)라는 구조와 반대쪽에 역시 가늘고 긴 꼬리(테일)라고 하는 구조가 뻗어 있다. 그림 7.11 (b)에는 중앙의 은하에서 반대 방향으로 두 개의 테일이 나와 있다. 그림 7.11 (c)의 은하는 중심에 구멍이 뚫려 전체가 고리 모양으로 되어 있다(고리은하). 그림 7.11 (d)에는 타원은하 같은 은하의 주위에 다수의 동심원 모양의 활弧이 보인다. 이러한 은하는 리플은하 또는 셸은하라고 한다.

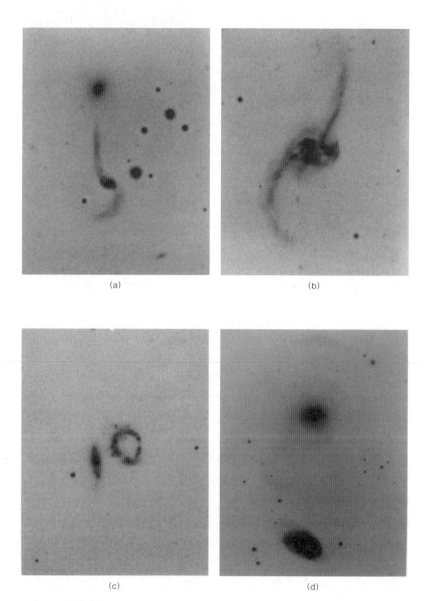

(a)

(b)

(c)

(d)

그림 7.11 특이 은하(상호작용 은하)의 예. (a) Arp 98, (b) Arp 243, (c) Arp 147, (d) Arp 227(Arp 1966, *Atlas of Peculiar Galaxies*).

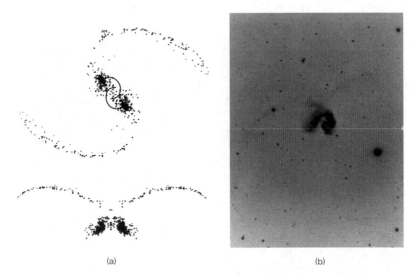

(a)   (b)

그림 7.12 안테나 은하의 수치 시뮬레이션(a). 위의 상태를 옆에서 본 모습을 아래에 나타냈다. (b)는
실제 안테나 은하. 중심부의 확대 사진은 화보 5 참조(Toomre & Toomre 1972, *ApJ*, 178, 623).

7.4.1 특이 은하의 형성

은하 상호작용 연구는 이러한 형태적인 특이 은하를 은하 간의 중력(조석
력)에 의한 상호작용의 산물로 해명하려고 시작되었다. 툼리 형제A. Toomre
와 J. Toomre는 1970년대 초반 당시 실용화가 시작된 대형 전자계산기를 사
용해서 은하 조우 시뮬레이션을 실시하여 테일과 브리지가 접근한 원반은
하의 중력적 상호작용만으로 설명할 수 있음을 밝혔다. 그림 7.12는 안테
나 은하(NGC 4038/39)를 시뮬레이션으로 재현한 것이다.

시뮬레이션에 의하면 은하끼리 접근하면 서로 조석력을 미친 결과 은하
의 형태가 뒤틀려서 상대 은하의 방향으로 늘어난 타원형이 된다. 그러나
원반은하는 일반적으로 중심에 가까울수록 짧은 주기로 회전하고 있기 때
문에(2.1절 참조) 가늘고 길게 돌출된 부분은 머지않아 말려들어가 소용돌
이 구조가 된다. 소용돌이 팔의 끝부분이 늘어난 구조가 테일과 브리지이

다. 시뮬레이션이 은하 상호작용을 연구하는데 좋은 수단임이 밝혀지자 그 후 많은 컴퓨터 시뮬레이션에 의해 여러 가지 형태의 특이 은하를 은하의 중력 상호작용으로 설명 가능함이 확인되었다. 예를 들어 고리 은하는 원반 은하의 중심 부근을 다른 은하가 거의 수직으로 가로질러 통과한 경우에 형성된다.

7.4.2 은하 합체와 막대 모양 구조의 형성

그 후 시뮬레이션기법이 진보하였다. 툼리 형제의 컴퓨터 시뮬레이션은 은하의 질량을 대표하는 하나의 질점 주위에 동심원 모양으로 수백 개의 테스트 입자[15]를 회전시켜 원반 은하의 모델로 하고, 이것이 또 하나의 질점(은하)과 조우했을 때 어떠한 변화가 발생하는지를 조사하는 단순한 것이었다. 즉 은하를 구성하는 약 1,000억 개의 별을 대표적으로 수백 개의 테스트 입자로 나타냈다고 할 수 있다. 테스트 입자끼리는 서로 중력은 미치지 않고, 질점의 중력만을 받아 독립적으로 운동한다. 이 경우 테스트 입자의 운동이나 분포는 시간과 함께 변화해 가지만, 2개 은하의 중심(질점)은 케플러 운동에 의해 같은 궤도를 계속 돈다.

그 후 컴퓨터의 능력이 향상됨에 따라 보다 현실적인 모델이 사용되었다. 실제 은하의 모든 별은 서로 만유인력을 미치고 있다. 다시 말해서 별은 스스로 만들어 낸 중력(자기중력)의 작용을 받으면서 운동하고 있다. 따라서 보다 올바른 은하 모델을 만들기 위해서는 은하를 서로 만유인력을 미치는 많은 질점의 집합으로 다루어야 한다. 이러한 모델을 사용하여 시뮬레이션을 하면 2개의 은하가 서로 가까운 곳을 지나가는 경우 그것들은 접근 후 다시 멀어질 수 없어 하나로 합체되어 버릴 가능성이 있다. 그림

---

15 질량을 가지지 않는 가상의 입자.

7.11 (b)는 실제로 이러한 합체를 계속 하고 있는 은하이다[16].

2개 은하가 재빨리 합체하기 위해서는 양쪽 은하가 서로 맞닿을 정도의 근거리를 탈출 속도 정도의 저속으로 통과할 필요가 있다. 합체 후의 천체 (은하 합체 잔해)의 구조와 성질은 합체하는 2개 은하의 성질과 은하의 상대 운동 성질에 따라 결정된다. 2개 타원은하끼리의 합체는 타원은하를 형성 한다고 할 수 있다. 2개 은하의 한쪽 또는 양쪽이 소용돌이은하인 경우 소 용돌이은하의 원반은 파괴되어 은하 합체 잔해는 결국 타원은하적인 천체 가 된다고 할 수 있다(2.1.1절 및 그림 2.9 참조). 또한 셸 은하의 활 모양 구조 는 왜소 은하가 거대한 타원은하로 떨어졌을 때 그 조석력에 의해 파괴되 어 길게 늘어났다고 할 수 있다.

타원은하가 합체로 형성되었다고 생각할 때 중요한 제한은 타원은하는 일반적으로 회전이 느리다는 관측 사실이다(2.1절 참조). 합체 전 2개 은하 의 상대운동의 각운동량(2개 은하의 중심에 대한 각운동량)은 합체 후에는 은 하 합체 잔해의 자전 운동으로 전환된다. 따라서 설령 합체 전에 양쪽의 은 하가 전혀 회전하지 않았다고 해도 합체 후에는 회전하는 은하 합체 잔해 가 되어버린다고 할 수 있다. 이 문제는 반즈J. Barnes의 시뮬레이션 연구로 교묘하게 해결되었다(그림 7.13). 그는 각각의 은하를 항성 집단과 그것을 둘러싼 퍼진 암흑물질로 이루어진 계로 모델화하여 합체 시뮬레이션을 실 시했다. 그 결과 항성 집단의 궤도 각운동량은 합체 도중에 대부분 암흑물 질에 흡수되고, 합체 후에는 실제 타원 은하와 같이 회전이 작은 항성계가 된다는 것을 알게 되었다.

자기중력은 합체뿐만 아니라 은하 조우로 은하의 안쪽 부분이 어떠한 영 향을 받는지를 조사하는 경우에도 중요하다. 외부에서 미치는 조석력 그

| **16** 합체를 머징merging 또는 머저merger라고 한다. 합체은하도 머저라고 한다.

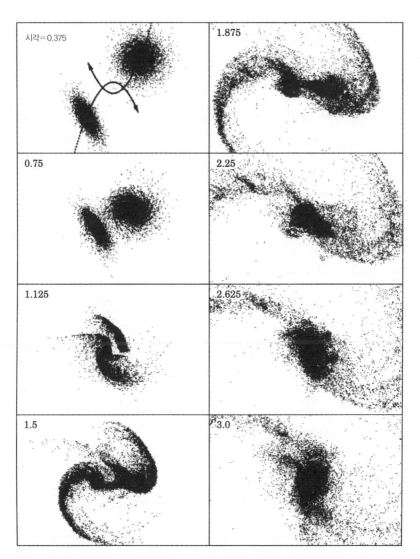

그림 7.13 2개의 원반은하 합체 시뮬레이션. 2개의 테일을 수반한 타원은하적인 은하 합체 잔해가 형성되는 모습을 알 수 있다. 왼쪽 위의 숫자는 시간의 진행을 나타낸다(Barnes 1988, *ApJ*, 331, 699).

자체는 은하의 안쪽으로 감에 따라 약해진다. 그러나 안쪽에서는 은하 원반의 자기중력이 강하기 때문에 조석력으로 발생한 섭동이 효율적으로 증폭되어 보다 현저한 형태 변화로 나타난다. 상대 은하가 비교적 먼 곳을 통과하는 경우(따라서 합체에는 이르지 않는 경우), 원반은하의 주변부는 툼리 형제의 시뮬레이션에서 보여준 것과 마찬가지로 테일과 브리지를 형성하는데 반해, 은하 본체는 소용돌이은하가 될 가능성이 있다는 것이 자기중력을 도입한 시뮬레이션에 의해 밝혀졌다. 이 결과는 은하 조우에 의해 막대 구조가 형성될 가능성을 시사하는데, 실제 쌍은하에서는 고립은하보다 막대 소용돌이은하의 비율이 높다고 관측적으로 보고되고 있다.

7.4.3 은하 상호작용과 활동 현상

은하의 형태적이고 역학적 성질뿐만 아니라 여러 가지 활동성과 은하 상호작용의 인과관계가 클로즈업되었기 때문에 1980년대 은하 상호작용 연구는 시야가 크게 넓혀졌다. 라슨R.B. Larson과 틴슬리B.M. Tinsley는 1978년 논문에서 은하 간 상호작용에 의해 유발되는 스타버스트(4.1절 참조)라는 참신한 아이디어를 제안했다. 그들은 특이 형태를 가진 상호작용 은하의 색을 자세하게 조사하여 이들 은하 안에서 수천만 년이라는 매우 짧은 시간에 은하 전체의 수 퍼센트에 해당하는 별이 탄생했다고 결론지었다(그림 7.14). 그리고 은하 조우가 이러한 스타버스트의 계기였다고 생각하였다.

스타버스트와 은하 상호작용의 인과관계는 그 후의 관측적 연구로 확인되었다. 스타버스트는 합체은하에서 특히 현저하다. 또한 대부분의 경우 은하 중심부에서 발생하고 있다. 또한 시퍼트은하나 퀘이사 등의 활동 은하 중심핵(AGN, 4.3절 참조)이 은하 상호작용과 관련되어 있다고 주장하는 연구자도 있으나, 스타버스트와 달리 그 인과관계는 관측적으로 확증되고 있지 않다.

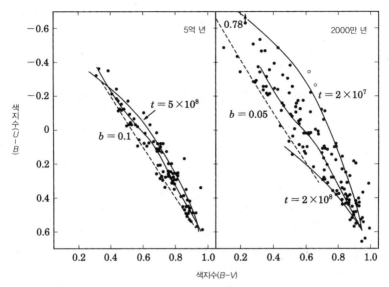

그림 7.14 정상 고립은하(왼쪽)와 상호작용하고 있는 특이 은하(오른쪽)의 2색도. 각 점은 각각 1개의 은하를 나타낸다. 정상 은하는 $U-B$와 $B-V$ 간에 강한 상관관계가 있지만, 특이 은하에서는 분산이 크다. 별 생성에 수반되는 은하의 색 진화 모델(실선)도 나타냈다. 오른쪽 그림에서는 2000만 년이라는 짧은 시간에 은하 전체의 질량 5%에 상당하는 별이 생성된 경우가 나타나 있다. 이 경우 은하의 색 분포는 2000만 년 후에는 $t=2\times10^{7}$으로 나타낸 곡선이 되는데, 2억 년 후의 색 분포는 $t=2\times10^{8}$으로 나타낸 곡선으로 이동한다. 이 모델에서는 이러한 두 개의 곡선과 $b=0.05$로 나타낸 곡선으로 둘러싸인 영역의 은하를 설명할 수 있다(Larson & Tinsley 1978, *ApJ*, 219, 46).

이러한 관측면에서의 진전과 보조를 맞추듯이 컴퓨터 시뮬레이션에 의한 은하의 수치적 연구도 복잡화, 정밀화의 길을 걸어가고 있다. 1990년대 이후의 시뮬레이션 프로그램에는 은하의 구성 성분으로 별 이외에 성간가스가 도입되어, 성간가스에서 새로운 별이 형성되는 과정도 반영되었다. 그 결과 은하의 형태 변화뿐만 아니라 은하 상호작용으로 나타나는 활동 현상의 발생 메커니즘도 조사할 수 있게 되었다. 시뮬레이션에 의하면 은하 조우에서는 성간가스도 별과 마찬가지로 소용돌이 구조와 테일, 브리지를 만든다. 그곳에서는 충격파가 발생하여 가스 밀도가 커지고 있기 때문에 별 생성이 활발해져 은하 전면에 걸친 스타버스트가 발생한다. 또한 은하의 비교적 안쪽에 분포하고 있던 성간가스는 상대 은하의 중력이나 은하 자체의 변형 영향으로 각운동량을 잃기 때문에 은하 중심으로 낙하한다. 중심에 축적된 다량의 가스는 스타버스트를 일으킨다. 또한 원반은하끼리의 합체에서도 마찬가지로 은하 합체 잔해의 중심으로 떨어진 가스에서 대량의 별이 형성된다.

이렇게 스타버스트와 은하 상호작용의 인과관계는 이론적으로 잘 이해되고 있다고 해도 좋다. 다만 현재의 시뮬레이션은 은하 중심의 좁은 영역(중심에서 수백pc 이내)에 도달한 성간가스의 그 후 운명에는 뚜렷한 해답을 주지 않고 있다. 특히 가스가 최종적으로 은하 중심의 블랙홀까지 도달하여 AGN 현상을 일으키는지 여부는 전혀 알려져 있지 않다.

7.4.4 은하단의 상호작용

이상 은하 간 상호작용에 대해 서술했는데, 은하단 가스와의 상호작용 등 넓은 의미의 은하 상호작용에 대해서도 관측과 이론 양면에서 연구가 진행되고 있다. 1951년에 스피처L. Spitzer와 바데W. Baade가 2개의 소용돌이은하끼리 충돌했을 때, 성간가스끼리 충돌하여 모체은하에서 떨어져 나갔을 가능성을 지적했다. 성간가스뿐만 아니라 일반적으로 유체 운동을 막았을 때에는 동압(또는 램압)이라고 하는 압력이 발생한다. 동압動壓은 압력 그 자체가 아니라 운동에너지의 밀도인데, 장애물에 대해 본래의 압력과 유사한 효과를 미친다. 동압은 은하단 가스에 소용돌이은하가 돌입했을 때 특히 중요하다.

대규모 은하단의 중심부에는 온도가 1억K 정도인 가스가 충만해 있음을 X선 관측 등을 통해 알게 되었다(9.2절 참조). 이 가스에 소용돌이은하가 돌입하면 소용돌이은하 안의 항성(별지나 은하 원반부의 별)은 가스와 상호작용하지 않기 때문에 그대로 궤도운동을 계속하지만, 성간가스는 돌입한 은하 간 가스로부터 동압을 받아 궤도 운동에서 뒤처진다고 할 수 있다. 즉 성간가스가 벗겨지는 현상이 일어난다. 실제로 처녀자리 은하단에서는 은하단 중심에서 가까운 소용돌이은하일수록 성간가스가 고립 은하에 비해 크게 결핍되어 있다. 1개의 소용돌이은하를 생각할 경우, 바깥쪽 성간가스일수록 모은하의 중력이 약하기 때문에 벗겨지기 쉽다. 실제로 은하단 안에 있는 소용돌이은하에는 중심부에 존재하는 수소 분자 가스가 거의 영향을 받지 않고 있는데 반해 원래 은하의 외연부에 분포해 있던 중성수소 가스는 현저하게 감소하는 예가 많이 관측되고 있어(H$_1$결핍 은하) 벗겨지는 현상의 유효한 증거가 되고 있다.

7.4.5 은하 형성과정의 상호작용

원래 은하 상호작용은 '완성된' 은하에 대해 생각하는 경우가 많았다. 즉 우리 근방에서 볼 수 있는 정상 은하를 비교의 기준으로 하여 상호작용 은하의 특이성을 논의했다. 그러나 현재는 보다 넓은 의미에서 은하 상호작용이 중요한 연구 테마가 되고 있다. 우주의 여러 가지 천체의 기원에 관해 현재 주류 사고방식은 작은 천체가 순차적으로 합체를 반복하면서 보다 큰 천체를 형성해 간다는 가설(계층적 집단화 모델)이다. 이것에 의하면 은하도 몇 개의 보다 작은 부분, 즉 '빌딩블록'이 모여 형성된 것이 된다. 이때 빌딩블록 간에 여러 가지 상호작용이 발생했을 것이다. 따라서 넓은 의미에서의 상호작용은 은하 진화의 중심적 메커니즘이라고 할 수 있다. 예를 들어 타원은하는 많은 합체를 경험해온 은하인데 반해, 원반은하는 대규모 합체[17]를 거의 경험하지 않고 진화해 왔다고 할 수 있다. 즉 은하 형태의 허블 계열은 합체 빈도의 계열이라고 해석할 수 있다.

| **17** 같은 질량의 은하끼리 합체를 가리킨다. 메이저 머저라고 한다.

1990년대 후반이 되어 허블우주망원경이나 지상의 신세대 대형망원경으로 원방 은하의 상세한 성질 조사가 가능해졌다. 먼 곳 은하는 과거의 모습을 보여주기 때문에 이것은 여러 가지 진화 단계에 있는 은하를 직접 관측할 수 있음을 뜻한다. 원방 은하의 형태적 특징 중 하나는 표면휘도 분포가 매끄럽지 않고 덩어리져 있다clumpy는 것이다. 즉 은하의 내부에 몇 개의 밝은 무리clump를 볼 수 있어 은하 전체적으로 불규칙한 형상을 띠고 있다.

개개의 무리는 거대한 별의 집단이라고 할 수 있지만, 이러한 근거리 은하에서 볼 수 없는 구조가 여러 개의 작은 은하가 합체하여 발생한 것인지, 아니면 우주 초기의 단독 은하의 고유한 성질인지는 아직 알 수 없다. 그러나 향후 더욱 연구가 진행되어 은하 진화의 전체상이 명확해짐에 따라 퀘이사나 은하의 형성에서 은하 상호작용의 역할도 해명될 것이다.

제**8**장
은하단의 관측적 성질

제7장에서 살펴봤듯이 은하단은 은하를 수백에서 수천 개 포함한 천체이며 중력 평형에 있는 계로서 우주에서 최대이다. 현재의 표준적인 계층적 구조형성 모델에 의하면 우주에서는 초기 밀도 요동이 성장하여 먼저 작고 가벼운 천체가 완성되고, 그 후 크고 무거운 천체가 완성되었다고 할 수 있다. 따라서 우주에서 최대의 천체인 은하단은 최근 또는 현재도 형성 중인 천체라고 할 수 있다. 은하단 조사로부터 우주의 천체 형성에 대한 정보를 얻을 수 있다. 또한 은하단을 구성하는 물질 대부분(질량에서 8할 이상)은 암흑물질인데, 은하단의 관측에서 암흑물질의 성질도 조사할 수 있다. 이 장에서는 은하단을 이용해서 우주론이나 암흑물질의 연구가 어떻게 진전되고 있는지를 설명하겠다.

8.1 은하단의 구조

우주론에 응용을 위해 필요한 은하단의 기본적인 구조를 먼저 설명하겠다.

8.1.1 가시광으로 본 은하단의 구조

은하단은 은하의 집단이지만, 은하의 분포 방법에는 특징이 있다. 그림 8.1은 슬론 디지털 스카이 서베이SDSS로 관측한 은하의 형태−밀도 관계이다. 은하의 수밀도數密度가 높은 영역일수록 조기형 은하(타원은하와 S0은하)가 많다. 은하단에서도 수밀도가 높은 은하단의 중심 영역에서 붉은 조기형 은하가 많이 관측되는데 반해, 수밀도가 낮아지는 외주부에서는 푸른 만기형(소용돌이) 은하가 많이 관측된다. 게다가 은하단의 외부에는 푸른 만기형 은하가 대부분이다.

이러한 은하의 분포 종류에 의한 차이의 원인으로, 우선 은하단 중심부에서 원래 타원은하가 생기기 쉬웠을 가능성이 있다. 은하단이 생길 것 같

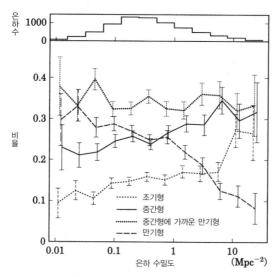

은하 수 1000 0

비율 0.4 0.3 0.2 0.1 0

.... 조기형
—— 중간형
······· 중간형에 가까운 만기형
－ － － 만기형

0.01   0.1   1   10   (Mpc^{-2})

은하 수밀도

그림 8.1 은하의 형태–밀도 관계(Goto *et al.*, 2003, *MNRAS*, 346, 601).

은 영역은 원래 초기 밀도 요동이 크기 때문에 은하의 모체가 되는 작은 천체가 생기기 쉽고, 그것들이 빈번하게 충돌 합체를 반복해서 비교적 단시간에 둥근 타원은하가 되었다는 것이다.

다음으로 일부 조기형 은하는 은하단 밖에서 들어온 만기형 은하의 변한 가능성이 있다. 만기형 은하가 은하단의 밖에서 들어오면 다른 은하나 은하단의 조석력의 영향을 받는다. 또는 은하단 가스와의 상호작용에 의해 은하의 가스가 벗겨지는 효과도 있다. 이러한 효과로 은하가 은하단의 중심부에 도달함에 따라 만기형에서 조기형으로 변했다는 것이다. 이러한 메커니즘은 7.4절이나 9.1절에 설명되어 있다.

8.1.2 X선으로 본 은하단의 구조

은하단을 X선으로 보면 그 안에 존재하는 은하는 거의 눈에 띄지 않는 대신 은하단 전체를 뒤덮은 은하단 가스가 주로 관측된다. 은하단 가스의 음속은 다음과 같은 식으로 표현된다.

$$c_s = \sqrt{\frac{5kT}{3\mu m_p}} \approx 1500\left(\frac{T}{10^8\,\mathrm{K}}\right)^{0.5} \quad [\mathrm{km\,s^{-1}}] \tag{8.1}$$

여기에서 k는 볼츠만 상수, T는 가스의 온도, μ는 평균 분자량, m_p는 양성자의 질량이다. μm_p로 전자, 양성자 그 외의 각종 이온을 포함한 모든 입자의 평균 질량이 된다. 은하단 가스는 전리되고 있기 때문에 $\mu \sim 0.6$이다. 은하단을 음속으로 횡단하는 시간, 즉 음속횡단시간sound crossing time 은 은하단의 반지름을 비리얼 반지름 r_{vir}[1]로 정의해서 다음과 같이 된다.

$$t_s = 2r_{vir}/c_s \approx 1.3 \times 10^9 \left(\frac{r_{vir}}{1\,\mathrm{Mpc}}\right)\left(\frac{c_s}{1{,}500\,\mathrm{km\,s^{-1}}}\right)^{-1} \quad [\mathrm{y}] \tag{8.2}$$

음속횡단시간 t_s는 우주연령$(\sim 10^{10}\,\mathrm{y})$에 필적한다고 할 수 있는 은하단의 연령보다 짧다. 또한 대다수 은하단의 X선 형상으로부터 음속을 초과하는 가스의 운동은 존재하지 않는다는 것을 알 수 있다. 이 때문에 은하단 가스 는 은하단의 중력장에 대해 대략적으로 정수압 평형[2]에 있다고 할 수 있다. 따라서 은하단이 구 대칭이라고 한다면 아래의 관계식이 성립된다.

$$\frac{dP_{gas}}{dr} = -\rho_{gas}\frac{GM(r)}{r^2} \tag{8.3}$$

여기에서 P_{gas}와 ρ_{gas}는 은하단 가스의 압력과 밀도, $M(r)$은 은하단의 중심 으로부터의 거리 r보다 안쪽에 포함된 역학 질량이다. $P_{gas} = \rho_{gas}kT/(\mu m_p)$

---

1 역학적 평형상태에 있는 계의 크기를 대표하는 반지름. 제3권 3.3절의 구 대칭 붕괴 모델 참조.
2 수축시키는 방향으로 작용하는 중력과 팽창시키는 방향으로 작용하는 압력 구배가 균형을 이루는 상 태. 주로 유체에 이용된다.

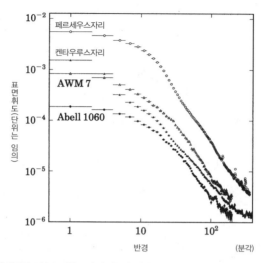

그림 8.2 여러 은하단의 X선 표면휘도의 반지름에 대한 변화. 1분각은 은하단의 실제 스케일에서는 13~22 kpc에 대응한다. 은하단의 중심을 향해 휘도는 증대하는데, 반지름 10분각(약 150 kpc)보다 안쪽인 코어에서는 표면휘도가 한계점에 이른다. 이러한 은하단에서 고온 가스는 정수압 평형에 있다고 할 수 있어, 가스의 밀도 분포와 온도 분포를 기본으로 암흑물질을 포함한 역학 질량의 분포를 이끌어낼 수 있다(후루쇼 타에古圧多惠 제공).

이기 때문에 P_{gas}는 ρ_{gas}와 T의 곱에 비례함으로 주의해야 한다. 은하단 가스의 단위체적당 X선 복사율은 X선 복사가 제동 복사인 경우 $\rho_{gas}^2 T^{1/2}$에 비례한다. T는 X선 스펙트럼의 관측으로 구해진다. 은하단 가스의 온도 중심부와 외주부의 차이는 중심부와 외주부에서 세 자릿수 정도 다른 ρ_{gas}의 변화보다 훨씬 작기 때문에(9.2.1절, 그림 9.10) 거의 일정하다고 간주하면 X선의 표면휘도 분포(그림 8.2)는 ρ_{gas}^2를 천구면 상의 각 점에서 시선 방향으로 적분한 것에 대응함을 알 수 있다. 따라서 은하단이 거의 구 대칭이라고 가정하면 X선의 표면휘도 분포를 통해 ρ_{gas}의 분포를 추정할 수 있다(보다 정확하게는 T의 장소에 의한 차이도 고려한다).

이상으로부터 (식 8.3)에서 질량 분포 $M(r)$이 구해진다. 이렇게 구해진 질량 분포는 일반적으로 NFW 분포(8.3절 참조)와 모순되지 않는다(그림

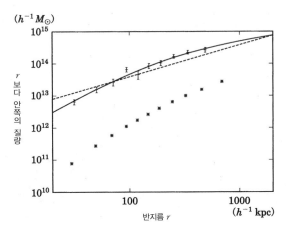

그림 8.3 X선 관측으로 구한 $M(r)$(표시)과 NFW 분포(실선)와의 비교. 점선은 $M(r) \propto r$이 되는 분포. 아래의 * 표시는 은하단 가스의 분포(Andersson & Madejski 2004, ApJ, 607, 190).

8.3). 또한 은하단의 반지름을 비리얼 반지름으로 정의하고 그 안에 있는 질량을 전체 질량이라 하면 암흑물질을 포함한 물질의 전체 질량은 $M(r_{\text{vir}})$, 은하단 가스의 전체 질량은 $M_{\text{gas}}(r_{\text{vir}})$로 나타낼 수 있으므로 $M(r_{\text{vir}}) \sim 10^{14} - 10^{15} M_{\odot}$이 된다.

그런데 (식 8.3)에서 $r = r_{\text{vir}}$로 하고, P_{gas}는 은하단의 바깥쪽으로 갈수록 작아진다는 점에 주의해서 $dP_{\text{gas}}/dr \sim -P_{\text{gas}}/r_{\text{vir}}$이라고 하면 다음과 같은 식이 된다.

$$\frac{kT}{\mu m_{\text{p}}} \sim \frac{GM(r_{\text{vir}})}{r_{\text{vir}}} \tag{8.4}$$

이 식을 통해 은하단 가스의 온도가 중력 퍼텐셜에 대응하고 있음을 알 수 있어 대략적인 온도를 어림잡는 데 편리하다.

8.2 은하단과 우주론

은하단의 관측적 성질을 통해 우주론에 어떠한 제약을 줄 수 있는지 살펴보도록 하자.

8.2.1 바리온의 비율과 우주론 매개변수

은하단은 우주의 아주 넓은 영역이 중력적으로 붕괴되어 만들어진 천체이고, 붕괴할 때 그 영역의 암흑물질과 바리온을 그대로 가지고 들어왔다고 할 수 있다. 또한 은하단이 형성된 후 바리온 비율을 크게 바꿀 정도의 대규모 냉각이나 가열 현상은 일어나지 않았다고 생각해도 좋다. 따라서 은하단 안의 바리온 비율은 우주 전체의 평균값과 같다고 가정할 수 있다. 이 가정을 기초로 우주의 질량밀도에서 바리온 비율을 계산할 수 있다.

우주의 임계밀도 ρ_{cr}에 대한 물질(암흑물질+바리온)의 평균 밀도 ρ_0의 비율을 우주 매개변수라고 하며, Ω_m으로 나타낸다($\Omega_m = \rho_0/\rho_{cr}$). 임계밀도란 우주가 닫히는 데 필요한 최저 밀도이다. 한편 우주의 임계밀도 ρ_{cr}에 대한 바리온의 밀도 ρ_b의 비율을 Ω_b로 나타낸다($\Omega_b = \rho_b/\rho_{cr}$). 여기에서 바리온은 은하와 가스를 합한 것이다. 은하단의 전체 질량(암흑물질+가스+은하)을 M, 가스의 총 질량을 M_{gas}, 은하의 총 질량을 M_{gal}이라고 한다. 만약 은하단 안 바리온 비율이 우주 안 바리온 비율과 같다면 다음과 같이 된다.

$$\frac{\Omega_b}{\Omega_m} = \frac{M_{gas} + M_{gal}}{M} \tag{8.5}$$

예를 들어 머리털자리 은하단의 경우 관측으로 구한 각 성분의 질량은 $M_{gas} = 6.8 \times 10^{13} h^{-5/2} M_\odot$, $M_{gal} = 2.3 \times 10^{13} h^{-2} M_\odot$, $M = 9.7 \times 10^{14} h^{-1} M_\odot$이다. 여기에서 허블상수를 $H_0 = 100 h \, \mathrm{km \, s^{-1} Mpc^{-1}}$이라고 했다. 이것

들을 (식 8.5)에 대입하면 $\Omega_b/\Omega_m \approx 0.024\,h^{-1}+0.070\,h^{-3/2}$이 된다.

한편 Ω_b는 우주 초기의 원소합성이론을 통해 독립적으로 결정할 수 있다. 이것에 의하면 우주 초기에 만들어진 원소의 존재비는 Ω_b에 의존하며, 관측된 현재의 원소 존재비와 비교를 통해 $\Omega_b \sim 0.022\,h^{-2}$이 된다. 따라서 현재 얻을 수 있는 허블상수 $h \sim 0.73$을 사용하면 $\Omega_m \sim 0.29$가 되어 대략적인 평가에도 불구하고 $\Omega_m < 1$로 나타낼 수 있다.

8.2.2 은하단의 개수 밀도와 우주론 매개변수

일반적으로 우주의 평균 밀도가 높을수록 천체는 쉽게 만들어져 수가 증가한다. 이것을 이용해서 우주의 밀도 매개변수를 결정할 수 있다. 우주 천체의 개수 밀도를 나타내는 데 프레스-스케흐터Press-Schechter함수가 자주 사용된다(제3권 3.4장). 이것에 의하면 질량 M에서 $M+dM$까지의 천체의 적색편이 z에서의 개수 밀도는 다음과 같다.

$$n_{PS}(M,\ z)dM = \sqrt{\frac{2}{\pi}}\,\frac{\rho_0}{M}\,\frac{\delta_c(z)}{\sigma^2(M)}\left|\frac{d\sigma(M)}{dM}\right|$$

$$\times \exp\left[-\frac{\delta_c^2(z)}{2\sigma^2(M)}\right]dM \qquad (8.6)$$

여기에서 ρ_0는 우주의 평균 밀도, $\sigma^2(M)$은 질량 M을 포함한 영역의 밀도 요동의 분산, $\delta_c(z)$는 적색편이 z까지 천체가 형성되는 데 필요한 밀도 요동이다. 또한 ρ_0는 Ω_m에 비례한다.

이 함수를 단순하게 관측과 비교할 수는 없다. 관측에서는 통상 M을 직접 구할 수 없기 때문이다[3]. 은하단의 경우는 M이 아니라 은하단에 충만하여 X선을 복사하는 은하단 가스의 X선 온도 T와 X선 광도 L_X가 관측으로 비교적 쉽게 구해진다. 그래서 T나 L_X와 M을 연결시키는 어떠한 모델이 필요해진다. 자주 사용되는 것은 X선 온도 T는 역학적인 비리얼 온도와 같다고 가정하고, X선 광도는 가스의 밀도 분포를 적절한 함수로 가정하여 구하는 방법이다.

비리얼 온도는 다음의 식으로 정의된다.

$$T_{\mathrm{vir}} = \frac{GM\mu \mathrm{m_p}}{3kr_{\mathrm{vir}}} \tag{8.7}$$

가스의 밀도 분포는, 예를 들어 근방의 은하단에서 X선 표면휘도 분포를 잘 재현하고 있는 β 모델을 채용하여 다음의 식을 이용한다.

$$\rho_{\mathrm{gas}}(r) = \rho_{\mathrm{gas,0}}[1 + (r/r_{\mathrm{c}})^2]^{-3\beta/2} \tag{8.8}$$

여기에서 r_{c}와 β는 매개변수로 관측이나 적당한 이론 모델로 정할 필요가 있다. 그렇게 하면 $\rho_{\mathrm{gas,0}}$는 (식 8.8)을 이용히여 다음의 관계식에서 M의 함수로 푼다.

$$M_{\mathrm{gas}} \equiv \int_0^{r_{\mathrm{vir}}} 4\pi r^2 \rho_{\mathrm{gas}}(r)dr \approx M\frac{\Omega_{\mathrm{b}}}{\Omega_{\mathrm{m}}} \tag{8.9}$$

이 식은 (식 8.5)와 같은 의미이지만 은하의 질량이 작기 때문에 무시하고 있다. $\Omega_{\mathrm{b}}/\Omega_{\mathrm{m}}$는 이론 모델 등을 통해 가정한다. 은하단의 X선은 주로 제동복사에 의해 나오기 때문에 광도는 다음의 식으로 나타낼 수 있다.

$$L_{\mathrm{X}} = \int_0^{r_{\mathrm{vir}}} 4\pi r^2 \rho_{\mathrm{gas}}^2(r) T^{1/2} dr \tag{8.10}$$

---

3 중력렌즈법(8.5절)을 사용하면 가능하지만, 하늘의 넓은 영역의 많은 천체에 대한 M을 구하기는 곤란하다.

T는 (식 8.7)을 통해, L_X는 (식 8.9)와 (식 8.10)을 통해 M의 함수가 된다.

이상과 같은 모델로부터 어느 온도나 광도의 은하단 개수 밀도를 나타내는 온도 함수나 광도함수를 알 수 있다.

$$n_T(T,\ z)dT = n_{PS}(M,\ z)\frac{dM}{dT}\bigg|_{M=M(T,\ z)}dT \qquad (8.11)$$

$$n_L(L_X,\ z)dL_X = n_{PS}(M,\ z)\frac{dM}{dL_X}\bigg|_{M=M(L_X,\ z)}dL_X \qquad (8.12)$$

이것을 관측과 비교하면 된다. 다만 이 방법에서는 은하단을 관측한 적색편이 z와 은하단이 탄생한 적색편이 z_f가 같다고 암묵적으로 가정하고 있다. 프레스–스케흐터 개수 밀도함수에는 각 천체가 언제 만들어졌는지에 대한 정보는 포함되어 있지 않다. 그런데 실제로 적색편이 z에서 여러 개의 은하단이 관측된 경우, 은하단들의 온도나 광도는 그 은하단이 언제 만들어졌는지에 따라 흩어져 있을 가능성이 있다. 이 효과는 적색편이 z에서 관측되는 천체가 있었을 때 그 천체가 탄생한 적색편이 z_f의 확률분포함수를 계산하여 보정할 수 있다. 그림 8.4에 그러한 보정을 실시한 온도함수의 한 예를 제시하였다. Ω_m, 즉 우주의 평균 밀도가 클수록 은하단의 온도함수가 커진다. 관측과 비교하면 $\Omega_m \sim 0.3$ 정도이다.

8.3 은하단의 질량 분포

7.2절과 8.1절에서 살펴보듯이 은하단은 우주 최대의 자기중력계이며, 암흑물질이 전체 질량의 대부분을 차지하고 있다. 은하단의 형성 과정 및 암흑물질의 공간 분포를 이론적으로 조사하는 연구가 최근 활발하게 이루어지고 있고, 나중에 서술하겠지만 여러 가지 관측(X선, 속도분산, 중력렌즈)과

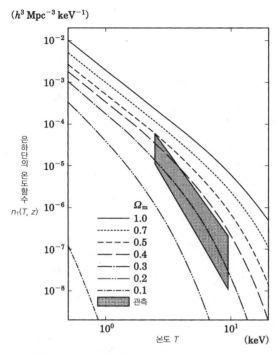

$(h^3 \text{ Mpc}^{-3} \text{ keV}^{-1})$

은하단의 온도함수 $n_T(T, z)$

Ω_{m}
— 1.0
‒‒‒‒ 0.7
– – – 0.5
— – 0.4
—·— 0.3
—··— 0.2
—···— 0.1
▨ 관측

온도 T (keV)

그림 8.4 여러 가지 우주론 매개변수(h, Ω_{m}, Ω_Λ)에 대해 계산한 은하단의 온도함수를 관측(직사각형) 과 비교한 것(Kitayama & Suto 1996, ApJ, 469, 480).

상세한 비교 검토도 가능해지고 있다. 여기에서는 우선 은하단의 질량 분 포 모델에 대해 개괄적으로 설명하겠다.

　은하단뿐만 아니라 우주의 계층적 구조의 형성 과정 이해가 가장 중요한 문제 중 하나인데, 현재의 표준적인 시나리오는 우주 초기에 생성된 원시 밀도 요동이 중력 불안정성으로 성장하여, 우선 작고 가벼운 천체가 형성 되고 그것들이 합체하여 서서히 크고 무거운 천체를 형성한다는 차가운 암 흑물질 모델(이하 CDM 모델)이다. 이 때문에 은하단의 형성과 진화과정을 조사하기 위해서는 작은 천체의 합체 역사와 보다 큰 구조에서의 중력의 영향을 올바르게 고려할 필요가 있다. 또한 암흑물질의 후보로 광자(전자파)와는 상호작용하지 않고 중력에서만 다른 입자와 상호작용하는 속도분산이 작은(이 때문에 차갑다고 한다) 미지의 소립자가 유력하다.

계산기의 성능 향상에 따라 최근 우주의 계층구조 형성 과정을 조사하는 대표적인 기법이 N체 시뮬레이션법이다. 이것은 우주 질량밀도의 공간 분포가 많은 점입자를 공간에 뿌리는 것과 유사하다. 즉 초기 조건 구조가 아직 완성되지 않은 시기(예를 들어 적색편이 $z=50$)에 우주배경복사에서 관측된 원시 밀도 요동을 재현하도록 입자를 분포시키고, 그 후 성장을 입자 간에 작용하는 중력으로 정확하게 계산하여 입자 분포의 진화를 추적하는 방법이다.

이러한 N체 시뮬레이션법으로 재현된 은하단 영역의 한 가지 결과의 예를 화보 9에 제시하였다. 은하단 질량 분포의 특징으로 전체에 매끄럽게 퍼진 성분(헤일로)과 각 구성 은하의 헤일로 성분이라고 할 수 있는 질량이 작은 무리(서브 헤일로)가 있다. 또한 중심부에는 매우 큰 질량의 무리가 있고, 이것은 서브 헤일로가 역학적 마찰로 중심으로 떨어져 그것들이 합체해서 형성된 것이며 cD은하의 헤일로 성분이라고 한다.

나바로는 N체 시뮬레이션으로부터 얻은 은하단의 질량 밀도의 동경 프로파일을 다음과 같은 함수형으로 나타낼 수 있다고 제안했다(2.2.3절 참조).

$$\rho(r) = \frac{\rho_s}{(r/r_s)(1+r/r_s)^2} \tag{8.13}$$

이 프로파일은 NFW 모델이라고 하며 두 개의 매개변수, 즉 중심 밀도 ρ_s와 밀도의 제곱지수가 $d\ln\rho/d\ln r = -2$가 되는 스케일 반지름 매개변수 r_s로 특징지을 수 있다. 또한 이 질량 모델은 $r \to 0$의 극한에서는 질량밀도가 r^{-1}으로 발산되는 한편, $r \gg r_s$에서는 $\rho \propto r^{-3}$이 되는 특징을 가지고 있다.

은하단 연구에서 이론적이든 관측적이든 비리얼 질량 M_{vir} 이용이 편리하다. 또한 시뮬레이션의 결과를 통해 비리얼 반지름까지는 적어도 NFW 모델이 좋은 근사가 된다고 알았다. M_{vir}과 NFW 모델의 관계는 (식 8.13)을 비리얼 반지름 r_{vir}까지 적분해서 얻을 수 있다.

$$M_{\text{vir}} = 4\pi\rho_{\text{s}} \left(\frac{r_{\text{vir}}}{c_{\text{vir}}}\right)^3 \left[\ln(1+c_{\text{vir}}) - \frac{c_{\text{vir}}}{1+c_{\text{vir}}}\right] \tag{8.14}$$

여기에서 스케일 반지름 대신에 헤일로 중심 집중도 $c_{\text{vir}} \equiv r_{\text{vir}}/r_{\text{s}}$를 도입했다. 그리고 구 대칭 붕괴 모델을 이용하면 M_{vir}과 r_{vir}의 관계도 우주론 매개변수로 주어지기 때문에 NFW 모델은 두 개의 매개변수(c_{vir}과 M_{vir} 또는 c_{vir}과 r_{vir})로 결정된다. 위의 식에서 $r_{\text{vir}} \to \infty$(또는 $c_{\text{vir}} \to \infty$)의 극한을 생각하면 질량이 로그 발산함에 주의해야 한다. 이것은 NFW 모델이 비리얼 반지름 내의 유한 영역 안에서만 적용 가능한 근사 형태라는 의미이다.

특히 팽창우주 모델이나 밀도 요동의 초기 조건을 따르지 않고, 또한 은하 스케일에서부터 은하단 스케일의 광범위한 헤일로에 걸쳐 있는 이들 헤일로의 성질 프로파일을 (식 8.13)의 NFW 모델로 나타낼 수 있다고 제안하고 있어 활발한 논쟁이 되고 있다. 그림 8.5는 은하 스케일에서부터 은하단 스케일에 걸쳐 헤일로의 질량 밀도 프로파일이 함수형(식 8.13)(엄밀하게는 그것을 약간 개량한 함수형)에서 아주 유사할 수 있음을 나타내고 있다. 그러나 이러한 결과는 자기중력, 무충돌 입자계가 우주연령 내에서 평형 형상으로 자리 잡기가 어려워 무충돌계에서 초기 조건의 정보를 어떠한 형태로 유지하고 있다는 자연스러운 직관과 모순된다. CDM 구조 형성 모델에서 왜 NFW 모델과 같은 질량 분포가 나타나는지에 대한 문제의 물리적인 설명은 아직 이루어지지 않고 있다. 다만 그 후의 연구로부터 다수의 헤일로 특징을 통계적으로 조사하여 중심부의 제곱지수나 중심 집중도 매개변수 c_{vir}이 특정 수치를 갖지 않고 원시밀도 요동의 통계적 성질과 관계된

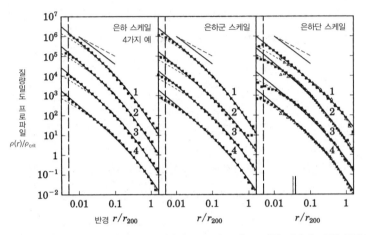

그림 8.5 N체 시뮬레이션에 의한 헤일로의 질량밀도 분포의 동경 프로파일. 3개의 그림은 각각 은하 규모(왼쪽), 은하군 규모(가운데), 은하단 규모(오른쪽)를 나타낸다. 점선은 NFW 모델에 의한 피트이며, 실선은 NFW 모델에서 안쪽의 거듭제곱법칙을 $r^{-1.5}$로 개량한 모델에 의한 피트. 1, 2, 3, 4는 시뮬레이션에서 만들어진 헤일로의 분류 번호. 보기 쉽도록 세로축 방향으로 10배씩 늘려 그렸다(Jing & Suto 2000, ApJL, 529, 69).

분산으로 분포하고 있음을 알 수 있었다. 또한 c_{vir}의 평균값은 질량이 가벼운 천체일수록 크다(그림 8.5).

이상과 같이 현시점에서는 NFW 모델을 N체 시뮬레이션에서 도출된 경험적 법칙으로 인식해도 무난하다. 중심의 커스프 형상(뾰족한 상태)에 관해서는 수치계산의 정밀도 문제가 지적되고 있다. 또한 무충돌 CDM 모델의 자연 귀결로 통계 평균적인 의미에서도 헤일로의 형상은 구 대칭보다 오히려 3축 부등의 타원체 모델 쪽에 더욱 유사하다고 지적되고 있다. 게다가 현실의 우주에는 바리온이 존재하지만, 바리온은 냉각할 수 있기 때문에 별이나 은하를 형성하여 중력 퍼텐셜의 바닥으로 한층 더 떨어질 수 있다. 결과적으로 은하단에서는 비리얼 반지름 수% 이내에서는 오히려 바리온이 전체 질량을 지배한다고 할 수 있어 질량 프로파일은 수정된다. 이것들로부터 NFW 모델을 관측 데이터에 근거하여 정량적으로 검증하도록 하는 강한 요구가 있다. 다음 절에서는 은하단의 질량 분포를 추정하는 방법에 대해 설명하겠다(X선 관측을 이용한 방법에 대해서는 8.1절 참조).

8.4 은하단 구성 은하의 속도분산

관측된 은하단 구성 은하의 적색편이에는 우주팽창으로 인한 허블팽창속도와 더불어 은하 자체의 고유 속도(특이 속도라고 한다)에 의한 도플러 효과 성분이 존재한다. 이 특이 속도는 은하단의 중력에 의해 일어나는데, 그 크기는 전형적으로 $1,000\,\mathrm{km\,s^{-1}}$에 달해 은하단 영역 내($\leq 1\,\mathrm{Mpc}$)에서의 허블팽창속도의 차이($\sim 70\,\mathrm{km\,s^{-1}}$)를 능가한다. 즉 구성 은하의 적색편이 분포의 측정을 통해 특이 속도의 분포를 추정하고 중력 퍼텐셜의 강도 분포, 즉 은하단의 질량 분포를 추정하게 된다. 실제로 이미 1930년대에 당시 스위스의 천문학자였던 츠비키F. Zwicky가 머리털자리 은하단의 구성 은하의 특이 속도가 눈에 보이는 은하들의 중력으로 인해 예상 보다 훨씬 빠르다는 것을 발견하고, 전자파에서는 보이지 않는 물질로 은하단이 가득 채워져 있다는 것, 즉 암흑물질의 존재를 지적한 것은 매우 놀라운 일이었다.

위에서 서술했듯이 암흑물질이 지배적인 은하단은 무충돌계로 간주할 수 있다. 무충돌계의 중력장은 무충돌 볼츠만 방정식과 푸아송 방정식으로 기술된다(제12권 1장 참조). N체 시뮬레이션은 이러한 방정식을 유사하게 풀고 있다. 무충돌 볼츠만 방정식을 속도 공간으로 평균하여(모멘트를 구하여) 얻은 것이 진스 방정식이다. 문제를 간단히 하기 위해 은하단의 중력장에 대해 정상, 구 대칭이라고 가정하면 은하단의 중력 퍼텐셜과 속도 분포의 관계를 주는 다음의 식을 얻을 수 있다.

$$M(r) = -\frac{\sigma_r^2 r}{G} \left[\frac{d \ln \sigma_r^2}{d \ln r} + \frac{d \ln \nu}{d \ln r} + 2\beta(r) \right] \tag{8.15}$$

여기에서 ν는 수밀도, σ_r^2은 속도의 동경 방향 성분의 분산, β는 속도분산의 비등방성을 주는 매개변수, $\beta(\equiv 1-\sigma_\theta^2/\sigma_r^2)$이다. $\beta=1$인 경우가 동경 방향만의 운동, $\beta=0$인 경우가 등방적 운동, $\beta \to -\infty$가 원운동에 대응한다. 또한 반지름 r인 구 내의 중력 퍼텐셜 Φ가 다음과 같이 되는 것을 이용했다.

$$d\Phi(r)/dr = -(G/r^2)\int_0^r 4\pi r^2 \rho(r)dr \equiv -GM(r)/r^2 \qquad (8.16)$$

여기에서 (식 8.15)에서 우변 괄호 안의 제2항과 제3항을 무시하면 제1항은 1의 오더이기 때문에 비리얼 평형의 관계 $GM(r)/r \sim \sigma_r^2$을 얻을 수 있다.

(식 8.15)에서 구성 은하의 적색편이 측정을 통해 특이 속도의 분산 σ_r^2을 추정하고, 은하의 공간 분포 정보를 통해 수밀도 $\nu(r)$을 추정하면[4] 은하단의 질량 분포를 추정할 수 있다. 그러나 이 방법의 부정성은 속도분산 등의 관측량이 시선 방향으로 적분된 2차원 정보라는 점과 속도분산의 등방성과 은하 분포와 질량 분포 사이의 관계에 어떠한 가정을 할 필요가 있다는 점 등이다. 또한 다수 은하의 적색편이를 추정하기 위해서는 많은 관측 시간이 필요하여, 일반적으로 간단하지 않다. 이 때문에 현 상황에서는 이 방법으로 정확하게 질량 분포 또는 그 동경 프로파일을 추정한 결과는 없다. 오히려 속도분산 측정은 위에서 서술했듯이 비리얼 정리의 가정을 통해 은하단 전체 질량을 추정하는 데 이용되고 있다.

| 4 통상은 은하의 공간 분포와 암흑물질의 분포가 같다고 가정할 필요가 있다.

8.5 중력렌즈효과

바리온과 암흑물질을 합한 은하단의 질량 분포를 가장 직접적으로 조사하는 방법은 은하단이 배경은하(또는 퀘이사)에 미치는 중력렌즈효과법 이용이다. 여기에서는 실제 관측 예를 보여주면서 중력렌즈의 방법에 대해 해설하겠다. 여러 가지 스케일 천체의 중력렌즈 현상에 관한 자세한 해설에 대해서는 제3권 2.3절을 참조하기 바란다.

8.5.1 중력렌즈 방정식

일반상대론이 예언하는 중력렌즈란 광원(여기에서는 은하 또는 퀘이사)에서 나온 빛의 경로가 관측자에게 도달하기까지의 사이에 끼어 있는 천체(여기에서는 은하단)의 중력장에 의해 구부러지는 현상이다. 그림 8.6과 같이 천구 상 좌표 원점에서부터 측정한 상까지의 각도 벡터를 θ, 렌즈가 없었을 경우 관측되었을 광원의 위치 벡터를 β라고 하면 중력렌즈 방정식은 나음의 식으로 주어진다[5].

$$\beta = \theta - \alpha(\theta) \qquad (8.17)$$

여기에서 α는 중력렌즈의 굽은 각 벡터이다. 현실적으로 각도 벡터 θ, β, α의 크기는 1보다 훨씬 작기 때문에 이것들은 천구 상의 2차원 평면벡터와 유사하게 해도 된다(그림 8.6 아래 그림 참조). 굽은 각 $\alpha(\theta)$는 렌즈 천체의 질량 분포에 따른 2차원 중력렌즈 퍼텐셜 ψ를 이용해서 (식 8.18)과 같이 나타낼 수 있다.

$$\alpha(\theta) = \nabla \psi(\theta) = \frac{4G}{c^2} \frac{D_{\mathrm{L}} D_{\mathrm{LS}}}{D_{\mathrm{S}}} \int d^2 \theta' \frac{\theta - \theta'}{|\theta - \theta'|^2} \Sigma(D_{\mathrm{L}} \theta') \qquad (8.18)$$

---

5 중력렌즈 방정식의 상세한 설명에 대해서는 제3권 2.3.1절을 참조하기 바란다.

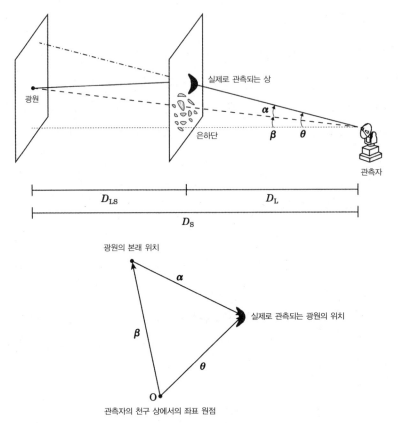

그림 8.6 광원에서 나온 빛의 경로가 바로 앞 은하단의 중력장에 의해 구부러지는 중력렌즈현상. 천구 상에서 광원이 관측되는 각도 위치 벡터를 θ, 본래의 위치를 β로 하면 중력렌즈에 의한 굽은 각은 α이다(위). 관측자가 보는 천구 좌표계 상에서의 θ, β, α의 관계(아래).

여기에서 Σ는 은하단의 질량밀도 분포를 시선 방향으로 투영한 2차원 질량밀도 $\Sigma(\theta) = \int dz\, \rho(D_{\mathrm{L}}\theta,\ z)$이다. 또한 D_{L}, D_{S}, D_{LS}는 우리와 렌즈 천체 사이, 우리와 광원 사이, 렌즈 천체와 광원 사이의 각직경 거리이며, 광원과 렌즈 천체의 적색편이(각각 z_{L} 및 z_{S})로 우주 모델이 주어지면 결정된다(5.1절 참조). 중력렌즈가 되는 은하단의 질량 분포가 편재되어 있기 때문에 (식 8.18)의 도출에서는 우주론적 거리($D \sim 1{,}000\,\mathrm{Mpc}$)에 비해 시선 방향에 분포한 다른 여러 가지 구조의 중력렌즈효과는 무시할 수 있다고(얇은 중력렌즈와 유사) 가정하고 있다.

계수 $D_L D_{LS}/D_S$는 어느 적색편이 z_S의 광원에 대해 렌즈 천체가 관측자와 광원의 거의 중간에 위치할 때 효과가 최대가 된다는 것을 나타내고 있다. 주어진 광원의 위치 β와 렌즈 천체의 질량 분포에 대해 렌즈 방정식의 역문제를 풀었을 때 θ의 풀이가 동일하게 정해진다고는 할 수 없어 다중해가 존재하는 경우가 있을 수 있다. 이 다중해는 잘 알려져 있는 중력렌즈의 다중상(실제로는 하나의 광원이 여러 상으로 관측되는 것)에 따른 것이다. 이에 대해서는 8.5.2절에서 상세하게 설명할 것이다.

그리고 (식 8.18)에서 기준점 (β, θ) 주위의 미소편차벡터 $(\beta+\delta\beta, \theta+\delta\theta)$의 중력렌즈 매핑을 생각하면 테일러 전개로 다음의 식을 얻을 수 있다.

$$\delta\beta_i = A_{ij}\delta\theta_j \tag{8.19}$$

여기에서 $\boldsymbol{A}$는 야코비안 행렬이라고 하며 다음과 같이 정의된다.

$$\boldsymbol{A} = \begin{pmatrix} 1-\kappa-\gamma_1 & -\gamma_2 \\ -\gamma_2 & 1-\kappa+\gamma_1 \end{pmatrix} \tag{8.20}$$

κ, γ_1, γ_2는 아래와 같이 주어진다.

$$\kappa \equiv \frac{1}{2}(\psi_{11}+\psi_{22}) = \frac{\Sigma}{\Sigma_{cr}} \tag{8.21}$$

$$\gamma_1 \equiv \frac{1}{2}(\psi_{11}-\psi_{22}) \tag{8.22}$$

$$\gamma_2 \equiv \psi_{12} \tag{8.23}$$

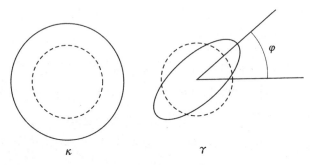

그림 8.7 중력렌즈 야코비안 행렬 A의 κ, γ_1, γ_2의 물리적 의미. 점선이 보여 주듯이 광원의 진짜 형상이 원형일 경우를 생각하고, 단순하도록 κ, $\gamma \ll 1$다고 가정하고 있다. 2차원 질량밀도 κ는 광원의 면적을 $1/(-\kappa)$배만큼 크게 하는 효과이다(왼쪽). 시어 γ는 광원의 면적은 변하지 않지만 형상을 타원형으로 비트는 효과(오른쪽). 유발되는 타원율의 크기는 $(a+b)/(a-b) = \gamma\,(= \sqrt{\gamma_1^2 + \gamma_2^2})$($a$, b는 타원의 긴지름과 짧은지름의 크기)이며, 시어 성분은 $\gamma_1 = \gamma\cos2\varphi$, $\gamma_2 = \gamma\sin2\varphi$로 주어진다. 또한 타원의 긴지름 방위각 φ는 $\varphi = (1/2)\arctan(\gamma_2/\gamma_1)$이다.

여기에서 $\Sigma_{\mathrm{cr}} \equiv c^2 D_S/(4\pi G D_{LS} D_L)$, $\psi_{12} = \partial^2\psi/\partial\theta_1\partial\theta_2$이다. 미소벡터 $\delta\beta$가 광원의 표면휘도 안을 이동하는 벡터군이라고 간주하면 야코비안 행렬 A_{ij}에 의한 매핑을 통해 $\delta\theta$가 만드는 벡터군은 관측자가 실제 그 천체를 봤을 때의 형상을 준다. 물리적으로는 그림 8.7과 같이 2차원 질량 밀도를 주는 κ는 광원의 형상을 등방적으로 확대하는 효과이며, γ_i는 뒤틀림 효과 shear, 즉 광원에 유한한 타원율을 유발하는 효과로 해석할 수 있다. 다만 그림 8.7에 나타나 있듯이 시어 성분 γ_i는 θ_1 좌표축에서의 타원율의 긴지름 방위각 φ에 의존하기 때문에 좌표계를 변환하면 시어 성분도 변환됨에 주의하기 바란다.

중력렌즈효과는 광원 플럭스를 증대시킨다. 이 증광률도 야코비안 행렬로 주어진다. 중력렌즈효과는 새롭게 광자를 생성하지 않기 때문에 광원의 표면휘도 $b(\beta)$는 불변이다. 이 때문에 중력렌즈효과에 의한 증광률 μ는 관측되는 광원의 플럭스와 렌즈가 없을 때의 고유 플럭스의 비, 즉 야코비안 행렬(식 8.20)의 행렬식으로 다음과 같이 주어진다.

$$\mu(\theta) \equiv \frac{\int d^2\theta b(\theta)}{\int d^2\beta b(\beta(\theta))} = \frac{1}{|\det(\boldsymbol{A})|} \frac{\int d^2\theta b(\theta)}{\int d^2\theta b(\theta)}$$

$$= \frac{1}{|\det(\boldsymbol{A})|} = \frac{1}{|(1-\kappa)^2 - \gamma^2|} \qquad (8.24)$$

여기에서 $\gamma = (\gamma_1^2 + \gamma_2^2)^{1/2}$이며, 관측된 천체의 상 안에서 은하단에 의한 중력렌즈 강도가 일정하다고 가정했다. $1-\kappa+\gamma = 0$ 또는 $1-\kappa-\gamma = 0$을 만족시키는 θ가 만드는 폐곡선 상에서 증광률은 형식적으로 무한대가 된다[6].

은하단 중력렌즈를 상세하게 살펴보기 전에 편리한 관계식을 도출해 보자. 야코비안 행렬(식 8.20)을(예를 들어 렌즈 천체의 중심을 좌표 원점으로 한다) 2차원 극좌표계 $(\theta_1, \theta_2) = \theta(\cos\varphi, \sin\varphi)$을 이용해서 고쳐 쓰면 다음의 식을 얻을 수 있다.

$$\boldsymbol{A} = \begin{pmatrix} 1 - \dfrac{\partial^2\psi}{\partial\theta^2} & -\dfrac{\partial}{\partial\theta}\left(\dfrac{1}{\theta}\dfrac{\partial\psi}{\partial\varphi}\right) \\ -\dfrac{\partial}{\partial\theta}\left(\dfrac{1}{\theta}\dfrac{\partial\psi}{\partial\varphi}\right) & 1 - \dfrac{1}{\theta}\dfrac{\partial\psi}{\partial\theta} - \dfrac{1}{\theta^2}\dfrac{\partial^2\psi}{\partial\varphi^2} \end{pmatrix} \qquad (8.25)$$

다만 이 식의 도출에는 좌표 기저의 변환도 사용되고 있음에 주의하기 바란다. 즉 예를 들어 위의 $\boldsymbol{A}$의 (1, 1) 성분은 좌표 원점에서 본 동경 방향에 따른 성분이다[7].

(식 8.25)와 그림 8.7로부터 좌표 원점에서 본 반지름 θ의 원을 생각했을 때 그 원주의 접선 방향(또는 동경 방향)으로 긴지름을 가진 타원형에서 광

---

[6] 엄밀하게 광원의 유한한 크기를 고려하면 증광률이 무한대가 되는 것은 아니다.
[7] 본래 데카르트 좌표계 (θ_1, θ_2)의 θ_1 방향에 따른 성분이 아니다.

원을 비트는 시어 성분 γ_+는 다음의 식과 같이 나타낼 수 있다.

$$\gamma_+(\theta) \equiv \frac{1}{2}\left(\frac{\partial^2 \psi}{\partial \theta^2} - \frac{1}{\theta}\frac{\partial \psi}{\partial \theta} - \frac{1}{\theta^2}\frac{\partial^2 \psi}{\partial \varphi^2}\right) \tag{8.26}$$

이것을 방위각 φ로 평균하면 임의의 질량 분포에 관해 다음과 같은 관계식을 얻을 수 있다.

$$\langle \gamma_+ \rangle(\theta) = \langle \kappa \rangle(\theta) - \bar{\kappa}(<\theta) \tag{8.27}$$

여기서 $< \cdots > \equiv (1/2\pi)\int_0^{2\pi} d\varphi$는 방위각 평균이고, $\bar{\kappa}(<\theta)$는 $\kappa(\theta)$를 반지름 θ인 원 안에서 평균한 양, 즉 $\bar{\kappa}(<\theta) \equiv (2/\pi\theta^2)\int_0^{\theta} d\theta' \int_0^{2\pi} d\varphi\, \theta'\kappa(\theta')$이다. 또한 γ_+란 독립된 뒤틀린 성분(원주의 접선 방향에서 $\pm 45°$만큼 회전한 방향을 따라 뒤틀린 성분)을 $\gamma_\times$라고 하면 그 방위각 평균은 항상 제로가 된다. 이것은 중력렌즈효과가 스칼라 퍼텐셜scalar potential에 의해 발생한 것이고, 관측에서는 $\gamma_\times$를 중력렌즈 측정에 수반되는 계통 오차의 지표로 사용할 수 있어 중요하다.

(식 8.27)은 어느 반지름 θ의 원주에 나타나는 배경 광원에 대한 시어의 크기가 중력의 조석력의 성질을 반영하여, 그 원 안에 포함된 총 질량과 국소적 질량 밀도로 결정된다는 것을 의미한다. 예를 들어 국소적으로 질량 밀도가 $\kappa(\theta)=0$이 되는 반지름 θ인 원을 생각한다고 해도 그 원 안에 질량이 존재하면 광원은 뒤틀리는 효과를 받는다. 또한 시어 신호 γ_+를 아주 바깥쪽의 $\kappa(\theta)=0$이 되는 영역 θ_b까지 관측할 수 있다면 $M(<\theta_b) \propto \pi\theta_b^2 \bar{\kappa}(<\theta_b) \propto \pi\theta_b^2 \langle\gamma_+\rangle$의 관계로부터 원 안의 전체 질량을 부정성 없이 추정할 수 있게 된다. 그러나 주의해야 할 것은 $\kappa \rightarrow \kappa + \lambda$($\lambda$는 상수)가 되는 변환에 대해 $\langle\gamma_+\rangle$는 불변이므로 뒤틀림 효과의 관측으로 질량을 추정할 때에는

부정성이 일반적으로 발생한다[8]. 또한 (식 8.27)은 $\langle\kappa\rangle>\bar{\kappa}$일 때 $\langle\gamma_+\rangle>0$이기 때문에 광원은 좌표 중심에서 본 동경 방향에 따른 방향으로 긴지름을 가진 타원형으로 일그러지고, 반대로 $\langle\kappa\rangle<\bar{\kappa}$일 때 $\langle\gamma_+\rangle<0$이며, 광원은 원의 접선 방향을 따라 일그러진다. 좌표 원점을 은하단 중심으로 하면 전자는 주로 은하단의 중심부 영역에서만 볼 수 있고, 후자는 그 이외의 은하단 대부분의 영역에서 관측된다.

8.5.2 강한 중력렌즈효과

은하단 중심부에서 관측되는 현상은 배경광원으로 커진 증광 또는 다중상이나 아크 모양의 크게 뒤틀리는 효과를 수반하는 강한 중력렌즈효과이다. 여기에서는 이 강한 중력렌즈효과의 특징을 설명하겠다. NFW 모델의 절에서 서술했듯이 제0 근사에서 은하단의 질량 분포는 구 대칭으로 간주할 수 있을 것이다. 이 경우 중력렌즈방정식에서 원 대칭 질량 분포를 가정하면 (식 8.21)과 (식 8.27)을 조합하여 중력렌즈 증광률을 다음의 식으로 쓸 수 있다.

$$\mu = \frac{1}{\left|\left(1-\dfrac{d(\theta\bar{\kappa})}{d\theta}\right)(1-\bar{\kappa})\right|} \tag{8.28}$$

이 식에서 $\bar{\kappa}=1$ 또는 $d(\theta\bar{\kappa})/d\theta=1$을 만족시키는 폐곡선 주위에서 증광률이 형식적으로 무한대($\mu\to\infty$)가 된다. $\bar{\kappa}=1$인 임계폐곡선 주위의 기하학적인 고찰에서는 원의 접선 방향을 따라 크게 뒤틀린 상이 관측된다(그림 8.8 (오른쪽) 참조). 특히 $\bar{\kappa}=1$을 만족시키는 반지름은 아인슈타인 반지름

---

[8] 보다 엄밀하게는 관측되는 뒤틀림 효과는 $\gamma/(1-\kappa)$인데, 그 뒤틀림 효과를 불변으로 하는 부정성은 $\kappa\to\lambda\kappa+(1-\lambda)$으로 나타낸다.

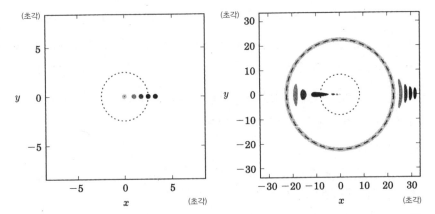

그림 8.8 중력렌즈 매핑의 설명도. 좌표 원점을 중심으로 하는 구 대칭 질량 분포(NFW 프로파일)를 가진 은하단이 있는 경우를 가정하고 있다. 은하단의 배경에 있는 광원의 천구 상에서의 본래 위치. 단 순화를 위해 원반 형상의 광원을 생각한다(왼쪽 그림). 각각의 광원이 실제로 관측되었을 때의 형상을 나 타낸다(오른쪽 그림). 파선, 점선은 형식적으로 $\mu \to \infty$가 되는 임계폐곡선을 나타낸다(오른쪽 그림의 임계폐 곡선인 파선은 왼쪽 그림의 광원 좌표에서는 중심점에 대응하고 있다). 왼쪽 그림에서 광원이 점선인 임계폐곡선 의 내부에 있는 경우 오른쪽 그림에서는 광원이 2~3개의 다중상으로 관측되는 것을 알 수 있다[9].

(θ_{cr})이라고 하며, 그 폐곡선 안의 전체 질량을 아래 식과 같이 나타낼 수 있다.

$$M(<\theta_{cr}) = \pi (D_L \theta_{cr})^2 \Sigma_{cr}$$
$$\approx 3.5 \times 10^{14} M_\odot \left(\frac{\theta_{cr}}{30''}\right)^2 \left(\frac{D_L D_S / D_{LS}}{1\,\mathrm{Gpc}}\right) \tag{8.29}$$

즉 우주 모델과 광원, 은하단의 적색편이를 알면 임계반지름의 분류를 통 해 반지름 안의 전체 질량을 부정성 없이 얻을 수 있다. 또한 임계반지름은 광원의 적색편이에 의해서도 변하기 때문에(고적색편이의 광원에 대해서는 보 다 큰 θ_{cr}) 적색편이가 다른 여러 광원에 대한 임계폐곡선을 관측적으로 분 류할 수 있다면 각 곡선 안의 질량을 구해 이들 반지름에 걸친 질량밀도의 동경 프로파일을 구할 수 있다.

❙ **9** 광원 좌표에서의 임계폐곡선(점)은 커스틱스caustics라고도 한다.

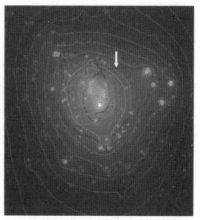

그림 8.9 허블우주망원경으로 촬영한 근방의 A1689 은하단($z=0.18$) 중심 영역의 촬영 데이터 (Broadhurst *et al.*, 2005, *ApJ*, 621, 53). 은하단 중심으로부터 반지름 약 2분각(약 200 h^{-1}kpc)의 영역. 강한 중력렌즈의 영향으로 다중상 또는 크게 뒤틀린 상이 된 다수의 배경은하가 있다(왼쪽). 다중상의 측정을 통해 중력렌즈 방정식의 역문제를 풀어 얻은 2차원 질량밀도 분포의 등고선을 나타냈다. 굵은 선의 폐곡선(그림의 화살표가 가리키고 있는 선)은 $z_S=3$인 광원에 대한 임계폐곡선이다(오른쪽).

한편 $d(\theta\bar{\kappa})/d\theta=1$을 만족시키는 임계폐곡선 주위에는 렌즈 중심에서 본 동경 방향을 따라 크게 뒤틀린 상이 나타난다(그림 8.8 (오른쪽) 참조). 가령 2차원 질량밀도에 대해 단일 거듭제곱법칙을 가진 $\kappa\propto\ell^{-\alpha}$이 되는 모델을 생각하면 $0<\alpha<1$을 만족시키는 경우에만 임계반지름(θ_{rad})이 나타나고, 이때 $\theta_{\text{rad}}<\theta_{\text{cr}}$임을 알 수 있다. 일반적으로 임계반지름의 출현 위치는 은하단 중심부 부근의 질량 프로파일 제곱지수에 민감하다.

그림 8.9의 왼쪽 그림은 허블우주망원경으로 촬영한 근방의 A1689 은하단($z=0.18$) 중심부 영역의 뚜렷한 촬영 데이터이다. 대기의 시잉seeing 영향이 없기 때문에 상당히 선명한 영상을 얻을 수 있어, 크게 뒤틀린 다수의 어둡고 작은 배경은하상을 확인할 수 있다[10]. 이 데이터의 상세한 해석

10 지상 망원경을 이용하여 이것들을 검출하기는 매우 어렵다.

을 통해 30개 이상의 배경은하에 대한 100개 이상의 다중상을 발견하였다. 더욱이 이러한 다중상의 정보에 근거하여 중력렌즈 방정식의 역문제를 풀어 중심 영역의 질량 분포를 상세하게 복원하고 있다. 이렇게 얻은 질량 분포는 관측 영역($r \lesssim r_s$)이 제한되긴 하지만 NFW 모델의 예언과 잘 맞는다고 지적하고 있다.

8.5.3 약한 중력렌즈효과

앞에서 서술한 강한 중력렌즈효과는 은하단 중심부에서만 관측할 수 있다 (예를 들어 그림 8.9에 나타나 있듯이 A1689 은하단에서는 반지름으로 ~1분각 이내). 한편 은하단의 비리얼 반지름은 전형적으로 10분각에 달한다. 비리얼 반지름에 걸친 은하단 전 영역의 질량 분포를 추정하기 위해서는 약한 중력렌즈효과라는 방법이 매우 유용하다. 이것은 1개의 배경은하로는 무리지만 다수의 배경은하의 형상을 통계 해석하여 약한 중력렌즈효과를 검출하는 방법이다. 여기에서는 약한 중력렌즈효과에 대한 2종류의 관측량에 대해 설명하고자 한다.

중력렌즈 시어

(식 8.22), (식 8.23), 그림 8.7에서 서술했듯이 중력렌즈는 일반적으로 광원 은하상에 대해 뒤틀린(시어) 효과를 불러일으킨다. 실제로 은하는 고유의 타원율 ε_i를 가지는데, κ, $\gamma_i \ll 1$인 영역에 주목하면 관측되는 타원율 $\varepsilon_i^{\text{obs}}$는 근사적으로 다음과 같은 선형 관계식으로 주어진다.

$$\varepsilon_i^{\text{obs}} \approx \varepsilon_i + \gamma_i \tag{8.30}$$

은하단 영역은 전형적으로 최대 $|\gamma_i| \sim 0.1$, 은하 고유의 타원율은 $|\varepsilon_i| \sim 0.3$

정도이다. 즉 개개의 은하에 대한 고유의 타원율이 중력렌즈 시어보다 크다. 그러나 타원율의 성분은 긴지름의 방위각에 의존해서 양과 음의 값을 구할 수 있다는 점이 중요하다(그림 8.7 참조). 이것으로부터 다른 배경은하 간에 고유 타원율의 방위각과 상관관계가 없다고 가정하면[11] 다수 은하상의 타원율을 통계 평균으로 구함으로써 고유의 타원율 기여가 부정된 계통적인 은하단의 중력렌즈 성분만을 끄집어 낼 수 있다. 즉 N_{gal}개의 배경은하가 포함된 영역에서 은하 타원율의 평균값이 다음과 같이 된다고 기대할 수 있다.

$$\langle \varepsilon_i^{obs} \rangle \equiv \frac{1}{N_{gal}} \sum_{i=1}^{N_{gal}} \varepsilon_i^{obs} \approx \langle \gamma_i \rangle \pm \frac{\sigma_\varepsilon}{\sqrt{N_{gal}}} \tag{8.31}$$

여기에서 우변 제2항은 통계오차이고, σ_ε는 고유 타원율의 표준 편차이다. $\langle \gamma_i \rangle$는 평균을 구한 영역에 걸쳐 존재하는 중력렌즈 시어 성분이다(평균 영역보다 작은 스케일의 시어는 둔화되어 버린다). 예를 들어 스바루 망원경의 데이터는 중력렌즈 해석에 적합한 배경은하의 개수 밀도가 1제곱분각당 약 30개 정도이기 때문에 $\gamma \sim 0.1$의 중력렌즈효과를 1σ 이상의 유의성을 가지고 검출하기 위해서는 면적으로 약 0.3제곱분각 이상의 영역에서 평균을 구할 필요가 있다. 반대로 이 방법은 질량 분포 복원의 각도 분해능을 준다. 게다가 실제로는 대기 요동의 영향이 배경은하에서 무시할 수 없을 정도의 뒤틀림 효과를 불러일으키기 때문에 중력렌즈 시어 측정에는 스바루 망원경과 같은 고분해능 망원경의 데이터 이용이 매우 중요하다.

그림 8.10은 스바루 망원경으로 촬영한 A 1689 은하단의 데이터를 이용해서 얻은 중력렌즈 시어의 측정 결과이다. 위의 그림은 배경은하 상의 타

---

[11] 관측적으로 이용하는 배경은하의 대부분은 공간적으로 충분히 떨어져 있어 그 형성 과정에 어떠한 물리적인 관계를 가지지 않기 때문에 방위각에 상관관계가 없다고 하는 것은 좋은 근사이다.

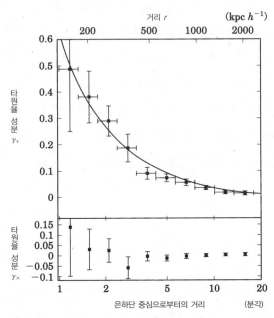

그림 8.10 스바루 망원경으로 촬영한 A1689 은하단의 데이터로부터 배경은하 상에 미치는 약한 중력렌즈 시어 효과의 동경 프로파일의 측정 결과. 사각 기호는 은하단 중심에서 본 원주의 접선 방향을 따라 배경은하의 타원율 성분결과를 나타내고, 유의한 중력렌즈 시어가 검출되고 있다. 오차 막대는 고유 타원율에 의한 통계오차. 실선은 측정 결과를 가장 잘 재현한 NFW 모델의 예언(위). 중력렌즈효과에서는 생기지 않는 타원율 성분(원주의 접선 방향에서 45° 회전한 방향의 성분)의 측정 결과(아래)(Broadhurst *et al.*, 2005, *ApJL*, 619, 143).

원율 2성분 중 은하단 중심에서 본 원의 접선 방향에 따른 성분에만 주목하여 반지름 $[\theta - \Delta\theta/2, \theta + \Delta\theta/2]$인 둥근 고리 상에서 평균한 결과를 나타내고 있다. (식 8.27) 부근에서 설명했듯이 스칼라 퍼텐셜에 의해 만들어진 중력렌즈는 이 성분밖에 유발하지 않는다. 배경은하의 고유 타원율에 의한 통계오차에 비해 중력렌즈 신호가 매우 높은 유의성을 갖으며, 반지름에서 약 2,000 kpc에 달하는 영역에 걸쳐 검출되고 있다. 중력렌즈 뒤틀림 효과의 강도는 은하단 중심부로 가까워짐에 따라 증가하고, 그 강도 프로파일은 NFW 모델의 예언과 좋은 일치를 보이고 있다. 한편 아래 그림은 중력

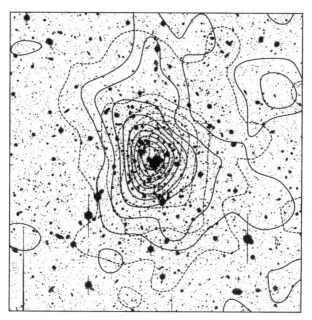

그림 8.11 실선의 등고선은 스바루 망원경 데이터로부터 중력렌즈 측정으로 복원한 A 1689 은하단 영역의 2차원 질량 분포의 결과. 보이는 것은 약 15′×15′의 영역. 또한 점선의 등고선은 은하단 구성 은하의 수밀도를 나타낸다(우메즈 케이치(梅津敬一) 제공).

렌즈 측정의 계통오차 지표가 되는 타원율의 다른 한 가지 성분(원의 접선 방향에서 45°만큼 회전한 방향에 따른 타원율의 성분) $\gamma_\times$의 통계 평균의 결과이고, 관측한 전 영역에서 유의한 검출이 없음을 보여준다. 이렇게 은하 타원율의 독립된 2가지 성분을 관측함으로써 중력렌즈효과에 의한 신호 검출과 계통오차의 테스트가 동시에 가능해져 이 방법이 유효성과 신뢰성을 보이고 있다.

게다가 시어의 측정을 통해 보다 국소적인 정보를 포함한 은하단의 2차원 질량 밀도장 $\kappa(\theta)$ 복원도 가능하다. 실제로 그림 8.11은 A 1689 은하단의 2차원 질량밀도장을 나타내고 있다. 은하 분포와 질량 분포 사이에는 좋은 상관관계가 있다. 또한 질량 분포의 형상은 CDM 모델에서 기대하였듯이 원 대칭보다 오히려 타원형과 같은 형상을 가진 것처럼 보인다. 일반적으로 중력렌즈 측정으로 얻은 질량 분포는 X선 관측 등을 통해 얻은 가스 분포와 비교하여 보다 납작해진 형상을 가진 경우가 많다.

증광 바이어스효과

다음으로 또 다른 약한 중력렌즈효과인 증광 바이어스 효과에 대해 살펴보자. 이 효과는 은하단 배경은하의 개수 밀도를 통해 측정할 수 있다. 이 경우는 은하상 형상의 정밀 측정이 필요한 중력렌즈 시어의 경우와 달리 배경은하의 개수 카운트를 하면 되기 때문에 측정 자체는 단순하다. 이 효과를 이해하기 위해 중력렌즈가 개수 카운트로 인해 발생하는 두 가지 효과를 상기할 필요가 있다.

우선 중력렌즈효과로 배경은하의 플럭스는 증광되기 때문에 은하단이 없을 때 너무 어두운 은하가(어느 한계 등급보다 밝다) 개수 카운트의 샘플로 더해질 가능성이 있다. 이것이 개수 밀도를 증가시키는 효과이다. 한편 은하단을 통해 천구 상의 어느 입체각 영역을 관측한 경우 광원 위치에서는 겉보기 영역보다 실제로는 좁은 입체각의 영역을 관측하게 된다. 이것이 개수 밀도를 감소시키는 효과이다. 이러한 두 가지 효과의 우열로 렌즈가 없는 경우와 비교해서 배경은하의 개수 밀도가 증감하게 된다. 보다 구체적으로는 문제를 간단하게 만들어 은하단(중력렌즈)이 없을 때인 겉보기 등급 보다 밝은 배경은하의 개수 밀도(예를 들어 단위는 1제곱분각당의 개수)가 다음과 같은 함수형으로 주어진다고 가정한다.

$$N_0(<m) \propto 10^{ms} \tag{8.32}$$

여기에서 s는 한계 등급 m을 깊게 했을 때 얼마만큼 개수 밀도가 증가하는

지를 특징짓는 매개변수이다. 이때 은하단을 통해 측정한 배경은하의 개수 밀도를 $N^{GL}(<m)$로 했을 경우 위에서 서술한 두 가지 중력렌즈효과로 상대적인 개수 밀도의 증감(증광 바이어스 효과)은 다음의 식과 같이 주어지게 된다.

$$\frac{N^{GL}(<m)}{N_0(<m)} - 1 = \mu^{2.5s-1} - 1 \approx 5(s-0.4)\kappa \tag{8.33}$$

여기에서 중력렌즈는 광원 플럭스 (f)를 증광시키지만, 그 등급의 변화가 $\Delta m = -2.5\log(\mu f)$로 주어지는 것을 이용하였다. 또한 우변 2번째 등호에서는 약한 중력렌즈 근사 $\kappa, \gamma \ll 1$을 가정하여 $\mu \approx 1+2\kappa$를 이용했다. 이렇게 $s>0.4$인 경우는 배경은하의 개수가 증가하고, $s<0.4$인 경우에는 감소한다. 예를 들어 전자에서는 중력렌즈효과로 증광된 어두운 은하가 샘플에 들어가 개수 밀도를 증가시키는 효과가 커지기 때문이다. 한편 임계값 $s=0.4$인 경우, 중력렌즈효과는 겉보기상 나타나지 않는다. (식 8.33)을 통해 알 수 있듯이 이 효과의 측정 매력은 2차원 질량밀도 분포 $\kappa(\theta)$를 직접 얻는 것이다. 그러나 현실적으로 증광 바이어스 효과가 없는 경우, 진짜 개수밀도 $N_0(<m)$를 구하기가 곤란하다는 점, 배경은하의 클러스터링 clustering 효과(즉 고유의 개수 밀도의 불균일성) 제거가 어렵다는 점 등의 부정성에 주의할 필요가 있다.

그림 8.12는 그림 8.10과 같은 데이터를 이용해서 A 1689 은하단 영역의 어둡고 붉은 은하의 2차원 개수 밀도를 측정한 결과이다. 은하단 외연부의 개수 밀도가 고유 밀도 추정을 잘 한다면 함수형(식 8.32)에서 $s \approx 0.22$를 얻을 수 있다. 이 경우 은하단의 중력렌즈효과로 배경은하의 개수 밀도 감소가 기대되는데, 실제 측정에서도 유의하게 검출되고 있다. 특히 수밀도의 감소는 중심에 가까워짐에 따라 격렬해져 NFW 모델의 예언과 좋은

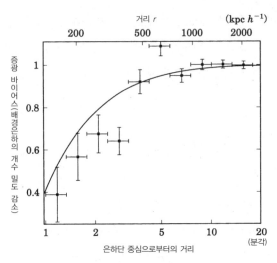

그림 8.12 A1689의 배경은하의 개수 밀도에 대한 중력렌즈 증광 바이어스의 측정 결과. 은하단 중심부로 가까워질수록 개수 밀도가 유의하게 감소하고 있음을 알 수 있다. 실선은 그림 8.10의 NFW 모델에서 기대된 예언값(Broadhurst *et al.*, 2005, *ApJL*, 619, 143).

일치를 보이고 있다.

8.5.4 강약 중력렌즈효과의 관측에 의한 질량 분포의 복원

지금까지 실제 관측을 예로 들면서 은하단의 중력렌즈에 대해 설명해 왔다. 특히 은하단 중심부 또는 비리얼 반지름에 걸친 은하단 전체 영역에서 측정할 수 있는 강약의 중력렌즈효과를 은하단의 질량 분포를 복원한다는 관점에서 각각의 중력렌즈효과의 특징의 차이에 주의하면서 개략적으로 설명하였다. 이 강약의 중력렌즈효과는 상호보완적이고 이들의 조합은 더욱 매력을 발휘한다. 실제로 은하단 중력렌즈 연구의 최전선에서는 현존 최고의 양질 데이터, 예를 들어 허블우주망원경과 스바루 망원경 데이터로 강약 중력렌즈효과 측정을 조합하여 은하단 중심부 영역에서 외연부에 걸친 질량 분포를 상세하게 복원하고 CDM 구조 형성 모델의 정량적인 검증

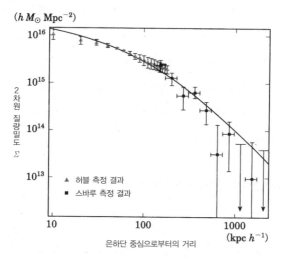

그림 8.13 허블우주망원경에 의한 강한 중력렌즈의 측정 결과(△ 기호)와 스바루 망원경에 의한 약한 중력렌즈의 측정 결과(□ 기호)를 통해 복원한 2차원 질량 밀도의 동경 프로파일의 결과. 실선은 관측 결과를 가장 잘 재현한 NFW 모델을 나타낸다(Broadhurst *et al.*, 2005, *ApJL*, 619, 143).

을 목적으로 한 연구가 진행되고 있다(화보 10).

그림 8.13은 이러한 연구의 한 예이다. 그림 8.9, 그림 8.10과 그림 8.12에서 A 1689의 허블망원경 데이터와 스바루 망원경 데이터로부터 강약 중력렌즈효과의 측정을 조합하여 복원시킨 2차원 질량밀도의 동경 프로파일이다. 특필할 것은 이러한 방법으로 반지름 10 kpc에서 2 Mpc에 걸친 광범위한 영역에서 질량 분포를 복원할 수 있다는 점이다. 복원된 질량 프로파일은 중심 영역(≤100 kpc)에서는 완만한 기울기를 가지고 그것보다 바깥쪽에서는 밀도가 급격하게 감소하는 특징을 보이고 있다. 이것은 NFW 모델(식 8.13)의 예언과 정성적으로 명확하게 모순되지 않는다. 더불어 관측은 단순한 거듭제곱법칙을 갖는 질량 모델 $\rho \propto r^{-\alpha}$로는 설명할 수 없다.

그러나 중력렌즈효과를 이용해서 질량 분포가 상세하게 조사되고 있는 은하단은 아직 셀 수 있을 정도이다. 보다 신뢰성이 높은 결론을 얻기 위해서는 이러한 계통적인 중력렌즈 연구를 다수의 은하단에 적용한 통계적 연구 진행이 필요할 것이다. 이러한 연구를 통해 CDM 구조 형성 시나리오의 정량적인 검증이 가능할 것으로 기대된다. 또한 개개의 은하단에서 얻어진 질량 분포와 X선이나 광학관측으로 얻은 고온 가스나 구성 은하의 공간 분포와의 상관관계를 조사하여 은하단의 형성과 진화를 다각적으로 조사하는 것도 매우 재미있는 방향성이다.

8.5.5 중력렌즈효과로 은하단 카탈로그 작성

지금까지의 논의에서는 주로 가시광, X선 등의 관측에서 이미 알려져 있는 특정 은하단을 중력렌즈효과로 측정하여 그 질량 분포 조사를 염두에 두고 있었다. 전혀 다른 관점에서 이미 알려져 있는 은하단이 존재하지 않는 천역을 중력렌즈효과로 관찰해서 은하단을 발견하고, 그 서베이 관측을 통해 질량으로 선택된 은하단 카탈로그 작성도 가능하다. 은하단 카탈로그는 은하단 통계량(개수 밀도 등)의 이론 모델이 가장 중요하게 여기는 우주 모델과 은하단 질량의 함수로 주어진다는 것을 상기하면 우주론적 관점에서 매우 유용한 은하단 샘플을 줄 것으로 기대한다.

이 목적에는 촬영 데이터에 찍혀 있는 원방 은하의 타원율 측정을 통해 2차원 질량 밀도 분포를 복원하여 얻은 질량 지도에서 특히 질량 밀도가 큰 영역을 은하단 후보로 하는 분류가 첫 단계가 된다. 이 방법에 의한 은하단의 검출효율은 은하단의 질량뿐만 아니라 적색편이에도 크게 좌우된다. 이것은 일정 질량의 은하단을 생각할 때, 은하단이 배경은하와 관측자 사이의 중간에 위치할 때 중력렌즈효율이 최대가 되기 때문이다[12]. 이 때문에 스바루 망원경과 같은 데이터에서는 중력렌즈 해석에 사용되는 배경은하

---

[12] 거대 은하단이 매우 가까이 있어도(예를 들어 머리털자리 은하단에서는) 관측 가능한 중력렌즈효과는 일어나지 않는다.

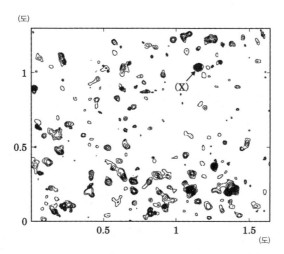

(도)

그림 8.14 스바루 망원경 데이터의 중력렌즈효과 측정에 의한 은하단 탐사의 결과. 약 2.1평방도의 영역에서 스바루 망원경 주초점 카메라의 약 9시야에 상당한다. 진한 등고선은 중력렌즈효과가 강한 2차원 질량밀도가 높은 영역을 나타내고 있다. 희미한 등고선은 은하단 구성 은하 후보의 분포를 나타내고 있다(Miyazaki *et al.*, 2002, *ApJL*, 580, 97).

의 전형적인 적색편이는 $\langle z \rangle \sim 1$이기 때문에 적색편이 $z \sim 0.4$에 있는 은하단이 가장 효율적으로 발견된다.

그림 8.14는 중력렌즈효과에 의한 은하단 탐사 결과의 한 예를 보여주고 있다. 진한 등고선 영역은 2차원 질량 밀도가 높은 영역, 즉 은하단의 유력 후보를 나타내고 있다. 한편 희미한 등고선은 밝은 은하가 밀집해 있는 영역을 나타내고, 그 초과가 은하단 구성 은하에 의한 것이라면 은하단 영역에 해당한다. 실제 몇 개의 후보에 대해서는 두 개의 영역이 겹쳐 있음을 알 수 있다(또한 여기에는 나타나 있지 않지만 X선원으로 분류되는 후보도 있다). 실제로 (X) 마크로 표시된 후보는 그 후 분광 관측에서 $z = 0.42$에 있는 은하단으로 확인되었다. 이러한 결과는 중력렌즈효과에 의한 은하단 탐사의 유효성을 보여주고 있어 한층 더 대규모 서베이(소천 탐사)가 요구되고 있다.

제**9**장
은하단 물질과 은하의 진화

은하가 밀집해 있는 은하단 환경은 은하 진화에 큰 영향을 미치고 있다. 실제로 은하단 이외의 저밀도 환경에 있는 은하와 비교하면 은하단에 있는 은하는 명확하게 여러 가지 성질이 다르다. 또한 은하단 안에는 고온 가스가 충만하여 은하단 가스와 은하는 서로 밀접하게 관계를 가지면서 진화하고 있다. 여기에서는 우주의 고밀도 영역에서 은하가 어떻게 탄생하여 진화하고, 은하단 가스와 어떻게 상호작용해왔는지를 살펴보겠다.

9.1 은하단 은하의 진화

제1장에서 살펴보았듯이 은하의 형상은 여러 가지로 타원은하, S0은하, 소용돌이은하 및 불규칙 은하 등이 있다. 게다가 형태에 따라 은하의 색(스펙트럼)도 붉은색에서부터 푸른색까지 다양하다. 은하의 형태와 스펙트럼은 각각 은하의 역학 구조와 별 종족 구조를 반영하고 있어 은하의 성질을 단적으로 나타내고 있다. 따라서 은하의 진화를 논하기 위해서는 이러한 성장 과정이나 시간 변화 조사가 기본이고, 이것으로부터 은하에서 언제 어떻게 별 생성 활동이 이루어지고, 언제 어떠한 과정을 거쳐 은하 형태를 획득했는지를 알 수 있다.

한편 은하의 형태나 색(스펙트럼)은 환경과 밀접하게 연관되어 있어서 은하의 형태-밀도 관계가 잘 알려져 있다. 그림 9.1과 같이 은하의 개수 밀도가 올라감에 따라 조기형 은하의 출현 빈도가 높아지고, 반대로 만기형 은하의 빈도는 감소한다. 이것은 은하단과 같은 고밀도 영역과 그 이외의 영역(저밀도 영역)에서 은하의 진화가 다르다는 의미이다. 즉 은하는 형성과 진화 과정에서 주위의 환경으로부터 강한 외적 영향을 받아 왔다. 따라서 은하의 진화를 이해하기 위해서는 은하우주 진화의 전체적인 틀 안에서 고찰할 필요가 있다.

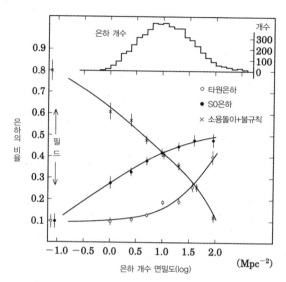

그림 9.1 은하의 형태-밀도 관계. 55개의 근방 은하단에 존재하는 타원은하(E), S0은하(S0), 소용돌이은하(S) 및 불규칙 은하(I)의 비율을 천구에 투영된 은하의 국소개수 면밀도 함수로 나타낸 것. 왼쪽 끝의 3개의 점(필드)은 각 은하 형태의 일반 필드(은하단이나 은하군에 속하지 않는 저밀도 영역, 7.1.1절 참조)에서의 비율을 보여준다. 타원은하나 S0은하는 고밀도 영역에 많고, 소용돌이은하는 저밀도 영역에 많은 상태에서 은하들이 서로 대립하지 않고 다른 영역에 분포하고 있음을 볼 수 있다(Dressler *et al.*, 1980, *ApJ*, 236, 351).

따라서 이 장에서는 은하단 안의 은하에 초점을 맞추어 물리적 특성인 고밀도 환경에서의 은하 형성과 진화의 특징을 논한 다음, 은하단 구조의 진화와 연계시키면서 은하 진화의 환경 의존성에 대하여 생각해 보도록 하겠다.

9.1.1 은하단 조기형 은하의 연령

색-등급 관계로부터 별 연령의 추정

우선 오늘날(근방의) 은하단의 대부분을 구성하고 있는 조기형 은하(타원은하와 S0은하)의 성질, 특히 그 연령에 대해 살펴보자. 조기형 은하의 가장 현저한 특징은 대부분이 붉은색을 띠고 있다는 것이다. 이것은 젊고 푸른

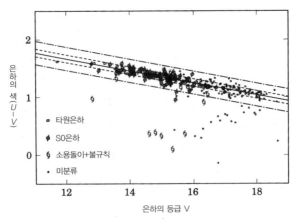

그림 9.2 근방의 머리털자리 은하단에 속한 은하의 색–등급도. 밝은 은하일수록 색이 붉다는 색–등급 관계(CM 관계)가 잘 성립한다. 실선은 가장 잘 맞고 있는 CM 관계이고, 점선과 일점쇄선은 각각 CM 관계 주위의 조기형 은하의 색 분산 1σ와 3σ를 나타낸다(Terlevich *et al.*, 2001, *MNRAS*, 326, 1547).

별이 거의 없고, 오래되어 붉은 별이 지배하고 있다는 의미이다. 따라서 조기형 은하의 진화 초기 단계에서 대규모 별 생성 활동이 일어났고, 그 후에는 현 은하의 색에 영향을 미치는 별 생성이 이루어지지 않았다.

조기형 은하의 연령을 추정할 때 색–등급 관계(CM 관계라고 한다)를 이용하는 방법이 있다. 이 CM 관계는 '밝은 은하일수록 붉은색을 보이는' 관계를 말한다. 물리적으로 질량이 큰 은하일수록 별의 평균 중원소량이 많다는 관계이다. 여기에서는 이 CM 관계를 경험적으로 이용하여 은하의 별 연령에 대해 생각해 보자.

우선 우리 근방에 있는 머리털자리 은하단의 CM 관계를 살펴보자(그림 9.2). 그 그림과 같이 CM 관계의 분산이 매우 작아 아주 좋은 상관관계를 갖는다. 또 한 가지 대표적인 근방 은하단인 처녀자리 은하단에서도 같은 관계가 발견되고 있다. 즉 같은 밝기의 조기형 은하는 그 밝기에 고유의 색을 갖는다. 은하, 즉 별의 색은 연령이 젊을수록 같은 연령차에 대해서도 보다 민감하게 변화하는 성질이 있다. 이 때문에 은하가 대체로 젊다면, 은

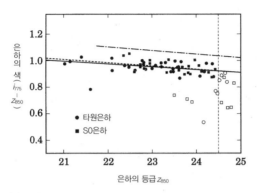

그림 9.3 85억 광년 너머(적색편이 z=1.24)에 있는 원방 은하단 RDCS J1252-2927에 속하는 은하의 색-등급도. 첨자 775와 850은 필터의 유효 파장(nm)이다. 예전에도 이러한 색-등급 관계(CM 관계)는 이미 성립되어 있었다. 실선과 점선은 각각 15개의 타원은하와 흰색 기호 은하를 제외한 모든 은하에 대해 가장 잘 들어맞고 있는 직선(CM 관계). 일점쇄선은 색 및 등급의 진화가 없는 근방 머리털자리은하단의 CM 관계를 z=1.24로 변환한 것. 세로 파선은 등급 한계이다(Blakeslee *et al.*, 2003, *ApJ*, 596, L143).

하 간에 약간의 연령차만으로도 커다란 색 분산이 관측될 것이다. 그러나 실제로는 그림 9.2와 같이 색 분산은 아주 작다. 이 사실만으로도 조기형 은하의 별 평균 연령은 매우 오래되었다고 추정할 수 있다. 이러한 관측 사실을 여러 가지 별의 스펙트럼을 합성하여 구축한 은하의 스펙트럼 진화 모델을 사용해서 정량적으로 해석하면 근방 은하단에 속한 조기형 은하의 별 평균 연령은 100억 살 이상(즉 적색편이 $z > 2$에 형성되었다)이 된다.

원방 은하단($z \sim 1$, 즉 약 80억 광년의 거리)도 허블우주망원경(HST)으로 고해상도 촬영을 하였고, 이 영상을 이용하여 분류한 조기형 은하에서 CM 관계가 검출되었다(그림 9.3). 이 결과로 별의 평균 연령 제한을 매우 강하게 하였다($z > 3$에 탄생, 즉 현재의 연령으로 110억 살 이상).

또 한 가지 연령측정법으로 근방(현재) 은하단의 CM 관계를 원방(과거) 은하단의 CM 관계와 비교하는 방법이 있다. 왜냐하면 다른 시대에 있는 은하를 비교했을 경우, 색의 차(변화량)는 은하를 구성하는 별의 평균연령에 크게 의존하는 성질이 있기 때문이다. 적색편이 $z \sim 1$까지(약 80억 광년 전까지) 20개 정도의 은하단에 대해 허블우주망원경으로 형태 분류한 조기형 은하의 CM 관계 진화를 조사한 결과 이 방법에서도 마찬가지로 별의 연령이 오래되었다고(100억 살 이상) 나타났다.

이렇게 은하단 안의 조기형 은하의 별 연령은 우주연령에 이를 정도로 오래되었음이 여러 가지 방법으로 나타나고 있고, 다수의 조기형 은하를 거느린 은하단 영역에서는 우주 초기에 대규모 별 생성이 이루어져 많은 은하가 비교적 단시간에 형성되었다.

조기형 은하의 선조와 자손의 관계

CM 관계는 원리가 간단해서 은하의 연령 평가에 유용하다. 그러나 위의 해석에는 중대한 함정이 있어 주의가 필요하다. 그것은 현재의 조기형 은하(자손)의 선조를 어떻게 골라낼 것인가 하는 문제가 있기 때문이다. 위에서 서술한 CM 관계를 이용한 연령추정은 근방 은하단이든 원방 은하단이든 겉보기 형태로 조기형 은하를 골라내어 그 양자에 자손과 선조의 관계가 있다고 간주하고 비교했다. 그러나 만약 은하의 형태가 시간과 함께 변한다면 이 가정은 무너진다. 예를 들어 과거에는 소용돌이은하였던 것이 그 후의 어떠한 물리적 작용에 의해 타원은하나 S0은하로 변모한 경우 등이다. 차가운 암흑물질(CDM)이 질량의 대부분을 차지하는 현재의 표준 우주 모델에서 은하의 형성과정은 최초의 작은 은하 조각이 탄생하고 그 후 그것들이 중력적으로 집합, 합체하여 보다 큰 은하로 성장해 왔다고 본다. 이 시나리오에서는 빈번하게 일어나는 은하끼리의 충돌 합체 시에 내부 별의 속도 분포의 재배분가 일어나 전체적으로 각운동량을 잃어버린다. 이 때문에 은하의 형태가 합체 전후로 원반형에서 회전 타원체형으로의 변화가 예상된다. 이렇게 과거와 현재에서 은하 종족의 1 대 1 대응이 되지 않으면 은하의 진화량 측정은 곤란해진다. 이러한 선조와 자손의 대응 문제를 해결하기 위해서는 각 시대의 은하를 종족으로 분류하지 않고 은하단 은하 전체를 한데 묶어 은하의 특성 분포를 통계적으로 시계열 비교할 필요가 있다(9.1.2절 참조).

질량 집적의 연령

은하의 연령 논의에서 또 한 가지 주의해야 할 것은 은하의 연령을 어떻게 정의하느냐 하는 것이다. 지금까지는 은하의 가장 기본적인 구성 요소인 '별'의 연령 분포를 은하의 전형적인 연령으로 삼아 왔다. 그러나 은하의 연령에는 또 한 가지 중요한 측면이 있다. 그것은 은하가 언제 어떠한 비율로 질량적으로 성장하여 현재의 은하 질량을 획득했는가 하는 것이다. 즉 은하 조각이 집합, 합체하여 서서히 큰 은하로 성장한다는 '질량 집적'이라는 관점에서도 은하의 연령을 정의할 수 있다.

별이 이미 생성되어 성장한 은하 조각끼리 합체하는 경우도 있기 때문에 질량 집적의 연령은 별의 연령과 같을 필연성은 없다[1]. 따라서 은하를 구성하는 별의 연령이 오래되었어도 오늘날의 조기형 은하가 최종적으로 현재의 크기와 형태의 은하가 되는 것은 비교적 최근일 가능성도 있다. 실제 허블우주망원경에 의한 $z=0.8$인 원방 은하단의 촬영 관측에서 붉은색을 띤 은하의 페어가 다수 발견되고 있다(그림 9.4). 페어의 상대거리(10 kpc 이내)가 짧다고 생각되어 이것들은 머지않아 합체해서 단독 은하가 될 것이라고 생각할 수 있지만, 이미 별 생성 활동이 적은 붉은 은하끼리의 합체라는 점에서 아마 오래된 별의 집단인 타원은하가 될 것이라고 생각할 수 있다. 즉 오늘날의 은하단 조기형 은하의 대부분이 $z\sim1$인 시대에도 이미 현재의 크

---

1 다만 별 생성과 질량 집적의 양자의 과정은 상호 관련되어 있는 경우도 많다. 예를 들어 은하 조각이 합체할 때 스타버스트를 유발할 가능성이 있다.

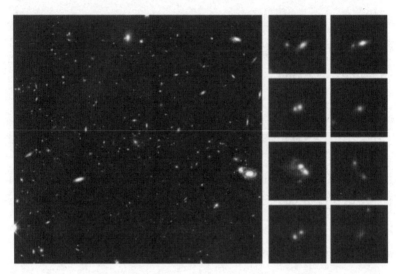

그림 9.4 허블우주망원경으로 얻은 우리로부터 약 70억 광년 거리에 있는 원방은하단 MS1054-03(적색편이 $z=0.83$). 오른쪽의 8개의 작은 그림은 영상 안의 붉은 근접 은하 페어를 보여 주고 있고, 이것들은 각각 머지않아 합체하여 하나의 은하가 된다고 할 수 있다. 별의 생성시기와 은하 질량의 성장시기가 반드시 일치하지 않음을 시사하고 있다(van Dokkum *et al.*, 1999, *ApJ*, 520, L95).

기나 형태의 조기형 은하였던 것은 아닐 것이다.

그렇다면 이와 같이 붉은 은하끼리 비교적 최근에 합체하여 조기형 은하 대열에 합류하는 것을 어느 정도까지 허용할 수 있을까. 만약 이러한 합체가 빈번하게 일어난다면 원래 성립되어 있던 CM 관계가 평준화로 파괴되어 버릴 것으로 예상된다(등급은 밝아지지만 색은 변하지 않기 때문에). 이 때문에 실제로 관측되는 CM 관계의 분산이 작은 수치를 유지하기 위해서는 합체로 인한 은하 질량의 성장은 $z=1$에서부터 현재까지 평균 질량비로 해서 최대 2배 이상일 필요가 있다. 근접 은하 페어의 존재 빈도의 해석에서도 같은 결과를 얻을 수 있다.

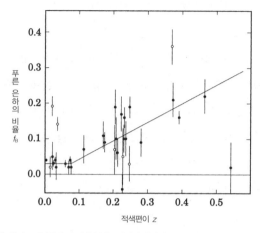

그림 9.5 은하단 안의 푸른 은하의 비율(f_B)을 적색편이(z)의 함수로 나타낸 것. 옛날의 은하단일수록 푸른 은하의 비율이 증가함을 알 수 있다(Butcher & Oemler 1984, *ApJ*, 285, 426).

9.1.2 은하단 은하의 대국적 진화

지금까지는 조기형 은하에 한해 그 진화를 살펴봤는데, 앞에서 서술했듯이 은하의 형태는 시간 변화할 가능성이 있기 때문에 은하의 형태를 구분 짓는 분석에서는 결과의 해석에 주의가 필요하다. 그래서 앞으로의 논의에서는 어느 한정된 형태의 은하만을 대상으로 하지 않고 은하단 영역의 모든 은하 종족을 포괄적으로 취급하고자 한다.

측광학적 진화

우선 은하의 색 분포에 주목해 보자. 부처H. Butcher와 오믈러A. Oemler, Jr. 는 $z \sim 5$까지의 은하단 20개 남짓을 조사하여 푸른 은하의 비율을 조사했다. 여기에서 푸른 은하란 각각의 은하단 중에서도 가장 붉은 은하집단의 색(CM 관계의 위치)보다 어느 일정 이상 푸른 것을 말한다. 그 결과 푸른 은하의 비율은 원방의 은하단일수록 크다는 것을 찾아냈다(그림 9.5). 이 현상을 부처-오믈러효과라고 한다. 다만 같은 시대의 은하단이었다고 해도 푸른 은하의 비율에 커다란 분산은 있지만, 그 후에도 다수의 추가 연구에서 이 관계의 존재가 확인되어 보다 먼 곳의 은하단($z \sim 1$)으로도 연장되고 있다. 은하의 색이 푸르다는 것은 그만큼 별 생성 활동이 왕성하다는 것을 의미하기 때문에 $z \lesssim 1$인 우주(우주연령으로 약 절반 이후)에서는 은하단 영역에서의 대국적인 별 생성 활동성이 시간과 함께 감쇠해 왔다는 것을 의미한다[2]. 이러한 푸른 은하는 은하단의 중심부보다 비교적 바깥쪽으로 퍼져서 분포하고 있음을 알 수 있고, 어두운 은하일수록 푸른 은하의 비율이 증가한다는 것도 나타낸다.

분광학적 진화

다음으로 은하의 분광 특성을 살펴보자. 이러한 푸른 은하단 은하를 분광 관측할 때 통상의 소용돌이은하나 불규칙 은하와 같이 별 생성 활동을 보이는 전리 가스의 휘선(OⅡ 등)을 갖는 은하가 발견되는 한편, 필드에서는 드문 수소 원자에 의한 발머 흡수선(Hδ 등)이 매우 강한 은하가 다수 발견되었다(그림 9.6). 발머 흡수선이 강하다는 것은 수소 원자의 전리 온도(약 1만K)에 대응하는 고온의 A형 별의 기여가 크다는 뜻이다. 이들 은하는 조기형 은하(E/S0)와 같은 오래된 별이 갖는 탁월한 붉은 스펙트럼 에너지 분포(K형 별과 유사)를 보임에도 불구하고 비교적 연령이 젊은 A형 별의 특징적인 흡수선을 갖는다는 점에서 분광학적으로 'E+A'나 'k+a'로 분류하고 있다.

---

2 최근 우주 망원경에 의한 중간 적외선 영역의 원방 은하단($z \sim 0.2-0.5$, 즉 25억 년~50억 년 전) 관측에 의하면 종래의 가시광선 관측으로는 별 생성 영역에 대량으로 존재하는 먼지가 빛을 흡수하기 때문에 활발한 별 생성 활동이 감춰져서 볼 수 없었음을 알았다. 따라서 은하단 안의 은하 진화는 지금까지 알고 있는 이상으로 격렬할 가능성이 있다.

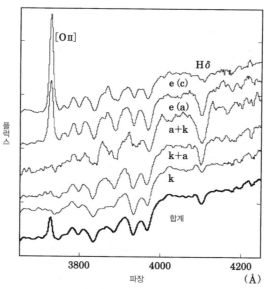

그림 9.6 원방 은하단 은하의 스펙트럼을 분류한 그림. 타원은하에서 특징적인 오래된 별(K형 별 등)에 의한 다수의 금속 흡수선과 붉은 연속광을 나타낸 것(k), 통상의 소용돌이은하에서 특징적인 휘선(O_{II})과 푸른 연속광을 나타낸 것(e(a), e(c)) 등과 더불어 K형의 연속광에 A형 별의 기여를 보이는 수소가 강한 발머 흡수선(Hδ)을 가진 것(a+k, k+a)도 볼 수 있다. 이 스펙트럼은 다수의 오래된 별의 기여와 더불어 비교적 최근(수억 년에서 10억 년 전)에 스타버스트를 일으킨 직후에 별 생성률이 급격하게 감쇠한 듯한 모델로 재현되었다. 이와 같은 스펙트럼을 가진 은하를 포스트 스타버스트 은하 또는 E+A 은하라고 한다 (Dressler *et al.*, 2004, *ApJ*, 617, 867).

만약 이들 은하에 아주 고온에서 더욱 수명이 짧은 O, B형 별이 많이 존재한다면 발머 흡수선은 강한 연속광에 묻혀서 보이지 않게 된다. 따라서 이들 은하는 현재 별 생성을 하지 않아 A형 별의 수명에 해당하는 수억 년 ~10억 년 전에 급격하게 별 생성 활동을 끝낸 은하일 것이다. 특히 강한 흡수선은 단순히 별 생성 활동이 멈춘 것뿐만 아니라 그 직전에 스타버스트(4.1절 참조)가 수반되지 않으면 실현될 수 없다. 따라서 이와 같이 갑작이 별 생성이 유발된 직후에 잠잠해진 포스트 스타버스트 은하가 은하단 영역에 많이 존재하고 있다. 이러한 현상은 어떠한 물리 과정에 의해 일어난 것일까?

형태 진화

그것을 푸는 열쇠는 은하의 형태 분포에 있다. 이미 그림 9.1에서 살펴봤듯이 근방 은하단에서 조기형 은하의 비율은 9할 이상으로 압도적이고, 만기형 은하는 소수파였다. 이것이 원방에서는 어떻게 될까. 드레슬러A. Dressler는 허블우주망원경을 이용하여 $z \lesssim 0.55$인 10개의 원방 은하단을 대상으로 고공간 분해능 촬영 관측을 실시하여 은하의 형태 분포 진화를 조사했다. 그 결과 타원은하의 비율은 거의 5할이라는 일정치를 보인데 반해, S0은하의 비율이 원방 은하단에서 격감하는 것을 발견했다[3]. 한편 만기형 은하의 비율은 반대로 과거로 갈수록 증가했다. 이러한 관측 결과는 은하단 영역에서 만기형 은하가 도중에 형태를 바꾸어 조기형 은하로 진화하였음을 나타낸다.

또한 위에서 서술한 원방 은하의 푸른 은하 형태를 조사하면 통상의 소용돌이은하나 불규칙 은하와 더불어 충돌은하도 존재함을 알 수 있다. 실제로 충돌 은하의 비율은 과거로 갈수록 높은 것으로 나타나고 있다. 따라서 이러한 은하끼리의 상호작용(충돌이나 합체)이 은하의 별 생성 활동이나 형태의 변화에 관여했을 가능성은 높다(7.4절 참조).

이렇게 현재의 은하단 안에 있는 조기형 은하는 일반적으로 별 연령이 오래되었다고는 하지만, 은하단 은하를 대국적으로 보면 측광, 분광 및 형태의 어느 측면에서 보더라도 우주의 후반생에서 현저한 진화를 해왔다고 볼 수 있다. 옛날의 은하단에는 별 생성이 진행 중인 푸른 만기형 은하가 다수 존재했었지만, 후에 은하 간 상호작용 등 어떤 외적 작용(이것을 후천적 환경효과라고 한다)에 의해 급격하게 별 생성 활동이 끝나 붉은 조기형 은

---

3 다만 원방에서는 타원은하와 S0은하의 분류는 허블우주망원경(HST)의 해상도로도 어려워 그 결과를 의문시하는 연구도 있다. 그러나 양자를 합해서 조기형 은하라고 한데 묶으면 그 비율이 적색편이와 함께 감소하는 것은 확실하다.

하로 형태도 함께 변화한 것이 존재한다.

9.1.3 은하의 성질과 환경

지금까지는 우주에서 가장 밀도가 높은 은하단의 중심 영역에 주목해서 은하의 형성 시기와 진화의 모습을 살펴봤다. 그러나 이미 서술했듯이 은하의 성질은 은하를 둘러싼 환경에 크게 의존하고 있다. 따라서 은하의 진화를 해명하기 위해서는 좀 더 시점을 넓혀 환경과 관련된 고찰이 필요하다. 여기에서 중요한 점은 현재 은하단에 있는 은하의 대부분이 원래 은하단 안에서 탄생하여 자란 것은 아니라는 것이다. 은하단은 처음부터 현재와 같은 고밀도 영역이었던 것이 아니라 은하나 은하군이 점점 중력적으로 모여 들어 서서히 밀도가 높은 영역으로 진화해 왔다고 할 수 있기 때문이다. 따라서 개개의 은하의 환경도 이러한 집단화의 과정에 따라 시시각각 변화해온 것이다.

그래서 이 절에서는 좀 더 깊이 파고들어가 은하단 은하의 진화를 은하단 자체의 성장 과정과 연동시키면서 살펴보도록 하겠다. 그러기 위해서는 은하단의 중심부뿐만 아니라 여러 가지 환경을 포함한 은하단 주변 영역을 조망하는 넓은 시야의 연구가 불가피하다.

은하단의 성장(우주 대규모 구조의 발전)

우선 우주의 구조형성 시뮬레이션부터 살펴보도록 하자. 화보 9는 최종적으로 거대 은하단이 되는 영역의 질량 분포의 시간 발전을 차가운 암흑물질로 가득 찬 표준적 우주 모델로 보여주고 있다. 우주 탄생 직후의 물질 질량 분포는 똑같지만, 시간의 경과와 함께 같지 않은 분포로 성장한다. 좀 더 살펴보면 처음 작은 구조가 네트워크 모양(연결한 필라멘트 모양)으로 발전하고, 다음으로 필라멘트를 따라 그러한 교차점에 물질이 더욱 모여들어

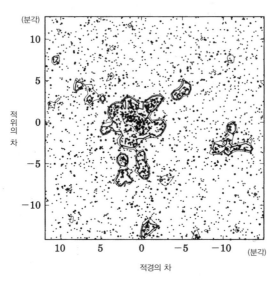

그림 9.7 CL 0939+4713 은하단(적색편이 *z* = 0.4, 즉 거리 43억 광년)의 광역지도. 은하단의 거리에서 한 변이 약 12 Mpc의 거리에 해당(공동 좌표). 가로축, 세로축은 각각 은하단 중심에서 각도(분각)로 측정한 적경과 적위. 스펙트럼 에너지 분포에서 은하의 거리를 추정하여, 구성 은하 후보만을 표시했다. 점 크기의 차이로 밝은 은하와 어두운 은하를 나타내고, 등고선은 구성 은하 후보의 개수 면밀도를 나타낸다. 붉은 은하로 지배된 은하단 중심부에서 다수의 문어발처럼 여러 갈래로 뻗은 것들(필라멘트 구조)을 따라 은하군이 늘어서 분포하고 있다. 주위에서 은하나 은하군을 끌어당겨 집어삼키면서 성장해 가는 은하단의 모습이라고 할 수 있다(Kodama et al., 2001, ApJ, 562, L9).

서서히 큰 구조로 완성되어 가는 모습을 볼 수 있다. 이렇게 은하단은 그 주위에서 필라멘트 구조를 따라 보다 작은 구조(은하나 은하군)를 끌어당겨 집어삼키면서 성장해나간다.

최근 대형망원경(특히 스바루 망원경)에 탑재된 광시야 카메라의 등장으로 원방 은하단 주위에 펼쳐진 거대한 은하구조를 관측할 수 있게 되었다. 그림 9.7은 스바루 망원경의 광시야 카메라 데이터를 기초로 하여 작성한 CL 0939+4713 은하단(거리는 43억 광년)의 광역지도이다. 이 지도에서 은하단과 같은 거리에 있는 구성 은하 후보는 측광 적색편이(5.3절 참조)에 근거해서 유출한다. 중심에 붉은 은하가 다수를 차지하는 은하단의 코어가 있고, 그곳에서 주위를 향해 다수의 필라멘트 구조가 뻗어 있다. 그리고 그 필라멘트를 따르듯이 많은 은하군이 늘어서 있다. 이것은 화보 9에서 본 이론 시뮬레이션의 예측과 매우 비슷하여 은하단의 성장 과정을 실제 우주에서 보기 시작하게 되었다. 이러한 은하단의 주위에 펼쳐진 대규모 구조는 이미 다수의 원방 은하단에서 확인되고 있다.

선천적 환경 효과와 후천적 환경 효과

이러한 대규모 구조의 존재는 은하의 환경이 다양하다는 것을 의미한다. 은하단의 중심부와 같이 은하가 북적거리는 매우 고밀도의 환경에서부터 은하단의 바깥쪽이나 필라멘트 상의 은하군과 같이 중간 정도의 밀도 환경, 나아가서는 주변 영역의 저밀도 영역(필드) 등 다양하다. 따라서 다음에는 이 구조를 따라 은하의 특성이 어떻게 변화하고 있는지를 상세하게 살펴보자.

현재의 우주에서는 앞에서 서술했듯이 은하의 형태가 환경에 크게 의존하는 형태-밀도 관계로 잘 알려져 있다(그림 9.1). 또한 은하의 별 생성의 활동성도 환경과 밀접하게 관련되어 있어 고밀도 환경일수록 은하 단위질량당 별 생성률이 낮다. 그렇다면 원방 우주에서는 어떨까? 이러한 관계는 언제 어떻게 완성된 것일까?

그림 9.7의 CL 0939+4713 은하단과 그 주변 영역에서 은하의 색을 은하의 국소 개수 면밀도의 함수로 표시한 것이 그림 9.8이다. 역시 근방 우주와 마찬가지로 밀도가 높아짐에 따라 은하의 색이 푸른색에서 붉은색으로 전체적으로 이행해간다. 이러한 경향은 적색편이 $z = 0.83$(70억 년 전)의 원방 은하단의 주변 영역에서도 확인되고 있다. 즉 은하의 강한 환경 의존성(은하가 경합하지 않고 서로 다른 영역에 분포하는 것)은 적어도 우주연령의 약 절반인 시대에 이미 완성되었다.

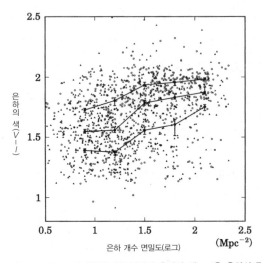

그림 9.8 그림 9.7의 CL0939+4713 은하단에서 각각의 은하의 색(V-I)을 은하의 국소 개수 면밀도의 함수로 표시한 것. 데이터를 보기 쉽게 하기 위해 어느 면밀도의 범위에 들어간 은하의 색 분포를 조사하여, 푸른 쪽(아래쪽)에서 25%, 50%, 75%의 은하가 포함하는 색(백분위수 값)을 구한다. 3줄의 선은 그 백분위수 값을 연결한 선. 동그라미와 세모는 각각 어느 등급보다 밝은 은하와 어두운 은하를 나타낸다. 밀도가 높아짐과 동시에 푸른색에서 붉은색으로 은하 색 분포의 중심이 이동해 가는 경향을 볼수 있다. 더불어 어느 임계밀도(은하군 정도)를 경계로 은하의 색이 급격하게 붉어지는 것을 알 수 있다 (Kodama *et al.*, 2001, *ApJ*, 562, L9).

이러한 환경 의존성이 이루어진 원인을 크게 2종류로 나눌 수 있다. 하나는 선천적인 요인이고 다른 하나는 후천적인 요인이다. 선천적인 요인이란 다음과 같은 것이다. 즉 은하단 코어와 같은 고밀도 영역은 원래 우주의 초기 밀도 요동이 큰 영역이기 때문에 물질이 재빨리 모여 은하 형성을 빠르게 하였지만, 이에 비해 저밀도 영역은 천천히 성장하여 결과적으로 은하의 형성, 진화의 타임 스케일이 환경에 의존하고 있다는 것이다.

이에 대해 후천적인 요인이란 그 후 구조가 성장하여 은하가 보다 밀도가 높은 영역으로 집단화해가는 과정에서 어떠한 외적 효과가 작용하여 은하의 특성이 변화한다는 것이다. 실제로 앞에서 살펴봤듯이 은하단은 시시각각 주위의 구조에서 은하나 은하의 무리를 집어삼키면서 계속 성장하고 있고, 강착해가는 이들 은하에는 별 생성 활동이 활발한 만기형 은하가 많아 그대로 두면 은하단 안의 만기형 은하의 비율이 증가하여 선천적인 효과로 완성된 환경 의존성은 점점 약해져 버린다. 따라서 형태-밀도 관계를 유지하기 위해서는 강착, 집단화의 과정에서 은하의 별 생성 활동성을 멈추고, 형태도 조기형으로 변화시키는 기구가 필요하다.

이러한 외적 효과의 후보는 지금까지 다양하게 논의되고 있다. 우선은 동압에 의해 은하 가스 벗겨짐이다. 은하단에 강착한 은하는 $1,000\,km\,s^{-1}$의 빠른 속도로 떨어지기 때문에 은하단 안에 있는 고온 가스의 동압에 의해 은하 원반에 있는 가스가 벗겨져 별 생성이 멈추고, 원반의 광도도 급속도로 어두워져 S0은하로 진화한다. 이것은 수치 계산에 의해서도 재현되고 있다. 실제로 머리털자리 은하단과 처녀자리 은하단 등 근방 은하단 은하의 전파 관측에 의해 가스의 비율이 매우 적어지고 있는 소용돌이은하나 가스의 분포가 별의 분포에서 벗어난 듯하고 가스가 벗겨지고 있는 듯한 은하가 발견되고 있어 현상론적으로도 이러한 효과가 일어나는 것이 확인되고 있다. 이 효과는 가스 밀도가 어느 정도 높고 은하의 이동 속도가 큰 은하단의 중심부와 같은 고밀도 환경에서 유효하게 작용한다.

다음으로 생각할 수 있는 것은 은하끼리의 상호작용이다. 은하가 집단화하여 개수 밀도가 높아지면 은하끼리의 근접 상호작용이나 충돌 합체가 일어난다. 그 때 조석력에 의해 은하의 가스가 벗겨지거나 충돌에 수반되는 스타버스트로 인해 가스를 급격하게 소비하는 일이 일어날 것이다. 이 효과는 은하의 상대 속도가 너무 커져도 은하가 서로 빠져나가 버려서 유효한 상호작용에 이르지 않기 때문에 은하단의 중심부보다는 비교적 밀도가 낮은 은하단의 바깥쪽이나 은하군 정도의 환경에서 가장 유효하게 작용한다. 실제 은하단의 바깥쪽에서 은하의 근접 페어가 다수 발견되고 있어 이러한 은하 상호작용에 의한 환경 효과가 실재한다고 할 수 있다.

이러한 여러 가지 환경 효과가 각각 어느 정도 나타나야 오늘날 은하의 강한 환경 의존성이 성립되는지 실제로는 아직 알 수 없다. 현재 스바루 망원경을 비롯한 광시야 관측에 의해 서서히 명확해지고 있는 단계이다. 그 한 예로 그림 9.8은 적색편이 $z=0.4$에서 은하 색의 환경 의존성을 나타낸 것인데, 잘 살펴보면 어느 밀도를 경계로 해서 은하의 색 분포가 급격하게 붉어지고 있음을 알 수 있다. 이 색 변화는 별 생성률에서 한 자릿수 미만의 감쇠에 상당한다. 그림 9.7의 데이터와 상세하게 비교하면 실제로 이 임계밀도는 은하단 코어로부터 멀리 떨어진 필라멘트 상에 늘어선 은하군 정도의 밀도에 해당함을 알 수 있다. 따라서 은하가 은하단으로 집단화해가는 과정에서 동압으로 가스가 벗겨지는 현상이 은하단 중심부에 도달하기 전에 이미 은하는 은하군 정도로 모여진다. 이 단계에서 아마도 은하끼리의 상호작용에 의한 커다란 환경 효과를 주고받아 별 생성 활동이 급격하게 감쇠했다고 할 수 있다.

오늘날의 은하 우주를 장식하는 여러 가지 형태와 색(별 생성 활동성)을 가진 은하와 그러한 환경에 의존하여 경합하지 않고 각각의 영역에서 공존하는 것은 위에서 서술한 선천적인 환경 효과와 그 후의 은하집단화에 따른 후천적인 환경 효과가 서로 작용하여 형성되었을 것이다.

9.1.4 보이기 시작한 원시 은하단

이 절의 마지막으로 은하단 연구의 프런티어가 현재 어떻게 전개되고 있는지를 소개하겠다. 위의 9.1.3절에서 서술한 같은 시대에 환경축 방향으로 은하의 특성을 조사해가는 연구와 더불어, 향후에는 시간축 방향으로 확장하여 보다 시대를 거슬러 올라간 우주에서 은하단의 원시 모습을 탐색하려는 연구도 왕성하게 이루어지고 있다.

먼 곳의 형성 도중의 은하에서 나오는 라이먼 α휘선을 탐사하는 연구에

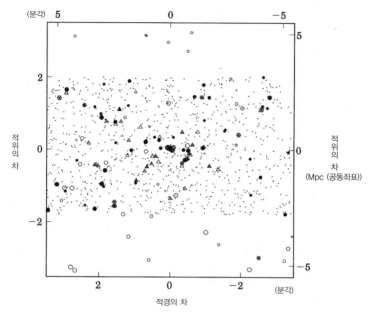

적경의 차　(Mpc (공동좌표))

그림 9.9 스바루 망원경의 근적외선 촬영 관측으로 그린 적색편이 $z=2.2$에 있는 원시 은하단 1138–262의 2차원 지도. 가로축, 세로축은 각각 은하단 중심에서 측정한 적경과 적위로 그것을 각도의 분단위 및 원시 은하단에서의 공동좌표거리 Mpc으로 나타내고 있다. 우주연령이 현재의 5분의 1 정도인 30억 살인 초기 우주에서 향후 은하단으로 성장한다고 생각되는 은하의 밀집 영역이 발견되었다. 우리의 은하계보다 무거운 거대한 은하가 이미 많이 존재하고 있어 고밀도 환경에서의 은하 형성의 빠른 속도를 말해주고 있다. 색칠해진 동그라미는 원시 은하단에 부수된 무거운 은하를, 색칠하지 않은 동그라미는 원시 은하단에 있는 형성 도중인 휘선 은하를 나타낸다(Kodama *et al.*, 2007, *MNRAS*, 377, 1717).

서는 스바루의 가시광 광시야 카메라가 위력을 발휘하여 우주탄생 후 아직 10억 년의 시대에 갓 태어난 은하가 밀집한 대규모 구조 등이 발견되고 있다(10.4절 참조). 이러한 초기 우주에 이미 존재한 고밀도 영역은 현재의 훌륭한 은하단으로 진화할 것이다. 게다가 최근에는 근적외선의 광시야 관측으로 위에서 서술한 라이먼 α휘선을 내보내는 형성 초기의 은하만을 탐사하는 것이 아니라 별 질량 전체의 분포에서 원시 은하단을 탐색하려는 연구도 진행되고 있다. 그림 9.9에서 보여주고 있는 예는 스바루의 근적외선 광시야 관측으로 촬영된 적색편이 $z=2.2$(우주연령이 30억 년인 시대)인 원시 은하단의 지도이다. 이미 진화가 진행된 $10^{11} M_\odot$ 이상의 별 질량을 가진 큰 은하가 많이 발견되고 있고 앞의 9.1.1절에서 예측했듯이 고밀도 환경에서 조기형 은하의 형성, 진화의 속도를 실증하고 있다. 게다가 $z=3$(우주연령으로 20억 년인 시대)의 원시 은하단에서는 이러한 무거운 은하가 급격히 감소하고 있다는 시사도 있어, 우리는 드디어 거대한 은하단 은하의 형성 현장을 포착하고 있는 중인지도 모른다. 향후 이러한 원시 은하단을 구성하는 은하를 상세하게 조사해 나감으로써 은하 환경에 의존한 은하의 형성과 초기 진화의 모습을 보다 직접적으로 명확하게 밝힐 것이다.

9.2 은하단 가스

은하단의 은하와 은하 사이의 공간은 수천만K에 달하는 고온 가스로 가득 채워져 있다. 이 가스를 은하단 가스라고 한다. 그 질량은 은하단 은하 질량의 몇 배나 된다. 즉 은하단에서 바리온의 대부분은 별이 아니라 가스로 존재하고 있다. 은하단 가스는 몇 가지 성분으로 구성된다. 주성분은 열적[4] 고온 가스이지만, 그 외에 은하단이 여러 가지 고에너지 현상의 무대임을 반영해서 비열적 고에너지 입자나 자기장 등도 은하단 가스에 포함되어 있다.

은하단 가스는 우주에서의 가스 진화를 아는 데 매우 중요하다. 이러한 대량의 가스가 이전에 은하 안에 존재했다고는 생각하기 어렵기 때문에 한 번도 별이 된 적이 없는 원시 가스가 은하단 가스의 대부분을 차지한다고 할 수 있다. 한편 일부이기는 하지만 방출된 가스도 존재하기 때문에 은하단 가스의 구성을 아는 것에 의해 은하에서 어떠한 원소가 방출되었는지를

| 4 입자의 속도 분포가 맥스웰 분포에 가까운 것을 의미한다.

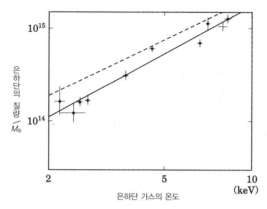

그림 9.10 비리얼 반지름보다 안쪽 은하단의 역학 질량과 은하단 가스의 평균 온도의 관계. 실선은 데이터로의 최적 피트. 점선은 수치 시뮬레이션에 의한 예측(Arnaud *et al.*, 2005, A&A, 441, 893).

알 수 있다. 이것은 은하의 화학 진화나 은하풍 등의 물리 과정의 이해에 중요한 정보를 준다.

여기에서는 열적 고온 가스(아래에서는 편리상 이 성분을 은하단 가스라고 한다)의 열적 성질과 화학적 성질을 상세하게 설명하고, 9.3절에서는 수냐예프–젤도비치 효과, 9.4절에서는 비열적 고에너지 입자와 자기장에 대해 간단하게 설명하겠다.

9.2.1 은하단 가스의 온도 분포

은하단 가스의 온도는 8.1.2절의 (식 8.4)와 같이 주로 은하단의 중력 퍼텐셜을 반영하고 있다[5]. 그림 9.10에 비리얼 반지름[6]보다 안쪽의 은하단 질량과 은하단 가스의 온도와의 관계를 나타냈다. 이 그림을 통해 알 수 있듯이 은하단 가스의 온도가 ~8 keV를 초과하는 은하단은 역학 질량이 $10^{15} M_\odot$

[5] 온도 T와 에너지 E의 관계식 $E = kT$(k는 볼츠만 상수)를 통해서 온도를 절대 온도(K)가 아닌 에너지 (keV나 MeV)의 단위로 나타내는 경우도 많다. $1\,\mathrm{keV} = 1.16 \times 10^7\,\mathrm{K}$.

[6] 8.1.2절 각주 1 참조.

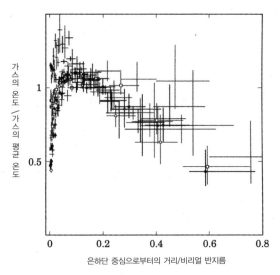

그림 9.11 여러 은하단에 대한 은하단 가스의 온도 분포의 반지름 방향 프로파일. 가로축은 비리얼 반지름으로 규격화한 은하단 중심으로부터의 거리. 세로축은 은하단 가스의 평균 온도로 규격화한 은 하단 가스의 온도(Vikhlinin *et al.*, 2005, *ApJ*, 628, 655).

에 달하는 거대 은하단이고, 가스의 온도가 ~2–3 keV로 낮은 은하단은 역학 질량이 $10^{14} M_\odot$ 정도의 소규모 은하단이다[7].

은하단은 서로의 중력으로 서로를 가까이 끌어당겨 충돌을 반복하면서 성장한다. 그 과정에서 해방된 중력에너지로 가스가 가열되어 현재의 온도인 수천만K에 이른다. 구체적으로 가스의 가열은 가스가 운동하며 발생시키는 충격파 등에 의해 이루어진다. 최근 충돌을 일으킨 은하단은 복잡한 온도 분포를 갖는다. 그러나 충돌로부터 시간이 경과하여 거의 역학적 평형 상태에 도달한 은하단에서는 가스의 온도 분포 반지름 방향 프로파일이 매끄러워, 은하단의 규모에 따른 차이를 규격화하면 어느 은하단에서든 프

---

[7] 7.2.1절에서 서술했듯이 은하단과 은하군은 물리적으로 연계된 천체이기 때문에 양자에 엄밀한 경계를 설정할 수 없다. 여기에서 은하단이라는 경우도 거대한 은하단에서부터 소규모 은하군까지 포함한 넓은 범위의 은하집단을 가리키고 있음에 주의하기 바란다.

로파일 형상은 비교적 비슷하다(그림 9.11).

은하단 형성의 수치 시뮬레이션에 의하면 고온 가스의 온도는 비리얼 반지름의 가까이에서 중심 가까이(~0.1 비리얼 반지름) 온도의 절반 정도로 떨어진다고 예상된다. 찬드라 위성이나 XMM-뉴턴 위성으로 관측한 은하단 가스의 온도 분포(그림 9.11)는 시뮬레이션으로 예상한 온도 분포에 가깝지만 백그라운드의 부정성에 의한 계통 오차가 문제였다. 그 후 백그라운드가 낮고 은하단 주변부의 감도가 우수한 스자쿠 위성의 관측에서도 예측된 온도 저하가 확인되기 시작했다. 이러한 온도 분포는 기본적으로 은하단 충돌로 해방된 중력에너지에 의해 결정되지만 자세히 조사해보면 냉각이나 가열 등 중력 이외의 영향도 받고 있다.

9.2.2 냉각류 문제

은하단의 연구 분야에는 오랫동안 해명되지 않은 냉각류cooling flow 문제가 있다. 그것은 다음과 같은 문제이다. 은하단 가스의 X선 복사(제동 복사)에 의한 냉각 시간은 다음과 같은 식으로 나타낼 수 있다.

$$t_{cool} \approx 8.5 \times 10^{10} \left(\frac{n_{gas}}{10^3 \, \mathrm{m}^{-3}} \right)^{-1} \left(\frac{T}{10^8 \, \mathrm{K}} \right)^{1/2} \quad [\mathrm{y}] \qquad (9.1)$$

여기에서 n_{gas}는 은하단 가스 입자의 개수 밀도, T는 은하단 가스의 온도이다. 은하단의 평균적 영역에서는 $n_{gas} \sim 10^3 \, \mathrm{m}^{-3}$, $T \sim 10^8 \, \mathrm{K}$이기 때문에 $t_{cool} \sim 10^{11} \, \mathrm{y}$(1,000억 년)이 되고, 이것은 우주연령(137억 년)보다 길기 때문에 은하단 가스는 실질적으로는 차갑지 않다. 다만 예외는 은하단의 중심에서 ~0.05 비리얼 반지름 이내의 코어라고 하는 밀도가 높은 영역이다. 이 영역에서 온도는 주위의 수분의 1인 반면 개수 밀도가 $10^5 \, \mathrm{m}^{-3}$에 달하기 때문에 냉각시간은 10^9년 이하가 되어 이론적으로 예상한 은하단의 연령(~10^{10}년)보다 짧아진다. 이 때문에 냉각은 무시할 수 없게 된다. 이 상황에서 코어에서 무슨 일이 일어나는지 생각해 보자.

은하단 중심부의 코어 영역은 복사 냉각으로 열을 잃기 때문에 온도가 저하되고, 압력도 저하된다. 한편 그것을 둘러싼 영역은 차가워지는 일이 없기 때문에 압력도 그대로이다. 따라서 코어의 압력은 주위의 압력을 지탱할 수 없게 되고, 가스는 코어의 주위에서 코어를 향해 차가워지면서 흘러 들어가게 된다. 이것을 냉각류cooling flow라고 한다. 단위 시간에 흘러 들어가는 가스의 질량(질량 강착률)을 $\dot{M}$이라고 하면 그것은 코어의 X선 광도 L_{core}와 코어 부근의 가스 온도 T_{core}와 다음과 같은 관계가 있다.

$$L_{core} \approx \frac{5}{2} \frac{kT_{core}}{\mu m_p} \dot{M} \tag{9.2}$$

여기에서 k는 볼츠만 상수, μ는 평균 분자량, m_p는 양성자의 질량이다. 이 식은 X선으로 복사되는 에너지는 코어로 흘러 들어간 가스가 가지고 들어가는 에너지와 같다는 의미이다[8].

(식 9.2)에서 L_{core}와 T_{core}는 관측으로 알 수 있어 $\dot{M}$을 어림잡을 수 있다. 이에 따르면 전형적으로 $\dot{M} \sim 100\, M_\odot\, y^{-1}$에 달한다. 은하단의 연령을 ~$10^{10}$년으로 하고 그동안 냉각류가 계속되고 있다면 $10^{12}\, M_\odot$인 대량의 가스가 은하단의 중심으로 흘러 들어가게 된다. 이것은 은하의 질량에 필적한다. 은하는 이렇게 가스가 천체의 중심으로 흘러 들어가면서 차가워졌다고 할 수 있기 때문에 냉각류는 현재 관측할 수 있는 은하 형성의 현장으로 주목되었다. 또한 실제로 많은 은하단의 최고 중심부(~0.05 비리얼 반지름

---

8 이 경우 압력도 일을 하기 때문에 엔트로피 수지를 계산하면 계수의 5/2가 나온다. 코어 부근만의 관계식이기 때문에 중력에 의한 일은 작아서 무시하고 있다.

이내)에서 은하단 가스의 온도가 주위에 비해 절반 정도로 저하되어 있다 (그림 9.11참조).

그러나 이 냉각류라고 하는 아이디어에는 약점이 있다. 흘러 들어온 가스의 행방을 알 수 없기 때문이다. 우선 가스가 별이 된다고 한다면 1년간 약 $100\,M_\odot$의 질량에 상당하는 별이 생기고 있을 것이다. 그러나 실제 은하단의 중심에서 관측되는 별 생성률은 훨씬 작다. 가스가 별이 되지 않고 분자운 등의 차가운 가스인 채로 있을 가능성도 있다. 그런 경우 은하단의 중심에 $10^{12}\,M_\odot$ 정도의 분자 가스가 관측되어야 하는데, 관측된 차가운 가스의 양은 그것보다 훨씬 적다.

그 후 X선 관측기술이 진보하여 (식 9.2)뿐만 아니라 X선 스펙트럼을 통해 직접 냉각 도중인 가스의 양을 측정할 수 있게 되었다. 차가워지고 있는 가스(온도 $\sim 10^6$-$10^7\,$K)에서 특유의 중원소 휘선복사를 측정하는 것이다. 아스카 위성의 스펙트럼 관측에 의하면 차가워지고 있는 가스의 양은 (식 9.2)를 사용해서 어림잡은 것보다 매우 적다는 것을 알 수 있다(그림 9.12 (왼쪽)). 이 결과는 그 후의 XMM-뉴턴 위성과 찬드라 위성에 의한 관측에서도 확인되었다.

이렇게 가스는 냉각류의 형태에서는 차가워지지 않음을 알았는데, 한편으로 X선 복사로 가스에서 에너지가 없어지고 있는 것은 명백하기 때문에 그것을 메우기 위한 어떠한 가열원이 은하단의 코어 영역에 있다는 것이 된다. 다음으로 가능성이 있는 가열원을 몇 가지 살펴보자.

우선 생각할 수 있는 것은 코어 주위의 온도가 높은 은하단 가스로부터의 열전도에 의한 가열이다. 열전도를 담당하는 것은 전자이다. 전자의 열속도가 충분히 큰 경우 만약 코어 영역에 자기장이 없다면 전자는 자유롭게 운동할 수 있기 때문에 열전도는 유효하게 작용할 것이다. 은하단 가스 전체로 생각하면 중심부에서 복사로 인해 잃는 에너지는 조금이기 때문에

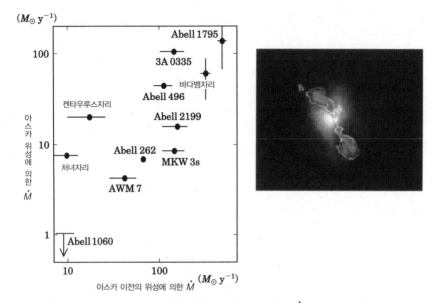

그림 9.12 아스카 위성에서 스펙트럼을 통해 어림잡은 질량 강착률 $\dot{M}$(세로축)과 아스카 이전의 위성에서 (식 9.2)를 통해 어림잡은 질량 강착률 $\dot{M}$(가로축). 아스카 위성에서 어림잡은 질량 강착률이 계통적으로 수치가 작다는 것을 알 수 있다(왼쪽)(Makishima et al., 2001, PASJ, 53, 401). 찬드라 위성으로 관측된 바다뱀자리 A 은하단의 중심부. 흰색 선으로 가장자리가 둘러져 있는 양상은 전파 강도를 나타낸다. 왼쪽 위와 오른쪽 아래로 전파 제트가 뻗어 있다(오른쪽)(McNamara et al., 2000, ApJ, 534, L135).

에너지적으로는 열전도로 충분히 보충할 수 있을 것이다. 문제는 열전도율의 미세 조정이 요구된다는 것이다. 열전도가 너무 잘되면 은하단 중심부의 온도도 주위의 가스 온도와 같아지게 되어 은하단 중심에서 가스의 온도가 떨어진다는 관측 사실과 모순된다. 한편 자기장이 조금이라도 있으면 특수한 자기력선의 배치를 생각하지 않는 한 가스의 열전도율은 일반적으로 떨어져 은하단 중심을 따뜻하게 할 수 없다. 다음으로 자기장 그 자체도 가열 메커니즘을 가지고 있을 가능성이 있다. 예를 들어 태양에서는 자기력선의 재결합이 태양 코로나의 가열에 큰 역할을 하고 있다. 태양 코로나의 가열 메커니즘과 같을지는 불분명하지만 자기장에 의한 은하단 가스의 가열 메커니즘 추구도 중요할 것이다. 그리고 활동 은하 중심핵(4.3절)이 가열원일 가능성도 있다. 가스의 냉각 시간이 짧고 냉각류가 있다고 하는 은하단 중심부에는 반드시 cD은하가 존재하고 있다. 이 cD은하의 중심에는 성간가스 중심핵이 존재하는 경우가 많다. 실제로 성간가스 중심핵에서 분출되는 전파 제트가 은하단 가스와 상호작용하고 있는 현장이 관측되고 있다(그림 9.12 (오른쪽)). 이 경우 성간가스 중심핵에서 발생한 에너지가 주위의 은하단 가스로 전해질 가능성이 있다. 그러나 이 모델의 경우도 은하단 가스를 적당한 온도로 따뜻하게 하기 위해서는 가열률을 어떠한 메커니즘으로 미세 조정할 필요가 있다.

9.2.3 예열

은하단 중심의 코어 영역뿐만 아니라 은하단 전체에서도 중력 이외의 가열원의 영향을 받았을 가능성이 있다. 은하단의 코어 영역은 앞 절에서 살펴봤듯이 복잡한 물리 과정의 영향을 받고 있을 가능성이 있고, 은하단의 외주부에서는 중력 가열의 영향이 크기 때문에 은하단의 코어 영역보다 조금 바깥쪽(예를 들어 0.1 비리얼 반지름)의 가스와 그 엔트로피가 은하단 전체의 중력 이외의 가열 정보를 가장 잘 보존하고 있다고 할 수 있다. 편의상 여기에서는 엔트로피 S를 다음과 같이 정의한다.

$$S = T/n_e^{2/3} \quad [\mathrm{keV\,cm^2}] \qquad (9.3)$$

여기에서 T는 가스의 온도, n_e는 전자밀도이며 모두 관측을 통해 직접 구해지는 양이다[9]. 그림 9.13은 여러 가지 규모의 은하단과 은하군에 대해 엔트로피 S를 은하단 가스의 온도에 대해 플롯한 것이다. 은하단 가스의 엔트로피는 중력에 의한 가열만을 생각했을 경우에 비해 계통적으로 높다.

| **9** 열역학적인 엔트로피는 이 S의 로그를 구하여 상수를 더한 것이다.

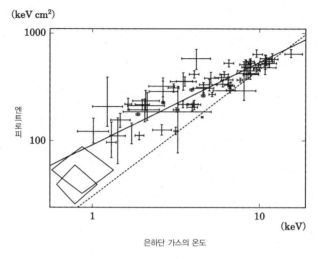

(keV cm²)

엔트로피

은하단 가스의 온도

(keV)

그림 9.13 0.1 비리얼 반지름에서 가스의 엔트로피(이 장 참조)를 은하단과 은하군의 가스의 온도에 대해 플롯한 것. 실선은 마름모꼴의 두 개의 데이터(은하 사이즈의 집단, 각주 7 참조)를 제외한 데이터로의 최적 피트. 점선은 중력에 의한 가열만을 생각했을 경우(Ponman *et al.*, 2003, *MNRAS*, 343, 331).

게다가 저온의 은하단일수록 엔트로피의 초과가 크다. 이 엔트로피의 초과를 설명하기 위해서는 가스가 은하단으로 들어가기 전에 어느 정도 가열되어 있으면 된다. 이것을 예열preheating이라고 한다. 그러나 예열 메커니즘은 아직 알 수 없다. 다수의 초신성 폭발로 은하에서 은하단 가스로 방출되는 에너지를 생각할 수 있는데 그것만으로는 가열량이 부족하기 때문에 성간가스 중심핵에 의한 가열 등이 논의되고 있다.

9.2.4 은하단 가스 속의 중원소

X선으로 중원소 관측

은하단 가스에는 산소, 규소, 철 등 여러 가지 중원소가 포함되어 있다[10]. 은하단 가스에 포함된 중원소의 조성비는 태양 조성의 수분의 1이다. 한편 은하단 가스의 질량은 은하단 내 별의 전체 질량에 몇 배이므로 별의 중원소 조성비가 태양과 같은 정도라면 은하단 가스에 포함된 중원소의 전체 질량은 은하단 안의 은하의 별에 포함된 중원소의 전체 질량에 필적한다.

　수천만K의 고온 가스에서 수소, 헬륨은 완전히 전리되고, 철 등의 중원소조차 1개에서 수개의 전자를 남기고 전리된다. 이온이나 전자는 고속으로 날아다니고 있기 때문에 이온에 속박된 전자는 다른 입자와의 충돌로 높은 에너지 준위로 여기된다. 그 후 낮은 에너지 준위로 돌아갈 때 준위간 에너지 차와 동일한 에너지의 광자를 복사한다. 이것이 휘선이 되어 관측된다(특성 X선).

　에너지 준위는 원자번호 2제곱에 비례하기 때문에 중원소의 라이먼 α휘선은 X선 영역에서 복사된다[11]. 그림 9.14는 우리에게 가장 가까운 은하단인 처녀자리 은하단의 중심부를 XMM-뉴턴 위성으로 관측한 스펙트럼과 소규모 은하단인 화로자리 은하단을 스자쿠 위성으로 관측한 스펙트럼이다. 처녀자리 은하단의 스펙트럼의 연속 성분은 주로 전자-이온 충돌의 열제동 복사이며, 그와 더불어 강하게 전리된 산소(O), 마그네슘(Mg), 규소(Si), 황(S), 아르곤(Ar), 칼슘(Ca) 및 철(Fe)의 휘선을 분명히 알 수 있다. 화로자리 은하단에서는 은하단 가스의 온도가 낮고, 철의 L 껍질에서 복사되는 휘선군이 강해서 산소, 마그네슘, 규소, 황의 휘선도 분리할 수 있다. 이들 휘선의 강도는 가스의 온도와 각각의 중원소 양에 의존한다. 이러한 스펙트럼 전체의 형태와 휘선 강도로부터 가스의 온도와 중원소량의 공간 분포를 조사할 수 있다.

중원소의 기원

　중원소는 우주 초기에는 존재하지 않다가 항성 내부의 핵융합이나 초신

---

10 1970년대에 페르세우스자리 은하단의 X선 스펙트럼에서 고계 전리된 철 이온의 휘선이 검출된 것이 은하단에 밀도가 희박한 고온(수천만K)의 은하단 가스가 존재한다는 증거가 되었다.
11 H I의 라이먼 α휘선은 10.2 eV이다. O VIII, Fe XXVI의 라이먼 α휘선은 각각 0.65 keV, 6.96 keV가 된다.

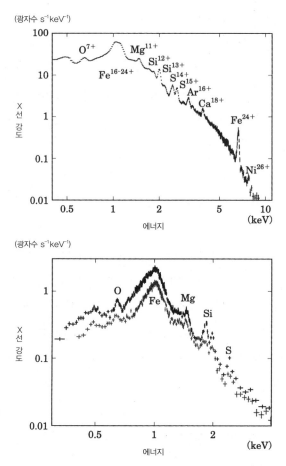

그림 9.14 XMM-뉴턴 위성에 탑재된 CCD 검출기로 관측된 처녀자리 은하단의 중심 영역의 X선 스펙트럼. 가로축은 X선의 에너지(단위는 keV), 세로축은 단위시간, 단위에너지당 검출된 X선의 광자수이다(위)(Matsushita *et al.*, 2002, *A&A*, 386, 77의 그림을 수정). 스자쿠 위성으로 관측된 화로자리 은하단의 X선 스펙트럼. 위아래의 데이터는 각각 cD은하 영역과 그 바깥쪽의 스펙트럼(아래)(Matsushita *et al.*, 2007, *PASJ*, 59S, 327의 그림을 수정).

성 폭발로 합성된다. 이 초신성 폭발에는 주로 대질량별의 진화 최후의 중력 붕괴로 일어나는 II형 초신성과 연성계에 있는 백색왜성이 찬드라세카르 질량을 초과했을 때에 폭발하는 Ia형 초신성이 있다. 산소나 네온, 마그네슘은 거의 모두 II형 초신성에서 방출되기 때문에 은하단 안의 이러한 원소의 총 질량은 은하단 안의 은하에서 이전에 형성된 대질량별의 총량을 반영한다. 이 때문에 은하단 가스 안의 산소, 네온, 마그네슘 등의 원소 관측을 통해 옛날 은하의 별 생성 역사를 조사할 수 있다. 한편 철, 규소 등은 Ia형 초신성, II형 초신성 어디에서든 합성된다. 이러한 원소의 양을 산소, 네온, 마그네슘의 양과 비교하여 과거에 폭발한 Ia형 초신성의 양을 평가할 수 있다.

은하단 가스 안의 철 관측

중원소가 복사하는 X선 휘선 안에서 철의 라이먼 α휘선의 등가폭이 가장 크고, 에너지가 다른 휘선으로부터 멀어지고 있기 때문에 에너지 분해능이 낮은 검출기에서도 휘선 강도의 측정이 쉽다. 이 때문에 중원소 안에서 철이 가장 상세하게 조사되고 있다. 아스카 위성은 이 철의 공간 분포를 처음으로 상세하게 조사하는데 성공했다. 철의 질량이 가스의 질량에서 차지하는 비율(질량 조성비)은 은하단의 중심부를 제외하면 태양 수치의 거의 3할이나 된다. 은하단 가스의 온도가 높은 거대 은하단이든 가스의 온도가 낮은 소규모 은하단이든 은하단 가스에서 차지하는 철의 비율은 거의 변하지 않는다(그림 9.15). 이미 서술했듯이 은하단 가스의 질량은 은하에 포함된 별의 총 질량의 몇 배나 되기 때문에 별의 철 조성이 태양과 같은 정도라고 하면 은하단 가스에 포함된 철의 질량과 은하의 별에 포함된 철의 총 질량이 같은 정도가 된다. 즉 은하 안의 초신성 폭발로 방출된 철의 수십% 가 은하단 공간에 존재하게 된다.

이러한 대량의 철은 언제, 어떻게 합성되었을까. 정밀한 관측이 가능한

(태양의 조성비를 1로 한다)

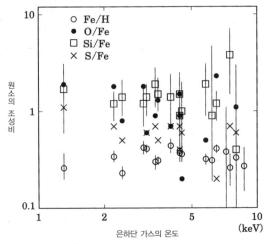

그림 9.15 은하단 가스의 철(○), 산소(●), 규소(□), 황(×)의 조성비와 가스의 온도의 관계. 철은 수소에 대한 비이고 그 이외의 원소는 철에 대한 비. 어느 조성비든 태양의 조성비를 단위로 하고 있다. XMM-뉴턴 위성에 의한 관측(Tamura *et al.*, 2004, *A&A*, 420, 135).

적색편이 z가 0.3보다 작은 은하단에서는 가스에 대한 철의 비율에서 적색편이에 대한 의존성을 거의 볼 수 없다. 이것은 대부분의 철이 적색편이가 더욱 큰 예전에 합성되었다는 의미이다.

그림 9.16은 은하단 가스 안의 철의 질량과 은하단 은하의 전체 광도의 비와 은하단 가스의 온도와의 관계를 나타낸 것이다. 철의 질량과 은하 광도의 비는 은하단 가스의 온도가 높은($\gtrsim 4\,\mathrm{keV}$), 즉 거대 은하단에서는 거의 일정하고, 소규모 은하단(~2-4keV)과 은하군(~1keV)에서는 다소작아진다. 거대 은하단의 철 질량과 은하광도의 비가 거의 일정하기 때문에 기본적으로 철은 은하의 밝기에 비례해서 합성되었다고 할 수 있지만, 그 상세한 내용은 아직 알 수 없다. 단순히 현재의 Ia형 초신성 폭발률을 우주연령간 적분한 것만으로는 거대 은하단의 은하단 가스에 포함된 철의 질량에 한 자릿수 이상 부족하다. 한편 II형 초신성으로 은하단의 철이 생

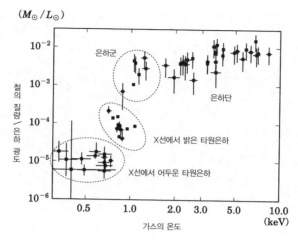

그림 9.16 아스카 위성으로 관측된 은하단, 은하군, 타원은하의 가스에 포함된 철의 질량과 은하 광도의 비(Makishima *et al.*, 2001, *PASJ*, 53, 401).

겼다고 하면 은하단의 은하에서는 태양 근방에 비해 대질량별이 훨씬 많이 만들어지게 된다. 또한 소규모 은하단, 은하군에서 철의 질량과 은하 광도의 비가 작아지는 이유도 아직 알 수 없다.

철 이외의 중원소 관측과 II형 초신성의 기여

은하단 은하의 별 생성 역사를 반영하는 II형 초신성이 어느 정도 과거에 일어났는지를 조사하려면 철뿐만 아니라 다른 중원소의 양 조사도 해야 한다. 철은 Ia형 및 II형 초신성 어느 쪽에서든 방출되기 때문이다. 아스카 위성은 처음으로 철 이외의 원소인 규소의 양을 계통적으로 구하는 데 성공했다. 그러나 규소는 Ia형 초신성에 의해서도 합성되기 때문에 철과 규소의 조성비만으로는 II형 초신성의 기여로 하기에는 부정성이 남는다.

한편 산소는 중원소 중에서도 가장 많고, II형 초신성에서만 합성된다. 이 때문에 은하의 별 생성 역사를 조사하기 위한 중요한 열쇠가 된다. 산소의 휘선 강도는 강하기는 하지만 등가폭은 그만큼 크지 않고, 중간 정도 전

그림 9.17 스타버스트 은하 M82의 가시광 영상(왼쪽, 한 변은 약 12.5분각)과 찬드라 위성으로 관측한 X선 영상(오른쪽, 한 변은 5분각)(NASA 제공, http://chandra.harvard.edu/photo/0094).

리된 철의 휘선이 가까이 있어 아스카 위성에서도 검출하기가 어려웠다. 그러나 XMM-뉴턴 위성에 의해 특히 밝은 은하단 중심부의 산소의 양을 구할 수 있게 되었다(그림 9.15). 은하단 중심부 이외의 산소의 조성도 스자쿠 위성의 데이터로 구할 수 있게 되었다. 향후 몇 년 안에 은하단 전체의 중원소의 기원이 보이기 시작할 것이다.

은하로부터의 중원소 공급

중원소가 은하단 가스에 다량으로 존재하는 이유는 초신성 폭발로 합성되어 성간 공간으로 흩뿌려진 중원소의 수십%가 새롭게 탄생하는 별로 들어가지도 않고, 은하 내에 성간가스로 머무르지도 않고, 은하의 중력 퍼텐셜에 의해 은하 간 공간으로 탈출하였기 때문이다. cD은하가 중심에 있는 XD은하단에는 cD은하 주변 은하단 가스에서 차지하는 철이나 규소의 조성비가 높은 경우가 많다. 이것은 은하단 안의 은하 안에서 특히 cD은하가 대량의 중원소를 방출하기 때문이다.

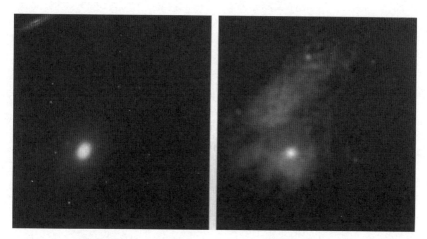

그림 9.18 타원은하 M86의 가시광 영상(왼쪽)과 찬드라 위성으로 관측한 X선 영상(오른쪽). 두 영상 모두 한 변은 약 15분각(NASA 제공, http://chandra.harvard.edu/photo/2003/m86/more.html).

스타버스트 은하 M82[12]나 NGC 253을 X선으로 관측하면 수백만K의 가스가 은하면에서 수직 방향으로 뿜어져 나오고 있는 것이 보인다(그림 9.17). 스타버스트가 일어나면 필연적으로 대량의 초신성 폭발이 일어난다. 그 결과 성간가스가 가열되어 은하 퍼텐셜의 기저에서 가스가 뿜어져 나온 다. 은하단 가스의 중원소도 그 일부는 예전에 은하의 별이 대량으로 형성 되었을 때 은하풍으로 은하 간 공간에 방출되었다(4.2절 참조).

은하가 은하단 가스 안을 운동하고 있으면 은하 주변부의 가스는 은하단 가스의 압력에 의해 벗겨진다. 현재의 은하단 은하의 대부분은 타원은하나 S0은하 등의 조기형 은하이다. 조기형 은하에서는 최근 별 생성은 거의 일 어나지 않고 있기 때문에 II형 초신성 폭발은 일어나지 않는다. 그러나 만 기형 별에서 질량 방출된 가스가 별의 운동으로 수백만 도까지 가열되어 X 선을 복사하고 있다. 이 고온의 성간가스에는 최근 일어난 Ia형 초신성에

---

12 M82의 다른 파장대에서의 영상에 대해서는 화보 6, 그림 4.1과 그림 4.3 참조.

의해 합성된 중원소도 포함되어 있다. 조기형 은하의 고온 가스에 포함된 철의 질량을 별의 광도로 규격화하면 은하단이나 은하군보다 훨씬 적다(그림 9.16). 은하단 안을 이동하고 있는 타원은하 M86(그림 9.18)의 X선 영상에서는 가시광으로 관측한 별의 분포와는 매우 다르게 가스가 벗겨지고 있는 모습을 알 수 있다. 은하단 가스의 중원소 일부는 이렇게 은하에서 벗겨진 가스로부터 공급되었을 것이다.

9.3 수냐예프-젤도비치 효과

수천만°C 고온의 은하단 가스 안에서 전자는 고속으로 날아다닌다. 그 결과 우주에 가득 차 있는 약 3K의 우주 마이크로 배경복사(우주배경복사)의 광자와 역 콤프턴 산란을 일으켜 광자에 에너지를 건넨다. 이를 수냐예프-젤도비치(Sunyaev-Zel'dovich) 효과라고 한다(상세한 것은 6.4절 참조). 그 결과 은하단 영역에서 관측되는 3K의 우주배경복사는 주파수 220GHz보다 저주파수 측에서는 어두워지고, 고주파수 측에서는 밝아진다. S-Z 효과의 강도는 시선 방향의 전자밀도와 온도를 적분한 것에 비례한다.

한편 은하단 가스의 X선 복사 강도는 제동 복사만을 생각하면 전자밀도의 2제곱과 온도의 1/2제곱의 곱을 시선 방향으로 적분한 것이 된다. 즉 S-Z 효과는 은하단 가스를 관측하는 X선 이외의 기법이며, 온도와 밀도에 대한 의존성이 다르기 때문에 X선 관측과 합함으로서 시선 방향의 가스의 밀도, 온도, 크기의 정보를 얻을 수 있다. 또한 은하단의 시선 방향의 크기가 시선 방향과 수직 방향의 크기와 같다고 가정하면 겉보기 크기와 비교로 은하단까지의 거리를 평가할 수 있다(6.4절 참조).

지금까지는 S-Z효과의 관측은 공간 분해능이 나빠서 주파수 220GHz 이하의 어두워지는 주파수역에서의 관측뿐이었다. 최근이 되어서야 겨우

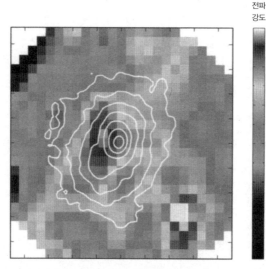

전파
강도

그림 9.19 RXJ1347-1145 은하단의 S-Z 효과에 의한 주파수 350 GHz의 서브밀리미터파 강도의 증가 (회색 영역). 등고선은 찬드라 위성에 의한 X선 강도 분포. 그림의 한 변은 약 2.2분각(Kitayama et al., 2004, *PASJ*, 56, 17).

몇 개의 밝은 은하단에서 주파수 220 GHz 이상의 밝아지는 주파수역에서 의 S-Z 효과 검출이 가능해지기 시작했다(그림 9.19). 우주 초기에는 우주 배경복사의 광자 밀도가 크기 때문에 S-Z 효과에 의한 은하단으로부터의 복사 광도는 $(1+z)^4$에 비례한다. 따라서 원방 은하단에서도 비교적 S-Z 효과의 관측이 쉽다. 향후 S-Z효과는 원방의 우주 구조를 은하단을 이용 해서 해명하는 데 유효한 수단이 될 것이다.

9.4 고에너지 입자와 자기장

지금까지는 은하단 속의 열적 고온 가스에 대해 설명했는데 여기에서는 비 열적 고에너지 입자와 자기장에 대해 설명하고자 한다.

9.4.1 은하단의 충돌

우선 비열적 고에너지 입자가 탄생하는 원인이라고 할 수 있는 은하단 충돌에 대해 생각해 보자. 그림 9.20의 은하단 1E 0657-56에서는 하나의 은하단 속을 다른 은하단이 초음속으로 통과하고 있다. 이러한 은하단 충돌로 해방되는 중력에너지를 구해보자.

간단하게 두 개의 은하단을 질량 M_1, M_2의 질점으로 생각하고, 다른 천체는 생각하지 않기로 한다. 또한 두 개의 은하단은 정면충돌하는 궤도에 있다고 한다. 케플러의 제3법칙에서 두 개의 은하단이 가장 떨어져 있을 때의 거리 d_0는 다음과 같다.

$$d_0 \approx [2G(M_1+M_2)]^{1/3}\left(\frac{t_{\mathrm{merger}}}{\pi}\right)^{2/3}$$

$$\approx 4.5\left(\frac{M_1+M_2}{10^{15}M_\odot}\right)^{1/3}\left(\frac{t_{\mathrm{merger}}}{10^{10}\mathrm{y}}\right)^{2/3} \quad [\mathrm{Mpc}] \qquad (9.4)$$

t_{merger}는 떨어져 있는 은하단이 충돌할 때까지의 타임 스케일이며, 현재 충돌하고 있는 은하단에 대해서는 우주연령 정도가 된다. 한편 두 개의 은하단이 거리 d만큼 떨어져 있을 때의 속도 v는 에너지 보존법칙을 통해 다음과 같이 된다.

$$\frac{1}{2}mv^2 = \frac{GM_1M_2}{d} - \frac{GM_1M_2}{d_0} \qquad (9.5)$$

여기에서 $m=M_1M_2/(M_1+M_2)$이다. 실제 은하단은 질점이 아니라 크기를 가지고 있기 때문에 두 개의 은하단이 거리 $d=R$일 때 충돌했다고 하면 다음의 식으로 표현된다.

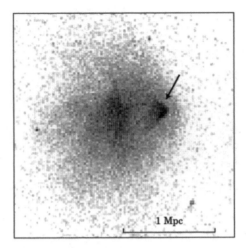

1 Mpc

그림 9.20 찬드라 위성으로 관측한 은하단 1E0657–56. 한 개의 은하단 속을 다른 작은 은하단이 통과하고 있다(화살표)(Markevitch *et al.*, 2002, *ApJ*, 567, L27).

$$v \approx 3000 \left(\frac{M_1 + M_2}{10^{15} M_\odot} \right)^{1/2} \left(\frac{R}{1\,\mathrm{Mpc}} \right)^{-1/2} \left(1 - \frac{d}{d_0} \right)^{-1/2} \quad [\mathrm{km\,s}^{-1}] \quad (9.6)$$

R을 비리얼 반지름($\sim 1\,\mathrm{Mpc}$)으로 하면 (식 9.6)의 우변의 마지막 항은 1의 오더이기 때문에 $v \sim 3{,}000\,\mathrm{km\,s}^{-1}$이라는 충돌 속도를 얻는다. 이것은 은하단 가스에 대해 마하수 2~3 정도가 된다. 또한 해방되는 에너지는 다음과 같이 막대한 값이 된다.

$$
\begin{aligned}
E_{\mathrm{merger}} &\approx \frac{1}{2}(M_1 + M_2)v^2 \\
&\approx 9 \times 10^{57} \left(\frac{M_1 + M_2}{10^{15} M_\odot} \right) \left(\frac{v}{3000\,\mathrm{km\,s}^{-1}} \right)^2 \quad [\mathrm{J}] \quad (9.7)
\end{aligned}
$$

이것에 필적하는 에너지의 천체 현상은 빅뱅 이후 없다.

9.4.2 입자 가속

은하단을 10 GHz 이하의 비교적 저주파의 전파로 관측하면 은하단 그 자체의 전파 복사(전파 헤일로, 전파 리릭)가 보이는 경우가 있다. 특히 이 전파 복사는 은하단 충돌을 일으키고 있는 은하단에서 발견되는 경우가 많다(그림 9.21). 이 전파 복사는 고에너지 전자로부터의 싱크로트론 복사[13]라고 할 수 있다. 고에너지 전자는 은하단 충돌로 발생한 은하단 가스 안의 충격파 또는 난류에 의해 가속된 것이라고 할 수 있다(제8권 4장 참조). 은하단은 우주 최대의 가속기이다.

충격파 가속의 경우 가속된 입자로부터의 에너지 복사율은 대략적으로 다음과 같이 어림잡을 수 있다.

$$L = \varepsilon f_{\text{gas}} E_{\text{merger}} t_{\text{merger}}^{-1} \tag{9.8}$$

여기에서 ε는 가스의 에너지 중 입자 가속으로 소비되는 효율, f_{gas}는 은하단 안의 가스 비율, E_{merger}는 (식 9.7)에서 주어지는 충돌 에너지, t_{merger}는 은하단의 합체가 시작되어서 완료될 때까지의 타임 스케일이다. f_{gas}에 대해서는 관측을 통해 8.1.2절과 같이 M_{gas}와 M을 구해서 $f_{\text{gas}} = M_{\text{gas}}/M$로 구할 수 있다. 전형적으로는 $f_{\text{gas}} \sim 0.15$이다. 한편 효율 ε는 잘 알 수 없다.

그래서 초신성 잔해의 전자가속 효율과 같은 정도라 생각해 $\varepsilon = 0.15$라고 한다. 그리고 은하단 충돌의 타임 스케일은 다음과 같이 가늠한다.

$$t_{\text{merger}} = 2R/v \sim 7 \times 10^8 \left(\frac{R}{1\,\text{Mpc}}\right)\left(\frac{v}{3000\,\text{km s}^{-1}}\right)^{-1} \quad [\text{y}] \tag{9.9}$$

이상을 통해 다음의 식이 성립된다.

| 13 고속의 전자가 자장에 의해 궤도가 구부러질 때 내보내지는 복사. 제12권 3장 참조.

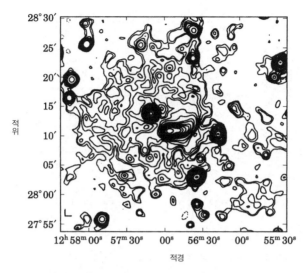

그림 9.21 0.6 GHz의 전파로 관측한 머리털자리 은하단. 은하단 전체에서 전파가 복사되고 있다. 머리털자리 은하단은 충돌 은하단으로 알려져 있다(Giovannini *et al.*, 1993, *ApJ*, 406, 399).

$$L \sim 3 \times 10^{39} \left(\frac{\varepsilon}{0.05} \right) \left(\frac{f_{\mathrm{gas}}}{0.15} \right) \left(\frac{E_{\mathrm{merger}}}{9 \times 10^{57} \mathrm{J}} \right) \left(\frac{t_{\mathrm{merger}}}{7 \times 10^{8} \mathrm{y}} \right)^{-1} \quad [\mathrm{J\,s}^{-1}] \qquad (9.10)$$

전파 복사에 이 에너지의 일부가 사용된다. 또한 일부는 우주 마이크로파 배경복사광자와의 역 콤프턴 복사에 소비되어 $10 \sim 100\,\mathrm{keV}$ 정도의 경X선으로 복사된다. 나머지는 바로 에너지를 잃지 않는 저에너지의 전자로서 은하단 안에 축적된다. 또한 지금까지 생각한 것은 전자의 가속이지만, 양성자의 가속도 똑같이 생각할 수 있다. 그러나 양성자는 전자와 달리 직접 전자파를 복사하는 경우가 거의 없기 때문에 은하단의 고에너지 양성자에 대해 알 수 없는 것이 현 상황이다.

9.4.3 자기장

은하단 가스에는 매우 강력한 자기장이 있다(은하 자기장에 대해서는 3.4절 참조). 싱크로트론 복사가 관측되고 있기 때문에 자기장의 존재는 명확한데, 은하단의 배경 천체에서 오는 전자파가 은하단 가스 안의 자기장으로 편향각을 바꾸는 패러데이 회전에 의해서도 그 존재가 확인되고 있다. 강도는 중심부에서 $\sim 10^{-10}\,\mathrm{T}\,(\sim\mu\mathrm{G})$로 은하 자기장의 강도와 거의 다르지 않다. 중요한 것은 은하단의 경우 Mpc과 같은 큰 스케일로 자기장이 존재한다는 점이다. 이러한 넓은 영역에서 어떻게 자기장이 형성되었는지에 대해서는 여러 가설이 있다.

우선 우주 초기에 어떠한 원인으로 만들어진 종이 된 자기장(종자기장이라고 한다)이 은하단의 형성기에 은하단의 안으로 압축되어 들어갔다는 것이다. 무작위 방향을 가진 자기장이 단순히 압축된 경우 자기장의 강도 B와 ρ는 $B \propto \rho^{2/3}$의 관계를 가진다. 은하단의 밀도는 외부 밀도의 1,000배 정도이기 때문에 은하단 내부의 $\sim 10^{-10}\,\mathrm{T}$의 자기장을 설명하기 위해서는 외부에 $\sim 10^{-12}\,\mathrm{T}$의 자기장이 필요해진다. 그러나 이 레벨의 종자기장을 우주 초기에 만들어졌다는 이론 모델 구성은 어렵기 때문에 종자기장은 이것보다 작고, 은하단 안에서 가스가 운동할 때 발생하는 다이너모 효과로 자기장이 나중에 증폭되었다고 생각하는 것이 일반적이다.

한편 종자기장을 특별히 필요로 하지 않고 은하단이 형성될 때 극미한 플라스마 불안정성에 의해 자기장이 발생한다는 모델도 있다. 은하단 가스는 고온이기 때문에 전자와 이온이 분리된 플라스마이다. 가스가 은하단을 향해서 낙하할 때 충격파가 발생하는데, 그 안에서 플라스마 불안정성이 성장할 가능성이 있다. 다만 플라스마 불안정성으로 발생한 자기장이 은하단에서 관측되고 있는 자기장보다 특징적인 공간 스케일(그 이하에서는 자기장의 방향이 일치하고 있다고 간주할 수 있는 스케일)이 월등하게 작아, 과연 그러한 자기장이 관측되고 있는 자기장으로 진화될 것인지에 대해서는 향후 조사가 필요하다.

제10장
은하단과 대규모 구조

은하단보다 훨씬 큰 100 Mpc을 초과하는 스케일로 은하 분포를 조사하면 은하는 거의 균일하게 분포하고 있는 것처럼 보인다. 그러나 자세히 살펴보면 은하단만큼 현저하지는 않지만 은하가 많이 집중되어 있는 영역과 그렇지 않고 거의 은하가 존재하지 않는 영역이 다수 존재하고 있음이 밝혀지고 있다. 이러한 은하 분포로 이루어진 구조를 우주의 대규모 구조(또는 단순하게 대규모 구조)라고 한다. 이 장에서는 대규모 구조의 관측적 성질을 정리하여 현재 생각할 수 있는 그 형성 기구에 대해 설명하겠다.

10.1 우주 대규모 구조의 인식

우주에서 모든 물질은 서로 중력으로 잡아당기고 있다. 중력에 대항하는 힘이 작용하지 않으면 어떤 천체든 스스로의 중력으로 찌부러져 버린다. 안정된 형태를 유지하고 있는 천체에서 중력에 대항하는 힘은 중력과 균형을 이루고 있다. 이 경우 천체는 역학 평형[1] 상태에 있다고 한다. 예를 들어 소용돌이의 원반은 은하 중심을 향한 중력과 은하 회전에 의한 원심력이 균형을 이뤄 평형상태에 있다. 은하군이나 은하단에서는 은하가 무질서한 운동으로 중력에 대항해서 평형 형상을 유지하고 있다[2].

7장에서 9장까지 살펴봤듯이 은하단은 수Mpc이나 되는 넓이이기 때문에 역학적 평형상태에 있는 천체로는 우주에서 최대의 것이다[3]. 그러나 우주를 더욱 넓은 스케일로 관측하면 은하나 은하군이나 은하단이 필라멘트 모양으로 분포하고 있다는 것을 알 수 있다. 그리고 그것과는 반대로 은하가 거의 존재하지 않는 영역(보이드 영역)도 발견되는데, 그 크기는 수십

---

[1] 중력 평형, 비리얼 평형이란 단어도 이용된다.
[2] 무질서한 운동에 의한 속도분산이 가스의 압력과 같은 효과로 찌부러지려고 하는 중력에 대항하고 있다.
[3] 다만 은하군이나 은하단 안에는 아직 역학적 평형상태에 도달하지 않은 것도 있다.

Mpc에 달하는 것을 알았다.

천체의 형상이 타원체 또는 원반일 때에는 역학적으로 평형상태에 있다고 간주할 수 있는데 반해, 대규모 구조의 형상(보이드나 필라멘트)은 이러한 역학적인 평형상태와 다르다. 그러므로 대규모 구조는 역학적으로 평형이 아니라 시간과 함께 구조가 변화해 가는 단계에 있다고 말할 수 있다.

몇 개의 은하단이 느슨하게 연결된 수십Mpc 규모의 구조를 초은하단이라고 한다. 초은하단과 필라멘트는 실질적인 차이는 거의 없다. 중요한 것은 초은하단도 필라멘트도 명확한 한계나 규칙적인 형태를 가진 구조가 아니고, 우주팽창으로 분리된 계도 아니라는 것이다. 실제로 은하단 내부의 평균 밀도는 우주의 평균 밀도보다 두 자릿수 정도 높은데, 초은하단이나 필라멘트 안의 평균 밀도는 우주의 평균 밀도와 큰 차이가 없다. 이것으로부터도 초은하단이나 필라멘트(또는 보이드)는 역학계로서 성숙하지 않아 그 진화의 초기 조건의 기억을 멈추고 있을 가능성이 있음을 알 수 있다. 따라서 대규모 구조를 조사하여 모든 천체의 종자가 되었다고 여겨지는 원시 밀도 요동의 성질에 대한 단서를 얻을 수 있다.

우주의 대규모 구조는 은하의 3차원적인 분포의 밀도 농담을 반영하고 있다. 따라서 대규모 구조의 해명에는 3차원 분포의 모습을 정량화할 필요가 있다. 가장 잘 이용되는 것이 2체 상관함수이다(제3권 참조). 이것은 하나의 은하를 고를 때 그곳으로부터 거리 r만큼 떨어진 곳에서 다른 은하가 발견될 확률의 평균으로부터의 차이를 나타낸다. 지금까지의 관측을 통해 은하의 2체 상관함수 $\xi(r)$는 세 자릿수 이상의 거리 스케일에 걸쳐 $\xi(r) \propto r^a$이라는 r의 제곱함수로 근사되어 $a \sim -1.8$이다.

은하의 2체 상관함수 $\xi(r)$가 r의 거듭제곱법칙을 따른다는 것은 일본의 토츠지 히로東辻浩夫와 키하라 타로木原太郎가 1969년 처음 지적하였다. 다만 2체 상관 함수는 은하 분포의 모든 정보를 포함하고 있지 않기 때문에 대규모 구조의 특징을 제대로 정량화하기 위한 여러 가지 통계량이 고안되고 있는 단계이다.

은하단과 대규모 구조의 연구는 우주론적인 구조 형성의 이해와 밀접하게 관계하고 있다. 빛이 도달하는 데에는 시간이 걸리기 때문에 원방 은하를 관측하면 대규모 구조의 형성 도중의 모습을 관측할 수 있는 가능성이 있어 구조 형성의 단서를 준다고 할 수 있다. 이 장에서는 이러한 시점에서 은하단과 우주의 대규모 구조에 대해 설명하겠다.

10.1.1 국소 은하군

우주의 구조를 조사하는 첫 단계로 우리의 은하인 은하계 주변의 우주의 구조를 소개하겠다. 은하계의 옆에는 은하계와 거의 같은 크기의 안드로메다은하(M 31)가 있다. 각각의 주변에는 작은 은하가 분포하여 은하계를 중심으로 하는 그룹과 안드로메다은하를 중심으로 하는 그룹이 있다. 은하계 주위의 1 Mpc 정도의 범위에는 이 두 개의 그룹을 중심으로 약 30개의 은하가 분포하여 국소 은하군을 만들고 있다(그림 10.1). 국소 은하군을 상세하게 조사하면 흥미로운 사실을 알 수 있다. 안드로메다은하는 은하계의 방향으로 약 $100 \, \mathrm{km \, s^{-1}}$으로 접근하고 있다. 이 은하까지의 거리는 769 kpc(약 250만 광년)으로 추정되고 있기 때문에[4] 이 속도로 안드로메다은하가 은하계로 접근하면 향후 약 70억 년 후에는 은하계와 충돌하게 된다. 팽창우주에서 은하끼리는 멀어져 가야 한다. 그럼에도 불구하고 은하계와 M 31이 가까워지고 있다는 사실은 무엇을 의미하고 있는 것일까.

우주가 팽창하고 있기 때문에 우주 초기에는 우주 전체가 고온 고밀도로 거의 같았다고 할 수 있다. 이것은 우주 마이크로파 배경복사의 관측으로 확인되었다. 우주 마이크로파 배경복사는 우주 전체가 고온 고밀도였던 시대에 복사된 것이다. 우주 마이크로파 배경복사가 복사된 시기(우주연령으

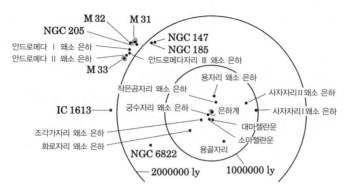

그림 10.1 국소 은하군. 중심에 은하계가 있고, 왼쪽 위로 안드로메다은하(M31)가 있다. 은하계를 중심으로 반지름 100만 광년과 200만 광년의 원을 나타내고 있다(http://ircamera.as.arizona.edu/NatSci102/lectures/galaxies.htm).

로 40만 년)에 은하는 아직 형성되지 않았다. 그 후 초기 우주 안에서 밀도가 조금 큰 영역은 그 중력에 의해 팽창이 우주의 평균 팽창보다 늦어졌다. 이 때문에 이 영역 안의 밀도는 우주의 평균보다 점차 높아진다. 이것을 밀도 요동의 성장이라고 한다. 이 영역은 이윽고 수축으로 변하여 물질이 작은 영역에 집중하고, 그곳에서 은하가 형성되었다고 할 수 있다. 은하의 집단인 은하군이나 은하단도 마찬가지로 은하보다 큰 스케일의 밀도 요동이 성장해서 형성되었다고 할 수 있다.

이상의 내용을 통해 현재 안드로메다은하가 은하계로 접근하고 있는 것도 이러한 우주 진화의 결과라고 생각할 수 있다. 즉 안드로메다은하도 예전에는 우주팽창과 함께 은하계에서 멀어지고 있었지만, 점점 그 속도가 작아져서 안드로메다은하와 은하계는 서로 가까워지게 된 것이다[5].

---

4 일본의 『이과연표』에는 1989년판 이후 추정 오차 15%로, 230만 광년이라는 수치를 게재하고 있다. 이 과연표는 연구 진전에 따른 작은 수정은 자주 반영하지 않는 것이 기본 방침이다. 최근의 연구에서는 250만 광년에 가까운 수치를 얻을 수 있었기 때문에 본 권 및 제5권에서는 그것을 채용했다.
5 실제로 안드로메다은하와 은하계가 어떠한 궤도를 따라 운동했는지에 대해서는 확정적인 것을 알 수 없기 때문에 여러 가지 연구가 이루어지고 있다(예를 들어 제5권 7장 참조).

단순한 가정 아래 국소 은하군의 질량을 다음과 같이 추정해 보자. 은하계의 질량을 m_1, 안드로메다은하의 질량을 m_2라고 하며 단순화를 위해 다른 은하는 무시한다. 안드로메다은하는 똑바로 우리 은하를 향해 운동하고 있다고 가정해 보자. 그리고 이러한 은하가 서로의 중력으로 운동하고 있다고 단순화한다. 이러한 은하의 상대 운동에 대한 고전 역학의 운동방정식에서 다음의 식을 얻을 수 있다.

$$\frac{1}{2}v^2 - \frac{GM}{R} = e \tag{10.1}$$

(식 10.1)은 상대 운동에 대한 단위질량당 역학적 에너지 보존을 나타내고 있고, v는 은하계와 안드로메다은하의 상대 속도, R은 서로의 거리, G는 중력상수로 $G = 6.67 \times 10^{-11}$(MKS 단위계)이다. 또한 여기에서 $M = m_1 + m_2$이다. 안드로메다은하는 은하계에서 멀어지는 운동을 한 후 우리에게 가까워지고 있기 때문에 $e < 0$다고 할 수 있다. (식 10.1)은 다음과 같은 식이 되어 안드로메다은하까지의 거리와 안드로메다은하의 속도를 알 수 있기 때문에 질량을 구할 수 있다.

$$M = \left(\frac{1}{2}v^2 - e\right)\frac{R}{G} \tag{10.2}$$

지금 $e < 0$으며 $(1/2)v^2$이나 GM/R과 비교해 $|e|$의 값이 작다고 한다면

$$M = \frac{1}{2}\frac{v^2 R}{G} \tag{10.3}$$

으로 근사되고, $v = 100\,\mathrm{km\,s^{-1}}$, $R = 250$만 광년을 사용하면 $M \sim 1.8 \times 10^{42}\,\mathrm{kg} \sim 10^{12}\,M_\odot$을 얻을 수 있다. 이것은 은하계의 질량(암흑물질 헤일로를

포함해서) $6 \times 10^{11} M_{\odot}$의 2배 미만이다. 이 추정치는 은하계와 안드로메다 은하가 서로 똑바로 가까워지고 있다는 단순화를 통해 얻은 것이므로 보다 상세한 논의가 필요하다. 그러나 국소 은하군에 은하계 2배 정도의 질량이 존재하는 것은 틀림없다.

10.1.2 국소 초은하단

다음으로 은하계에서 가장 가까운 은하단을 포함하는 우주의 모습은 어떠할지 살펴보자. 은하계에서 가장 가까운 은하단은 처녀자리 은하단이다. 처녀자리 은하단은 은하계에서 약 17 Mpc의 거리에 있다. 은하계에서 40 Mpc의 범위에 처녀자리 은하단을 중심으로 반지름 20 Mpc의 비교적 편평한 영역에 수천 개의 은하가 집중적으로 분포하고 있다(그림 10.2). 은하계의 가까이에 있는 은하단을 뛰어넘는 스케일을 가진 은하 분포 구조이기 때문에 이 집중을 국소 초은하단이라고 한다.

은하계나 안드로메다은하는 국소 초은하단의 끝에 위치하고 있다. 이 때문에 은하계는(국소 은하군의 다른 멤버와 함께) 처녀자리 은하단 방향으로 중력을 받아 우주팽창에서 벗어난 특이 운동이 발생한다. 이 특이 운동은 마치 국소 은하군이 처녀자리 은하단에 이끌려 그곳을 향해 떨어지듯이 보이기 때문에 '처녀자리 은하단으로의 낙하 운동' Virgo infall이라고 한다. 이 특이 운동의 속도를 관측을 통해 정밀하게 구하기는 매우 어렵다.

국소 은하군이 처녀자리 방향으로 '낙하' 하고 있는 속도에 대해서는 연구자별로 $200 \sim 400 \, \mathrm{km \, s^{-1}}$의 범위로 흩어져 있다. 다만 약 17 Mpc의 거리에 있는 처녀자리 은하단의 우주팽창에 의한 후퇴 속도는 $\sim 1{,}200 \, \mathrm{km \, s^{-1}}$이기 때문에 국소 은하군과 처녀자리 은하단의 실제 거리가 줄어들지는 않는다. 우주팽창에 의한 은하의 후퇴 속도가 처녀자리은하단 방향에서는 주변보다 작게 관측되어 마치 우주팽창에 브레이크가 걸린 것처럼 보이지만

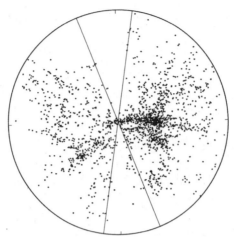

그림 10.2 국소 초은하단. 그림의 검은 점은 은하를 나타내고 있다. 원의 중심에서 조금 오른쪽 은하가 많이 집중되어 있는 영역은 처녀자리 은하단이다. 원의 중심에 은하계가 위치하고 있다. 원의 반지름은 약 40 Mpc(Tully 1982, *ApJ*, 257, 389).

양자의 거리는 증대하고 있다.

10.1.3 국소 초은하단에서 우주의 대규모 구조로

그리고 은하계에서 200 Mpc 범위의 은하 분포를 조사해 보면 머리털자리 은하단을 포함한 비교적 좁은 영역에 은하가 집중해 있는 구조(필라멘트 구조)가 명확해진다(10.2절 참조). 또한 은하의 수가 평균보다 적은 영역(보이드 구조)도 보이기 시작한다. 최근에는 더욱 큰 영역에서 보이드 구조나 필라멘트 구조가 도처에서 관측되어 그것들은 특수한 구조가 아니라는 것이 명확해지고 있다.

그림 10.3은 슬론 디지털 스카이 서베이SDSS의 데이터의 일부를 이용해서 그린 부채꼴 그림이다. 이 그림에는 적색편이 $z \sim 0.15$까지밖에 그려져 있지 않지만, CfA 서베이로 발견된 대규모 구조는 현재의 대규모 서베어(소천 탐사)의 관측 한계인 $z \sim 0.5$까지 보편적으로 존재하고 있음을 알 수

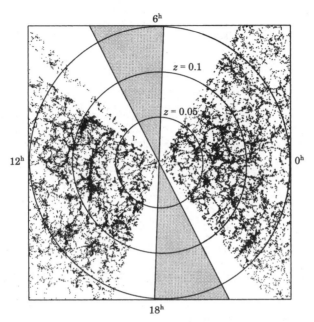

그림 10.3 SDSS에서 얻은 우주지도. 하늘의 적도를 중심으로 하는 적위폭 2°의 고리 모양 천역에 있는 $r = 17.8$등보다 밝은 47,783개의 은하 분포를 보여준다. 하나하나의 점이 은하를 나타낸다. 실제 은하의 크기는 점의 크기보다 훨씬 작다. 은하계는 중심에 있다. 세 개 원의 반지름은 중심에서부터 각각 적색편이 $z = 0.05$(약 6.5억 광년), 0.1(약 13억 광년), 0.15(약 18억 광년)에 해당한다. 회색의 부채 모양 영역은 은하계의 원반에 의해 가려져 있기 때문에 관측할 수 없는 천역이다(http://spectro.priceton.edu/#plots).

있다. 다만 $100\,\mathrm{Mpc}$(약 3억 광년)을 크게 초과하는 명백한 구조는 존재하지 않는다. 다음 절에서 우주의 대규모 구조가 명확해진 과정과 대규모 구조의 관측을 통해 우주의 구조 형성에 대해 어떠한 것을 알 수 있는지에 대해 설명할 것이다.

10.2 우주 지도의 역사와 대규모 구조의 발견

여기에서는 우주의 은하 공간 분포를 조사하는 연구를 역사를 따라 설명하고 또한 관측 기술의 진보에 대해서도 접해보겠다.

10.2.1 은하의 발견 이전

우주의 은하 분포가 연구 대상이 된 것은 18세기 말부터이다. 천왕성의 발견으로 유명한 허셜W. Herschel은 천구면 상의 성운의 분포를 조사하여 머리털자리 방향으로 성운이 집중해 있음을 발견했다. 마찬가지로 메시에 카탈로그로 유명한 메시에C. Messier는 처녀자리 방향으로 성운이 많음을 지적했다. 이것들은 각각 머리털자리 은하단과 처녀자리 은하단에 해당한다. 그 후 허셜과 그의 아들 존J. Herschel에 의해 몇 개의 근방 은하단과 은하군에 대응하는 성운의 집단이 발견되었다. 20세기 초두까지는 몇 개의 근방 은하단에서 성운의 천구 분포가 상세하게 조사되었다. 다만 당시는 아직 성운까지의 거리는 물론 성운의 정체가 은하라는 것조차 알지 못했다[6].

10.2.2 우주지도 작성의 여명기

1923년 허블E. Hubble에 의해 소용돌이 성운이 은하계 밖에 있는 천체, 즉 은하라고 밝혀졌다. 은하의 거리와 그 은하가 우리로부터 멀어지는 후퇴 속도 간의 비례 관계(허블의 법칙)가 1929년에 발견되자 분광 관측으로 은하의 적색편이[7]를 측정하여 그것을 허블의 법칙에 적용하여 은하의 거리를 측정할 수 있게 되었다.

제2차 세계대전 후 은하의 적색편이 데이터가 축적됨과 동시에 우주 은하의 공간 분포에 은하단을 초과하는 규모의 소밀이 있다는 것이 인식되기 시작했다. 1950년대에는 사진 건판의 육안에 의한 은하단의 계통적인 탐사가 시작되어 에이벨과 츠비키가 은하단의 대규모 카탈로그를 발표했다. 에이벨은 스스로 발견한 은하단의 거리를 은하의 겉보기밝기를 통해 추정

---

6 성운의 일부는 은하가 아니라 은하계 안의 가스 성운이나 성단이었다.
7 적색편이에 광속도를 곱하면 후퇴 속도를 얻을 수 있다.

하고, 그것을 기초로 은하단의 공간 분포를 조사하여 은하단의 집단, 즉 초은하단이 존재한다고 주장했다[8]. 한편 츠비키는 일관적으로 초은하단의 존재를 계속 부정했다.

그 후 드 보클레르가 당시의 한정된 수의 은하의 적색편이 데이터를 기초로 후퇴 속도가 $2,000\,\mathrm{km\,s^{-1}}$ 이하인 은하가 우주 공간에 매우 불균일적으로 분포하고 있다고 지적하여 국소 초은하단이라는 거대한 은하집단이 존재함을 실증했다. 보다 먼 은하의 분포는 데이터가 부족했기 때문에 조사할 수 없었다. 현재의 지식에 의하면 국소 초은하단은 은하계로부터의 후퇴 속도가 약 $3,000\,\mathrm{km\,s^{-1}}$ 부근까지 확대되고 있다.

10.2.3 적색편이 서베이의 시작

은하의 적색편이를 측정하기 위해서는 분광 관측을 해서 스펙트럼을 얻어야 한다. 당시 천문관측에 사용되고 있던 검출 장치는 사진 건판이었는데, 사진 건판은 감도가 매우 낮기 때문에 은하의 스펙트럼을 얻기 위해서는 몇 시간이나 노출해야 했다. 그러나 1970년대에 들어 영상 증배관이라는 어두운 상을 전자적 방법으로 증폭하는 장치가 발명되면서 사진 건판 사용에 비해 짧은 관측 시간에 은하의 스펙트럼을 얻을 수 있게 되었다. 이것이 큰 계기가 되어 다수의 은하를 이 잡듯이 샅샅이 분광하는 적색편이 서베이가 이루어지게 되었다. 우선 그레고리S.A. Gregory와 톰슨L.A. Thompson에 의해 머리털자리 은하단의 방향에 있는 은하의 공간 분포가 조사되었다.

은하의 공간 분포는 부채꼴 그림(파이 그림이라고도 한다)으로 나타내는 것이 편리하다. 부채의 안쪽 끝에 은하계를 두고 은하계로부터의 거리를 동경 방향으로, 적경(α)을 원호 방향으로 하여 은하의 분포를 그린다. 이

---

8 다만 은하단의 거리를 분광 관측으로 측정한 것이 아니라는 것에 주의할 것.

경우 적위(δ) 방향의 정보는 잃게 되지만, 좁은 적위 범위의 은하밖에 그려넣을 수 없게 하면 적위 방향의 중복에 의한 은하 분포의 변수는 억제할 수 있다. 부채꼴 그림은 어느 특정 적위에 따른 우주의 단면도이다.

그림 10.4는 1978년에 그레고리와 톰슨이 발표한 머리털자리 은하단과 Abell 1367 은하단을 포함한 천역의 부채꼴 그림이다. $\alpha = 11\overset{h}{.}5 \sim 13\overset{h}{.}3$, $\delta = 19 \sim 32°$에 있는 겉보기 등급이 15등보다 밝은 238개의 은하가 그려져 있다. 두 개의 은하단은 그림의 좌우에 있다. 이 그림을 통해 머리털자리 은하단과 Abell 1367 은하단은 필라멘트와 같은 구조를 사이에 두고 연결되어 전체적으로 하나의 큰 집합체를 만들고 있음을 알 수 있다. 은하의 이러한 집합체를 초은하단이라고 한다. 또한 이러한 두 개의 은하단의 바로 앞에는 은하가 거의 존재하지 않는 공간이 펼쳐져 있는 것도 알 수 있다. 이 그림 10.4는 머리털자리 은하단과 Abell 1367 은하단을 포함한 천역의 은하의 공간 분포에 수10 Mpc 규모의 구조가 있음을 보여주고 있다.

은하 분포에 이만큼 큰 구조가 존재한다는 것은 당시의 우주론이나 은하 연구자들에게 예상외의 발견이었다. 이러한 구조는 불완전한 적색편이 서베이에 의한 겉보기 구조이기 때문에 실제로 은하는 더욱 균일에 가까운 분포를 하고 있는 것은 아닐까 하는 논의도 일어났다. 적색편이 서베이의 완전성에 대해서는 다음 절에서 서술할 것이다. 또한 이러한 구조가 우주에 보편적으로 존재하는지에 대한 중대한 의문도 나오기 시작했다. 그래서 다른 여러 천역에서 같은 서베이가 잇달아 실시되어 크기와 선명도에 정도의 차이는 있지만 이러한 구조는 흔한 존재라는 것을 알게 되었다.

10.2.4 대규모 구조의 발견에서 대형 서베이의 시대로

1980년대까지 적색편이 서베이에서 특히 대규모적인 것이 허츠라J.P. Huchra와 겔러M.J. Geller를 중심으로 한 하버드–스미스소니언 천체물리학

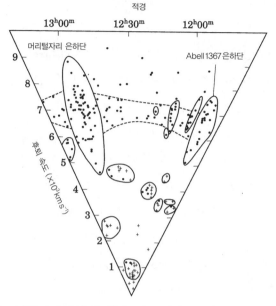

그림 10.4 그레고리-톰슨이 1978년에 발표한 우주지도. 머리털자리 은하단과 Abell 1367 은하단을 포함한 천역($\alpha = 11^h 5 \sim 13^h 3$, $\delta = 19 \sim 32°$)에 있는 겉보기 등급이 15등보다 밝은 238개의 은하가 그려져 있다. 하나하나의 점이 은하를 나타낸다. 실제 은하의 크기는 점의 크기보다 훨씬 작다. 두 개의 은하단은 그림의 좌우에 있다(Gregory & Thompson, 1978, ApJ, 222, 784).

연구센터CfA의 연구자에 의한 CfA 서베이이다. 이 서베이에 의해 우주의 대규모 구조의 존재가 확립되었다.

　CfA 서베이는 1차와 2차로 나눠서 이루어졌다. 1차 서베이에서 북은극과 남은극을 포함한 8,700평방도[9]의 천역에 있는 B밴드 등급이 14.5등보다 밝은 모든 은하(2,401개 은하)의 적색편이를 구하였다[10]. 제2차 CfA 서베이에서는 1등급 어두운 15.5등까지의 은하가 관측되었다. CfA 서베이

---

9 전천 41,253평방도의 약 1/5에 해당한다.
10 그 이전에 적색편이를 구할 수 있었던 것도 있었다. 적색편이 서베이에서는 우선 대상으로 하는 은하의 카탈로그를 만들고, 다음으로 그 은하에 대한 과거의 적색편이의 관측 기록을 조사하여, 데이터가 없는 것 또는 정도가 충분하지 않은 것에 대해서만 새롭게 관측하는 것이 통례이다.

의 결과, 은하의 공간 분포는 은하가 집중된 필라멘트 모양의 영역과 은하가 거의 존재하지 않는 공동 영역(보이드)으로 특징지어진다고 확실히 알게 되었다. 필라멘트와 보이드로 특징지어지는 은하의 대규모 공간 분포를 대규모 구조라고 한다[11]. 그림 10.5는 제2차 서베이 결과의 일부이다. 그림의 중앙 부근에 있는 은하가 집중된 영역은 머리털자리 은하단이다. 필라멘트와 보이드가 대규모 구조를 만들고 있다.

CfA 서베이로 발견된 구조의 최대 크기는 서베이 영역의 지름에 필적한다. 이 사실은 대규모 구조의 크기 상한을 조사하기 위해서는 더욱 먼 곳까지의 서베이가 필요하다는 것을 의미한다. 그래서 보다 대규모 적색편이 서베이가 1990년대에 잇달아 실시되었다. 아래에서는 주요 서베이인 라스 캄파나스 적색편이 서베이(LCRS), 2dF 은하 적색편이 서베이(2dFGRS), 슬론 디지털 스카이 서베이(SDSS)를 소개하겠다.

CfA 서베이 및 그 이전의 서베이에서는 1회의 노출로 기본적으로 1개의 은하의 스펙트럼밖에 얻을 수 없었다. 이에 반해 이들 새로운 서베이에서는 광시야의 망원경에 다천체 파이버 분광기가 부착되어 시야에 들어오는 수십에서 수백 개의 은하가 한 번에 분광되었다. 또한 LCRS와 SDSS에서는 분광 관측뿐만 아니라 분광 대상인 은하를 선택하기 위해 필요한 촬영 데이터도 CCD 카메라를 이용해서 얻었다. CCD는 1980년대부터 본격적으로 천문관측에 응용된 반도체 소자로써 사진 건판보다 약 두 자릿수 이상 감도가 좋고 응답의 선형성도 높다.

LCRS는 남천에 있는 라스 캄파나스 천문대의 2.5 m 망원경으로 이루어진 서베이로 700평방도의 천역에 있는 약 26,000개 은하의 적색편이를 측정했다. 적색편이(z)는 최대 $z \sim 0.2$였다. 2dFGRS는 호주에 있는 구경

| 11 다수의 비눗방울이 맞붙은 모습에 비유해서 거품 구조라고 하는 경우도 있다.

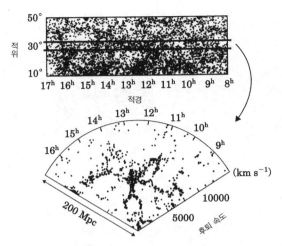

그림 10.5 CfA 서베이로 얻은 우주지도. 위의 그림은 적경 $8^h \sim 17^h$, 적위 $10 \sim 50°$ 은하의 천구 분포. 아래 그림은 위 그림의 2줄 선 사이에 있는 영역의 은하 적색편이를 측정해서 얻은 부채꼴 그림. 하나하나의 점이 은하를 나타낸다. 은하계는 부채의 안쪽 끝에 있다. 어느 그림이든 실제 은하의 크기는 점의 크기보다 훨씬 작다(Geller & Huchra, 1989, *Science*, 246, 897의 그림을 수정).

$4\,m$ 망원경을 이용한 은하 서베이로 남천의 약 2,000평방도의 은하에 있는 $z < 0.3$의 22만 개 남짓의 은하의 적색편이를 측정했다.

 SDSS는 미국에 구경 $2.5\,m$의 전용 망원경(그림 10.6)을 건설해서 실시한 야심찬 서베이이다. 주로 북천의 약 8,000평방도의 천역을 가시의 다섯 개 측광 밴드(u, g, r, i, z)로 촬영하여, 약 2억 개의 천체를 검출하고 다천체 파이버 분광기를 사용해서 $z \sim 0.5$까지의 약 70만 개의 은하 적색편이를 측정했다. 9만 개의 퀘이사와 6만 개의 은하계 내의 항성 스펙트럼도 얻었다. SDSS는 분광 은하의 수에서도, 은하의 등급이나 색 등 촬영 데이터의 질과 양에서도 지금까지 실시된 적색편이 서베이 중에서 특출하다. 모든 데이터는 2006년까지 공개되었다. SDSS에 의한 부채꼴 그림은 10.1절(그림 10.3)에 나타나 있다.

그림 10.6 SDSS에서 이용되고 있는 서베이 망원경. 구경 2.5 m의 이 망원경은 미국 뉴멕시코주 아파치포인트 천문대에 설치되어 있다(미국 페르미 국립가속기연구소 제공).

10.3 완전 서베이의 중요성

우주지도 작성에서 가장 중요한 것은 분광한 은하를 어떻게 치우침 없이 똑같이 골라내는가이다. 은하의 선택 방법이 장소에 따라 변하면 있지도 않은 대구조가 '발견' 될 위험이 있다. 분광 관측에 의한 적색편이의 측정 자체에는 부정성이 거의 없다. 우주지도의 질은 분광 대상을 선택하는 기초가 되는 촬영 데이터의 질에 크게 좌우된다.

우주지도를 위한 가장 이상적인 적색편이 샘플이란 어느 공간 내에 존재하는 일정한 절대등급보다 밝은 은하를 모두 포함한 샘플이다. 그러나 은하의 절대등급은 분광하여 적색편이로 거리를 구해야 하므로 우리는 겉보기 등급을 기준으로 분광 대상을 선택할 수밖에 없다. 그런 의미에서 우리가 현실적으로 손에 넣을 수 있는 가장 완전하고 취급하기 쉬운 적색편이 샘플은 어느 일정한 겉보기 등급보다 밝은 은하를 모두 분광 관측해서 얻을 수 있는 샘플이다. 이 샘플에는 멀리 갈수록 절대등급이 밝은 은하만이 포함되는 바이어스가 존재한다. 왜냐하면 같은 겉보기 등급이라도 원방 은하일수록 절대등급이 밝기 때문이다. 이것은 피할 수 없는 바이어스이지만 원리가 단순하기 때문에 은하의 공간 분포 연구로 이 바이어스를 보정하는 것은 쉽다.

현실의 적색편이 서베이에서는 겉보기 등급에 대해 완전한 샘플을 만드는 것조차 쉽지 않다. 넓은 천역에 걸쳐 은하의 겉보기 등급을 높은 정밀도로 측정하기가 어렵기 때문이다. LCRS나 SDSS에서는 CCD를 활용한 촬영 관측으로 은하의 겉보기 등급을 정밀하게 측정하여 이 문제를 극복하고 있다. CfA나 2dF 서베이에서는 사진 건판에 근거한 기존의 촬영 카탈로그에서 분광 대상을 선택하였기 때문에 은하의 등급 정밀도나 선택의 균일성은 떨어진다.

분광 대상으로 해야 할 은하의 수가 너무 많아서 한정된 관측 시간에 모두 분광할 수 없는 경우도 있다. 관측 천역을 축소하지 않고 이 문제를 해결하기 위해서는 기준을 만족시키는 은하 중 일정 비율만을 무작위로 골라 분광하면 된다. 그렇게 하면 샘플의 완전성은 잃지만 균일성은 유지된다.

10.4 우주 대규모 구조

10.4.1 보이드–필라멘트 구조의 기원과 그 진화

보이드와 필라멘트로 특징지어지는 대규모 구조는 무엇이 원인이고 어떻게 형성된 것일까. 보이드가 거품같이 보이기 때문에 1980년경 이케우치 사토루池內了는 우주 초기에 팽대한 에너지가 우주 공간으로 방출되는 현상이 일어남에 따라 거품 막과 같이 쓸어모아진 물질이 대규모 구조를 만들었다는 모델을 검토하였다. 그러나 이 모델이 예상한 보이드를 채운 고온 가스는 우주 마이크로파 배경복사에 미치는 영향이 너무 커서 관측과 모순되었다. 현재 보이드나 필라멘트는 빅뱅 직후에 생성된 밀도 요동이 자기 중력으로 성장해서 형성되었다고 생각되고 있다.

우주 초기의 밀도 요동의 성질은 우주 마이크로파 배경복사에서 찾을 수 있다. 우주 마이크로파 배경복사를 여러 방향에서 정밀하게 관측하면 방향에 따라 온도가 조금씩 다르다. 이러한 온도의 요동은 우주가 중성화된 시기의 밀도 요동을 반영하고 있다. 온도 요동의 측정에는 COBE 위성이나 WMAP 위성이 큰 역할을 했다.

밀도 요동의 기원은 아직 명확하지 않지만, 우주의 인플레이션 시기에 양자적 요동에서 생성되었다는 설이 유력하다. 결국 생성시 밀도 요동의 콘트라스트(contrast, 소밀의 콘트라스트)는 상당히 작았을 것이다. 뒤에서 서술하겠지만 중력 때문에 밀도 요동의 콘트라스트는 시간이 지남에 따라 커진다. 이것을 요동의 성장이라고 한다. 밀도 요동의 형태나 크기는 아직 완전하게 측정할 수는 없다. 지금부터 밀도 요동의 기본적인 성질을 간단하게 설명하겠다.

팽창우주와 함께 확대된 공동 좌표에서 반지름 R의 구의 평균 질량을 M이라 한다. 밀도 요동이 존재하려면 무작위로 고른 구의 질량 M'은 평균값 M과는 살짝 다르다. 공동 반지름 R인 구를 우주의 여러 장소에 두고 질량을 구하면 평균값 M과 차이가 큰 구일수록 수치가 적을 것이라 기대된다. 구체적으로는 차이의 크기와 구의 수는 가우스 분포에 따른다고 할 수 있다. 이는 밀도 요동의 기본이 되는 양자적 요동이 무작위 요동이기 때문이다. 가우스 분포는 평균값과 표준편차 $\sigma(M)$으로 특징지어진다. 여기에서 $\sigma(M) = \sqrt{\langle (M'-M)^2/M^2 \rangle}$이며, $\langle \ \rangle$는 평균을 나타낸다. 표준적인 ΛCDM 우주 모델(5.1절 참조)로 계산한 현재의 $\sigma(M)$을 그림 10.7에 나타냈다.

그림 10.7에서 그림의 실선을 통해 현재는 평균질량 M이 큰 구일수록 $\sigma(M)$이 작음을 알 수 있다. 그림에는 $+1\sigma(M)$의 요동을 가진 구가 성장해서 역학 평형에 도달하는 시기도(적색편이 z에서) 나타나 있다. $z=0$은 현재를 나타내고 보다 큰 z는 보다 과거의 우주를 의미한다. 예를 들어 $\sigma(M)=4$인 요동은 $z=2$에서 역학 평형에 도달했다고 알 수 있다. 그림 10.7은 M이 큰 구일수록 최근에 역학 평형에 도달했음을 나타낸다. 이것은 다음과 같이 해설할 수 있다.

우주 공간에서 공동 반지름 R인 구의 영역을 골라냈을 때 구의 질량 M'이 평균값 M과 같다면 구는 우주 전체와 똑같이 팽창한다고 생각할 수 있다. 이 경우 구의 내부 밀도는 우주의 평균값과 항상 일치하고 밀도 요동은 성장하지 않는다. 다음으로 $M'>M$이라면 구의 중력이 평균보다 강하기 때문에 이 구는 우주팽창에서 점차 늦어져서 결국 수축으로 변한다. 이 때문에 구일 내부 밀도는 우주의 평균보다 커지고 밀도 요동은 성장한다. 이 중력의 강도 기준은 $(M'-M)/M$으로 주어진다. 즉 $(M'-M)/M$이 크면 요동은 빨리 성장한다. 그림 10.7에 나타나 있듯이 큰 M(큰 스케일)의 요동일수록 $\sigma(M)$의 수치는 작아지고 평균하면 보다 늦게 형성되게 된다. 요동은 실제로는 구 대칭이 아니기 때문에 우주팽창으로부터의 뒤처짐은 비등방적이다. 그 결과 요동은 비등방적으로 찌부러져 가고, 시트나 필라멘트 모양의 형상을 거쳐 최종적으로는 고밀도로 비교적 구에 가까운 역학 평형 형상이 된다.

한편 구 안의 질량이 평균보다 작아 $M'-M<0$인 경우, 이 구의 중력은 평균보다 약하므로 구의 팽창은 우주 전체의 평균적 팽창보다 빠르다. 이 때문에 구는 평균보다 크게 확대된다. 이것이 보이드가 된다. 보이드 주변에는 필라멘트가 분포한다. 이렇게 보이드는 필라멘트의 형성과 병행해

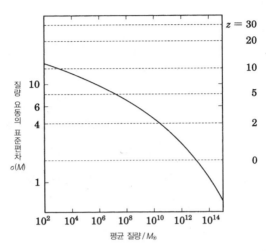

그림 10.7 Λ CDM 우주 모델의 평균 질량이 M인 구의 질량 요동의 표준편차 $\sigma(M)$. 실선은 M에 대한 $\sigma(M)$의 수치이다. 점선은 몇 가지 $\sigma(M)$을 가진 요동에 대해 그 요동이 역학 평형이 되는 시기를 오른쪽의 세로축에 적색편이 z로 나타낸 것이다(Barkana & Loeb, 2001, *Physics Reports*, 349, 125).

형성된다. 현재의 우주에서 볼 수 있는 보이드와 필라멘트는 매우 스케일이 큰 요동이 비등방적으로 성장하는 도중의 모습이라고 할 수 있다.

그림 10.7에 요동이 역학 평형이 되는 시기가 나타나 있다. 필라멘트는 요동이 역학 평형에 이르는 도중의 상태이기 때문에 필라멘트(또는 보이드)를 볼 수 있는 시기는 이 그림에 나타난 역학 평형이 되는 시기보다 훨씬 빠르다. 하나의 필라멘트의 전형적인 질량을 $10^{16} M_\odot$이라고 한다. 이 질량의 요동 중 역학 평형에 도달하고 있는 것은 표준적인 ΛCDM 우주 모델에서 차이가 $+6\sigma(M)$ 이상의 것뿐이다. 요동은 가우스 분포를 하고 있기 때문에 $+6\sigma(M)$ 이상인 요동의 존재 확률은 무시할 수 있을 만큼 작다. 현실의 우주에서도 역학 평형이 되어 있는 $10^{16} M_\odot$인 천체는 발견되지 않고 있다. 다시 말해서 $10^{16} M_\odot$인 요동의 거의 모두는 아직 찌부러져 있는 상태이며 시트나 필라멘트와 같은 구조로 관측되고 있다.

이상은 정성적인 논의이다. 실제 연구에서는 우주 초기의 밀도 요동을 재현해서 그 진화를 수치 시뮬레이션으로 계산하여 보이드나 필라멘트가 어떻게 형성되는지를 정량적으로 조사하고 있다. 이때 문제가 되는 것이 밀도 요동과 은하의 대응 관계이다.

보이드나 필라멘트는 은하 분포의 소밀 구조이기 때문에 수치 시뮬레이션에서도 단순히 밀도 요동의 진화를 따르는 것뿐만 아니라 요동 안에서의 은하 형성도 계산할 필요가 있다. 그러나 요동의 진화를(계산 시간은 걸리지만) 거의 정확하게 계산할 수 있는 것과는 대조적으로 은하형성 과정은 별 생성을 시작으로 복잡하여 아직 충분히 이해되지 않은 물리 과정을 포함하고 있다. 따라서 대규모 구조의 형성을 이론적으로 재현하기 위해서는 밀도 요동 안에서 은하가 어떻게 형성되는지를 이해할 필요가 있다. 이것에 대해서는 다음 절에서 설명하겠다.

10.4.2 은하단이나 대규모 구조를 통해 무엇을 알 수 있는가

은하단이나 대규모 구조의 현재 및 과거의 모습 관측은 우주론과 은하 형성론 양쪽에서 중요하다. 우주론적으로 살펴보면, 은하단이나 대규모 구조는 큰 스케일에서의 물질 분포의 소밀이다. 이러한 소밀의 성장 과정이 밝혀지면 밀도 요동의 성질, 암흑물질이나 암흑에너지의 성질, 우주론 매개변수의 수치에 제한을 둘 수 있다. 이러한 성질이나 수치가 물질 분포의 모습이나 소밀 성장의 속도를 정하기 때문이다.

밀도 요동의 성질은 소립자론적 우주론의 중심 문제 중 하나이다. 암흑물질과 암흑에너지의 정체는 21세기 천문학의 최대 난제인 동시에 소립자론의 연구 과제이기도 하다. 또한 우주론 매개변수의 수치도 소립자론과 관련이 있다. 우리의 우주에서 최대 규모의 구조 조사가 미소 소립자 세계의 해명으로 연결된다는 것은 흥미롭다.

한편 은하 형성론 관점에서 은하단이나 대규모 구조는 은하의 형성과 진화를 좌우하는 환경 요인으로 파악할 수 있다. 잘 알려져 있듯이 현재의 우주에서는 여러 가지 형태의 은하를 볼 수 있다. 예를 들어 타원은하는 비교적 오래된 별로 되어 있어 별 생성 활동을 이미 끝냈다. 반면에 소용돌이은하는 새로운 별을 많이 포함하고 있어 아직 활발하게 별을 생성하고 있다.

흥미로운 것은 현재의 우주에서 대부분의 타원은하는 은하단이나 필라멘트의 내부와 같이 은하 밀도가 높은 장소에서 볼 수 있고, 반대로 소용돌이은하는 은하 밀도가 낮은 장소에 존재한다. 타원은하나 소용돌이은하로 대표되는 여러 가지 형태의 은하가 언제, 우주의 어떤 장소에서 탄생했는지, 그리고 그 형태가 언제, 어떻게 해서 정해졌는지는 아직 해결되지 않은 문제이다. 이 문제에 대처하기 위해서는 여러 시대의 여러 환경(보이드에서 필라멘트, 은하단까지)에 있는 은하를 관측할 필요가 있다.

다양한 환경에서의 은하 진화의 해명은 우주론적 요청이기도 하다. 왜냐하면 은하의 분포는 물질 분포를 충실하게 반영하지 않기 때문이다. 우주론에서는 우주 공간에서 물질의 밀도 분포가 중요하지만, 질량의 대부분을 차지하는 암흑물질은 직접 관측할 수 없어서 통상 물질의 분포를 은하의 분포로 추정한다. 그러나 실제 우주에서는 예를 들어 은하의 수밀도가 평균보다 2배 높은 영역에 물질이 반드시 평균의 2배로 존재하는 것은 아니다. 타원은하의 경우 암흑물질보다 훨씬 신축성 있게 분포해 있다. 타원은하가 발견되지 않는 장소에도 암흑물질은 존재하고, 반대로 타원은하가 집중되어 있을수록 암흑물질은 집중되어 있지 않다.

이렇게 은하의 분포와 암흑물질의 분포에는 은하의 형태나 밝기 등에 의존한 매우 복잡한 관계가 있다. 이 관계를 은하 분포의 바이어스라고 한다. 바이어스의 기원과 시간 변화의 해명은 은하의 형성과 진화의 해명과 거의 같다. 그리고 이 복잡한 관계를 이해할 수 없다면 은하의 분포를 우주론의 연구에서 안심하고 사용할 수 없다.

현재 우주에서는 대규모 적색편이 서베이 덕분에 은하의 분포 모습이 형태나 밝기 등 다양한 변수의 함수로 상세히 조사되고 있다. 이러한 관측을 고적색편이(과거)의 우주로 연장해서 은하 분포의 진화를 그려내는 동시에 그것을 물리적으로 설명할 수 있도록 은하 진화 모델을 만들어야 한다.

10.4.3 보이기 시작한 고적색편이의 은하단과 대규모 구조

10.2절에서 소개한 SDSS나 2dFGRS 등의 대형 적색편이 서베이로 인해 현재 우주에서의 은하의 분포모습을 많이 알게 되었다. 그러나 이러한 서베이가 도달하는 최대의 적색편이($z \sim 0.5$)는 우주연령으로 환산하면 현재보다 50억 년 정도 젊을 뿐이다. 현재의 우주연령은 약 140억 년이기 때문에 이러한 서베이로는 충분한 과거의 우주 모습을 조사할 수 없다.

먼 곳의 은하단이나 대규모 구조의 관측은 매우 어렵다. 그 주요 이유를 세 가지 들어본다. 첫 번째로 원방 은하는 그 만큼 겉보기 등급이 어둡기 때문에 관측에는 대구경 망원경에 의한 장시간의 관측이 필요하다. 두 번째로 원방 구조일수록 예상하는 각도는 작아지지만 대규모 구조를 조사하기 위해서는 지름 1도 정도의 천역을 서베이해야 한다. 그러나 대망원경의 대부분은 그것보다 훨씬 좁은 시야밖에 가지고 있지 않기 때문에 서베이에 시간이 걸린다. 세 번째로 목적으로 하는 적색편이의 은하단이나 대규모 구조를 조사하기 위해서는 같은 시선 방향으로 보이는 압도적 다수의 전경인 배경은하[12]를 제거해야 한다. 그러나 시선 방향에 있는 은하를 모두 분광해서 거리를 측정하는 것은 비현실적이기 때문에 노력을 들여 촬영 데이터로부터 희망하는 적색편이 부근의 은하를 골라내야 한다.

2000년대가 되자 이러한 곤란함이 조금씩 극복되어 먼 곳의 은하단이나

---

12 조사하고 싶은 적색편이의 바로 앞쪽과 건너편의 은하.

대규모 구조가 발견되기 시작했다. 이 분야의 진전에 일본의 스바루 망원경(구경 8.2m)이 크게 공헌하였다. 스바루 망원경은 구경 8 m 이상의 망원경 중 유일하게 주초점에 촬영장치를 가지고 있다. 주초점은 시야를 넓게 잡을 수 있는 특징이 있다. 2000년에 스바루 망원경에서 가동을 시작한 주초점 카메라Suprime-Cam는 30분사방이라는 매우 넓은 시야를 가지고 먼 곳의 은하단이나 대규모 구조의 탐사에서 위력을 발휘했다.

은하단은 대규모 구조보다 작기 때문에 시야가 좁은 망원경으로도 탐사할 수 있다. 현재 적색편이 $z \sim 2$-6 범위에서 몇 개의 은하단이 발견되고 있다. 그중에는 스바루 망원경으로 발견된 것도 있다. 다만 발견된 모든 은하단은 현재의 우주에서 볼 수 있는 은하단에 비해 은하의 상대 밀도가 낮다. 여기에서 상대 밀도란 당시 우주의 평균 은하 밀도로 은하단 내의 평균의 은하 밀도를 나눈 수치이다. 상대 밀도가 낮다는 것은 이러한 먼 곳의 은하단이 아직 역학 평형에는 도달하지 않았음 시사한다.

먼 곳의 대규모 구조의 탐사는 스바루 망원경의 독무대라고 해도 좋다. 스바루의 주초점 카메라를 이용한 탐사로 $z \sim 3$, ~ 5, ~ 6에서 대규모 구조가 발견되고 있다. 이러한 탐사는 주초점 카메라에 협대역 필터라는 밴드폭이 좁은 필터를 장착하여 어느 좁은 범위의 적색편이의 은하만을 골라내는 기법을 이용하고 있다. 그림 10.8에 그 예를 나타냈다.

발견된 대규모 구조는 스케일이 큰(수십Mpc) 점과 분포의 소밀이 큰 점에서도 현재의 대규모 구조와 매우 비슷하다. 즉 대규모 구조는 우주 역사의 이른 시기에 형성된 것 같다. 반면에 표준적인 구조형성이론은 이러한 원방 은하에서 암흑물질 분포의 소밀은 현재보다 훨씬 작다고 예상한다. 만약 은하의 분포가 암흑물질의 분포를 충실히 반영하고 있다고 한다면, 그러한 원방 은하에서는 대규모 구조가 존재하지 않을 것이다. 먼 곳의 대규모 구조의 발견은 우주 초기에 은하의 분포가 암흑물질의 분포와 동떨어

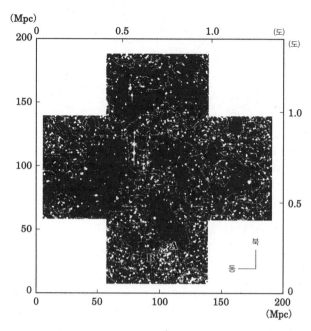

그림 10.8 1.3평방도인 천역의 $z=5.7$의 라이먼 α휘선 은하의 분포. 점은 은하(총 515개)를 나타내고, 등고선은 은하의 면밀도를 나타낸다. 수십Mpc 스케일의 대규모 구조를 엿볼 수 있다. 남쪽 끝의 A, B 는 우연히 발견된 원시 은하단 후보이다. 이 데이터는 스바루 망원경의 주초점 카메라에 NB816이라는 협대역 필터(중심 파장 8,150 Å)를 부착하여 얻었다(Ouchi et al., 2005, ApJ, 620, L1).

진 것이었음을 시사한다. 물론 암흑물질의 분포가 이론의 예상과 다를 가 능성도 있다. 결국 원방 은하의 대규모 구조의 관측은 막 시작되었을 뿐이 므로 이제부터의 진전이 기대된다.

참고문헌

이 책을 읽을 때 참고가 될 도서 목록으로 각 장은 서로 관련성이 크기 때문에 장별로 따로 구분하지 않았다.

고다마 히데오小玉英雄 저, 우주의 다크 매터 _암흑물질과 우주론의 전개, 사이언스사, 1992.

고야마 카츠지小山勝二 저, X선으로 탐색하는 우주, 바이후칸, 1992.

다니구치 요사아키谷口義明 저, 불가사의한 은하 이야기, 쇼카보, 2000.

다니구치 요사아키谷口義明 저, 갓 태어난 은하를 찾아서, 쇼카보, 2001.

다니구치 요사아키谷口義明 저, 은하의 성장 과정, 치진쇼칸, 2002.

다니구치 요사아키谷口義明 저, 퀘이사의 수수께끼, 고단샤, 2004.

다니구치 요사아키谷口義明 저, 암흑 우주의 수수께끼, 고단샤, 2005.

미네시게 신嶺重愼 저, 블랙홀 천문학 입문, 쇼카보, 2005.

사토 후미타카佐藤文隆 저, 우주 물리, 현대 물리학 총서, 이와나미쇼텐, 2001.

소후에 요시아키祖父江義明 저, 전파로 본 은하와 우주, 공립출판, 1988.

스토 야스시須藤靖 저, 우주의 대구조, 바이후칸, 1992.

스토 야스시須藤靖 저, 사물의 크기 _자연 계층·우주 계층, 도쿄대학 출판회, 2006.

시바타 카즈나리柴田一成, 마츠모토 료지松元亮治, 후쿠에 준福江純, 미네시게 신嶺重愼 편저, 활동하는 우주 _천체 활동 현상의 물리, 쇼카보, 1999.

시오야 야스히로塩谷泰廣, 타니구치 요시아키谷口義明 저, 은하도 울트라를 지향한다, 쇼카보, 2002.

오카무라 사다노리岡村定矩 저, 은하계와 은하 우주, 도쿄대학 출판회, 1999.

오카무라 사다노리岡村定矩 편저, 천문학으로의 초대, 아사쿠라쇼텐, 2001.

이에 마사노리家正則 저, 은하가 이야기하는 우주의 진화, 바이후칸, 1992.

이케우치 사토루池內了 저, 관측적 우주론, 도쿄대학 출판회, 1997.

후쿠에 준福江純 저, 우주제트 _은하우주를 가로지르는 플라스마류, 각켄, 1993.

현대의 천문학 시리즈 제4권

은하 I _ 은하와 우주의 계층구조

1판 1쇄 발행 | 2014년 4월 1일
엮은이 | 다니구치 요시아키谷口義明 · 오카무라 사다노리岡村定矩 · 소후에 요시아키祖父江義明
옮긴이 | 조황희

펴낸이 | 이원중 **편집** | 박진화 **내지 디자인** | 다우
펴낸곳 | 지성사
출판등록일 | 1993년 12월 9일 등록번호 제10 - 916호
주소 | (121-829) 서울시 마포구 와우산로 3길 27 2층
전화 | (02)335 - 5494~5 팩스 (02)335 - 5496
홈페이지 | www.jisungsa.co.kr **블로그** | blog.naver.com/jisungsabook **이메일** | jisungsa@hanmail.net
편집주간 | 김명희 **편집팀** | 김재희 **디자인팀** | 이향란

ⓒ 谷口義明 · 岡村定矩 · 祖父江義明 2013

ISBN 978-89-7889-282-7 (94440)
        978-89-7889-255-1 (세트)

「이 도서의 국립중앙도서관 출판시도서목록(CIP)은 서지정보유통지원시스템 홈페이지(http://seoji.nl.go.kr)와 국가자료
공동목록시스템(http://www.nl.go.kr/kolisnet)에서 이용하실 수 있습니다.(CIP제어번호: CIP2014008574)」